# 业务数智化

## 从数字化到数智化的体系化解决方案

高 远◎著

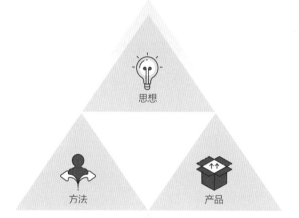

思想

方法

产品

电子工业出版社·

Publishing House of Electronics Industry

北京·BEIJING

## 内 容 简 介

本书不仅是一本业务数智化体系的科普书，还是作者多年在真实业务场景下进行数智化实践的经验总结。本书系统总结了一套完整的数智化解决方案——3M业务数智化体系。全书分4篇，共13章：认识篇（第1～3章）主要对数字化和数智化进行介绍；体系篇（第4～8章）围绕3M业务数智化体系展开，详细说明了业务数智化的适用范围和准备工作、业务数智化的整体构思、业务数智化思想、业务数智化落地的方法、业务数智化落地的产品；实践篇（第9～11章）介绍了内容行业、O2O行业、生产制造业的数智化实践，以案例形式进行实战演练；升华篇（第12章和第13章）对3M业务数智化体系进行了升华。

本书适合正在实践数智化项目的领导者，需要了解和实践数字化/数智化转型的基层管理者和各类技术人员、产品人员、运营人员，高校的教师、科研人员和学生，以及其他想培养数据思维、数智思维、商业化思维的读者。

**图书在版编目（CIP）数据**

业务数智化：从数字化到数智化的体系化解决方案 / 高远著. —北京：电子工业出版社，2023.9

ISBN 978-7-121-46304-4

Ⅰ.①业… Ⅱ.①高… Ⅲ.①数字化－研究 Ⅳ.①TP3

中国国家版本馆CIP数据核字（2023）第172962号

责任编辑：张慧敏
印　　刷：北京瑞禾彩色印刷有限公司
装　　订：北京瑞禾彩色印刷有限公司
出版发行：电子工业出版社
　　　　　北京市海淀区万寿路173信箱　　　　邮编：100036
开　　本：720×1000　　1/16　　印张：16.5　　字数：382千字
版　　次：2023年9月第1版
印　　次：2023年9月第1次印刷
定　　价：106.00元

# 倾情力荐

### 恶魔奶爸　拥有百万名粉丝的知名职场博主

身为一个资深的职场博主，我深知一个道理：无论你是进入职场的上班一族，还是正在校园里学习的莘莘学子，数智思维对你来说都尤为重要。

本书最大的优势在于可以帮助大家从 0 到 1 构建数智思维，并且配合多个翔实的案例进行实践，对于个人综合能力的提升有很大的帮助。本书的语言既通俗易懂，又不乏思考深度，可以让人读过后难以忘怀。

### 洪定乾　作业帮增长研发负责人

本书是关于业务数智化内容的较为全面的指南，包含业务数智化思想、业务数智化落地的方法等方面的内容。通过阅读本书，你可以深入了解业务数智化落地的方法，更好地把握转型机遇。本书不仅提供了理论知识，还通过许多案例和经验分享帮助你更好地理解和应用业务数智化思想和业务数智化落地的方法，从而解决实际业务中的问题。无论你是抱着了解的态度还是实践的想法，本书都会为你提供有价值的指导和启示，让你的业务更加高效、智能。在我看来，本书是进行数智化转型不可或缺的指南，它将引领你走向数智化转型的成功之路，实现商业价值最大化。

### 胡海波　重庆大学教授

本书详细地介绍了企业进行数智化转型的必要性、方法论和实战案例，全方位地帮助企业打造在数字时代的竞争优势。本书通过深入分析数智化转型的关键要素，帮助企业避免在进行数智化转型时进入常见的误区和陷阱。如果你想掌握数智化转型的核心要领、增强企业的竞争力并且寻找未来的商业机会，那么你一定要读本书。

### 宁宁　衔远科技的合伙人兼高级副总裁

随着人工智能技术的发展，我们对数据的使用和要求又上升到一个崭新的台阶。对于个人，如何提升数智思维？对于企业，如何把宝贵的数据资产智能化，从而实现降本增效，以及发现新的增长点呢？本书系统地阐述了什么是数智化，并将数智化与数字化进行了对比。同时，本书汇总了多类常见的问题，让读者可以在短时间内了解 3M 业务数智化体系，从而提升个人的能力。

### 苏铭彻　上海宾通智能科技有限公司的合伙人

现在越来越多的人在谈论数字化和数智化，但是大家对于这两个概念并不十分清楚。高远老师在本书中提供了一个非常详细的框架，可以很好地帮助读者理解业务数智化如何帮助企业解决问题和走出困境。本书不仅适用于企业家和管理者，还可作为数智化普及教材，帮助刚入职的职场人士和在校大学生了解业务数智化。

### 王大川　数据智能开发者社区 DataFun 的创办人

在高速发展的大数据时代，企业面临着数智化转型的巨大挑战。高远老师通过本书为大家介绍了企业如何将业务数智化应用于实践中，并提供了大量的成功案例。本书不仅适合想要成为数据专家的人员阅读，还为管理者提供了清晰的思路和方法论，可以帮助企业加速实现数智化转型，从而增强企业的竞争力。

王伟玲　中国电子信息产业发展研究院的研究员

业务数智化，一个既熟悉又陌生的方向。本书介绍了进行数智化转型所需的各种因素和步骤，以及如何建立数智驱动的组织文化，并展示了成功的案例。此外，本书还提供了非常实用的执行计划和应用产品，可帮助有需要的人落地数智化转型策略。本书是一个非常值得深入研读的优秀作品。

温义飞　拥有千万名粉丝的知名财经作家

这是一本帮助企业实现数字化转型和数智化升级的实战指南。高远老师结合自己多年的企业服务经验和对数字经济的深刻洞察，系统地阐述了如何认识数字化、什么是数智化、业务数智化的意义等，为企业提供了一套完整的数智化转型框架和解决方案。本书既有理论指导，又有实践操作；既有宏观视角，又有微观分析；既有通用模式，又有行业应用。本书适合想要抓住数字经济发展机遇、增强竞争力和提升创新能力的企业领导者、管理者和专业人士阅读，也适合对数字化和数智化感兴趣的读者阅读。

武艳军　百信银行科技规划团队的负责人

在蓬勃发展的大数据时代，数字化转型已经成为企业发展的必然趋势。要想在这样一个竞争激烈的市场中立于不败之地，我们不仅需要进行数字化转型，还需要全面认识业务数智化的重要性。本书详细地介绍了业务数智化的各个方面，包括业务数智化的整体构思、业务数智化思想、业务数智化落地的方法、业务数智化落地的产品等，不仅提供了宝贵的实践经验，还帮助读者从战略高度理解业务数智化的本质，深入挖掘企业的潜力。

熊军　StartDT 高级数据科学家、阿里巴巴前高级数据分析专家

在数字化发展如火如荼的今天，数智化已经悄无声息地进入各个领域。在本书中，高远老师详细地阐述了业务数智化的意义、适用范围和准备工作，并提供了实用的体系化方法和实践经验。无论你是想要进行数智化转型还是正在进行数智化转型，本书都会是你很好的行动指南，它将帮助你在激烈的竞争中获得优势，从而取得业务方面的成功。

徐勇　斯伦贝谢油田技术服务公司的质量经理

本书是作者在多个行业的数智化实践中积累的经验总结，这些从实践中浓缩的精华可以帮助大家快速上手并成功落地。无论你是传统行业的从业者、互联网行业的从业者，还是高校的教师和学生，都可以从本书中汲取一些有用的经验。

张俊红 《对比 Excel，轻松学习 Python 数据分析》的作者

对于数字化，大家应该多少都有些了解，市面上也有很多相关的图书。但是关于数智化，市面上鲜有专门的图书来讲解。虽然数字化与数智化只有一字之差，但是二者的含义及能发挥的作用是完全不同的。对与数智化相关的内容感兴趣的读者可以读一读本书，本书既有完整的业务数智化落地的方法，又有不同行业的数智化实践，能够让读者对与数智化相关的内容有较为完整的认识。

张楠 旗鱼资本的创始人

这是一本引领你走向业务数智化实践之路的必备指南。高远老师凭借多年的数字化和数智化转型经验，结合实际的业务问题，为我们带来了这本内容翔实、案例丰富的书。无论你是企业的高层管理者、基层管理者、技术人员、产品人员、运营人员，还是高校的教师、科研人员、学生等，都能从中受益。如果你希望深入了解数智化及其应用，提升数据思维、数智思维和商业化思维，那么本书绝对值得一读。我把本书强烈推荐给所有希望在数智化浪潮中勇敢前行的读者！

翟万旭 语风体育科技有限公司的创始人

随着时代的不断发展，企业的业务越来越复杂和困难，许多企业因为不知道如何解决业务问题而感到苦恼。本书不仅介绍了业务数智化的概念和落地的方法，还深入、透彻地讲解了如何利用业务数智化来解决业务存在的问题，从而做到"通过数字智能化解决业务问题"，是一本不可多得的好书。

# 序 言
## 数据是通往智能化的阶梯

我们现在身处一个怎样的时代呢？这是笔者经常问自己的一个问题，因为一己之力非常有限，靠着一个人的力量去改变命运基本上是难之又难的。那应该靠何种力量获得成功呢？

古语有云：“一命二运三风水，四积阴德五读书。”最重要的前 3 项都是对于大行业和环境的顺应，用现代的话来解释“运”，即顺应时代发展。此时又回到开头所说的那个问题，我们现在身处一个怎样的时代呢？一个信息密度越来越大的时代。在这样的时代，我们会通过各类数字来表示和解释物理世界。一方面，我们可以更加便捷地工作和生活，突破时间和空间的限制；另一方面，越来越多的数字让我们无所适从，哪些数字是有价值的？数字之间存在的哪些关联可以解释企业的现状？如何充分利用这些数字让我们的业务变得越来越好？

数字化解决的问题是如何用数字表示物理世界的现状。

数智化解决的问题是如何用数字解释甚至预测物理世界发生的一切。

笔者从业以来，一直都围绕以上两个问题去做事，随着数字化转型的普及，近些年花了更多的时间和精力去解决第二个问题：数智化，具体来说是业务的数智化。无论是在传统的以生产为主的中小型企业（如纺织厂、膜片厂、机电厂等），还是在头部的互联网企业，都做了较为成功的业务数智化转型。

所以，笔者从 5 年前就开始一边认真思考，一边提笔总结“为什么可以成功地在不同的领域进行业务数智化转型”；这些成功的经验是否可以沉淀成为一套具有普遍适用性的方法论，让更多的企业看到，尤其是中小型企业；那些踩过的坑是否可以被体系化地进行总结，以免其他企业在业务数智化转型过程中踩坑。本书一方面可以帮助各行各业的人理解业务数智化转型，另一方面可以对很多对数智化感兴趣却无从下手的读者进行科普。

可以说，本书不仅仅是一本业务数智化体系的科普书，更是对笔者多年数智化改造经验的总结，是笔者从业多年来的一份答卷。这份答卷是一套综合的、完整的、体系化的数智化解决方案，心、术、器“三位一体”：在思想层面，树立业务数智化思想，做到“心正”引导方向；在方法层面，规范业务数智化方法，做到“术正”科学推进；在产品层面，生成业务数智化产品，做到“器正”有效落地。

  笔者希望本书中提到的业务数智化体系可以对企业有所帮助，尤其是能帮助中小型企业对其存在的各种业务问题对症下药。

  我国陆续发布了《数字化转型伙伴行动倡议》《中小企业数字化赋能专项行动方案》《"十四五"数字经济发展规划》等文件，尤其是在 2023 年 2 月 27 日，中共中央、国务院印发了《数字中国建设整体布局规划》。《数字中国建设整体布局规划》指出，建设数字中国是数字时代推进中国式现代化的重要引擎，是构筑国家竞争新优势的有力支撑。加快数字中国建设，对全面建设社会主义现代化国家、全面推进中华民族伟大复兴具有重要意义和深远影响。这从政策方面为数智化转型和改造提供了强有力的支持。

### 为什么写这本书

笔者一直从事数字化和数智化改造工作，积累了大量的实操经验。目前，市面上的很多书都是围绕数字化改造进行的，缺少关于业务数智化的透彻讲解。笔者基于实践经验总结、从数字化过渡到数智化、数智化体系科普这 3 个原因写了本书。

- 原因 1：实践经验总结。

回顾自己过往的经历，有近 10 年的时间是在做与数字化和数智化相关的工作。一方面，笔者做过传统领域的数字化和数智化改造，如帮助一些制造行业的企业进行数字化改造、打通数据链路，同时通过数智化改造帮助其提升生产效率。另一方面，笔者也做过互联网领域的数字化和数智化改造，其中涉及多家 O2O（Online to Offline，线上到线下）行业和内容行业的企业（基建较差的互联网企业从数字化改造开始进行建设，大部分企业直接针对各自的业务进行数智化改造），不仅帮助企业实现了降本增效，还帮助企业积累了数智资产。笔者用 5 年时间构思和打磨，对近 10 年的经验进行了深刻的复盘和总结。

- 原因 2：从数字化过渡到数智化。

继工业革命之后，我们迈入了信息革命的时代。信息革命是指由于信息生产、处理手段的高度发展而导致的社会生产力、生产关系的变革。所以无论是政府部门还是企业，都非常重视数字化改造。是不是数字化改造完成就代表着信息革命的胜利？当然不是。数字化改造只是信息革命的基础，在这个基础上，我们可以进行各类数智化改造，逐步引领信息革命。

- 原因 3：数智化体系科普。

市面上已经有很多图书在讲解数字化改造了，但是关于数智化体系，尤其是业务数智化的内容甚少。从内容上看，有的对于数智化的讲解过于抽象，理解相对困难；有的对于数智化的讲解不够深入，无法透彻解释清楚。企业非常需要一个完整的、普适的、渐进的数智化体系来应对各种各样的业务问题。本书正是围绕 3M 业务数智化体系的产生、构建、讲解、实践到最终的升华进行讲解的。

综上，笔者想综合自己多年在业务领域的数字化和数智化实践，以人物设定的形式让读者身临其境地理解如何从数字化到数智化，以及如何深入理解和运用 3M 业务数智化体系解决问题。

### 本书的特色

- 首创完整的数智化体系：笔者根据多年的数智化落地经验，首创 3M 业务数智化体系，从思想、方法、产品 3 个方面（简称 3M）解决实际业务问题。

- 大量通俗易懂的案例：本书收集了多种场景的问题，以大量案例帮助读者快速理解和上手 3M 业务数智化体系。
- 完整一体化的方案：本书从数字化到数智化，从认识到落地，从多个角度完整地对数智化解决方案进行说明。
- 切实解决业务问题：本书以业务问题为出发点，通过具有普适性的 3M 业务数智化体系，完整和深入地解决各类业务问题。

## 适合的对象

- 企业和政府的高层管理者，包括但不限于首席执行官、首席信息官、首席数据官、首席运营官，以及数字化和数智化项目的领导者和实践者。
- 基层管理者和各类技术人员、产品人员、运营人员等需要了解和实践数字化和数智化转型的人。
- 高校的教师、科研人员和学生。
- 初入职场的人士，以及所有想培养数据思维、数智化思维、商业化思维的读者。

## 学习建议

本书分为 4 篇：认识篇、体系篇、实践篇、升华篇。4 个篇章是循序渐进、相互关联的，笔者建议读者按顺序阅读。

- 认识篇：第 1 ～ 3 章，主要对数字化和数智化进行介绍。
- 体系篇：第 4 ～ 8 章，围绕 3M 业务数智化体系展开，详细说明了业务数智化的适用范围和准备工作、业务数智化的整体构思、业务数智化思想、业务数智化落地的方法、业务数智化落地的产品。
- 实践篇：第 9 ～ 11 章，介绍了内容行业、O2O 行业、生产制造业的数智化实践，以案例形式进行实战演练。
- 升华篇：第 12 章和第 13 章，对 3M 业务数智化体系进行了升华。

## 致谢

本书是笔者多年来进行业务数智化改造的实践经验总结（也可以说 3M 业务数智化体系就是脱胎于这些实践的），本书中的内容对传统制造业和较为先进的互联网行业均适用。同时，在成书的过程中，笔者翻阅了大量的国内外相关资料，不断对书中的内容进行精修。

在整个写书的过程中，首先，笔者要感谢自己的家人——姥爷、姥姥、爸爸、妈妈，他们一直在背后默默地支持笔者写书，也经常提出一些好的建议；其次，笔者要感谢自己的好友和同行的前辈，是他们教会了笔者很多事情，感谢之情难以言表；最后，笔者要感谢本书的编辑——张慧敏老师，她总是能一针见血地提出很多建议，本书能和大家见面，离不开张慧敏老师的耐心、专业和负责。

高远

# 目　录

# 体系篇 / 045

# 案例说明

为了更好地帮助读者理解书中的内容，本书通过"内容＋案例"的形式进行讲解。这些案例中涉及的公司和人物如下。

## 专家角色说明

数字化专家：数数

数智化专家：智智

## 公司背景说明

A公司：从事服装生产和销售业务的电商公司

老板：王总

员工：小明

数字化情况：无

数智化情况：无

B公司：从事服装销售业务的电商公司，想进行营销部门的业务数智化改造，但对业务数智化并不了解

老板：张总

员工：小远

数字化情况：有

数智化情况：无

C公司：从事食品销售业务的电商公司，准备开始进行运营部门的业务数智化改造，了解一些业务数智化的知识，但是老板嫌弃业务数智化改造进程慢

老板：杨总

员工：小伟

数字化情况：有

数智化情况：准备开始

D公司：内容公司，准备进行业务数智化改造，但是没有思路

老板：钱总

员工：小强

数字化情况：有

数智化情况：准备开始

E公司：外卖公司，已经进行业务数智化改造，但是无法很好地落地

老板：赵总

员工：小宇

数字化情况：有

数智化情况：已开始

F公司：纺织行业的传统公司，已经进行业务数智化改造，但落地过程有问题

老板：李总

员工：小庆

数字化情况：有

数智化情况：有

G公司：出海直播行业的内容公司

老板：周总

数字化情况：无

数智化情况：无

# 认识篇

# 第 1 章　如何认识数字化

本章导读

我们身处信息化高速发展的时代，无论是工作还是生活，都离不开对数字的解读。为了深入理解对数字解读的过程，使数字可以更好地为我们服务，也为后续业务数智化的运用做铺垫，我们会从 A 公司王总的问题视角和数字化专家数数的讲解视角出发，通过以下 3 个重要问题来解读数字化。

- 数字化的内涵是什么？
- 数字化的必要性是什么？
- 数字化有什么意义？

## 1.1　数字化的内涵

B 公司在进行数字化改造后，大幅降低了设备成本，提升了信息获取的效率，还可以高效地全盘把握业务变化。A 公司的王总对于数字化改造给 B 公司带来的变化非常感兴趣，所以他也想深入了解和学习数字化的知识。经人介绍，王总找到数数来为他解答心中的各类疑问。由于王总对数字化的知识完全不了解，因此他最先想知道的是何为数字化。

为了更好地解答这个问题，数数先从何为数据开始讲起。

### 1.1.1　何为数据

数据是我们了解事情和人的第一手资料，是通过感官的收集和观测得到的一些特性。如图 1-1 所示，数据包含两个方面，分别是数据产生的方式和数据的形态。

- 数据产生的方式：数据是通过观测得到的，也就是利用我们的感官主动获取的。
  - ⊙ 通过眼睛看到的，如形状是方的、颜色是红色。
  - ⊙ 通过鼻子闻到的，如各种各样的气味。
- 数据的形态：单个或多个对象带有数字性的特征或者信息。

⊙ 可以被数字化的结果，如 3 个人、6 只猫。

⊙ 可以被定性描述的信息，如天空是蓝色的、篮球是圆形的。

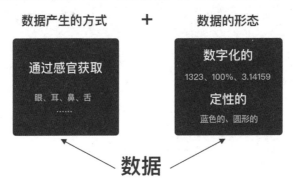

图 1-1　数据的定义

维基百科中数据的定义：数据（Data）是通过观测得到的数字性的特征或信息。更专业地说，数据是一组关于一个或多个人或对象的定性或定量变量。

根据上述定义，我们可以将数据拆解为 3 个部分。

- 叙述的范围：一个或者多个。
- 可以被定性的结果：一个具体的描述，不含数字的形容词。
- 可以被定量的变量：一些数据信息。

下面我们来了解何为数字化。

### 1.1.2　何为数字化

维基百科中数字化的定义：数字化是指将信息转换成数字（便于计算机处理，通常是二进制数）格式的过程。将一个物体、图像、声音、文本或者信号转换为一系列由数字表达的点或者样本的离散集合表现形式，其结果被称为数字文件，或者更具体一点，数字图像、数字声音等。在现代实践中，数字化的数据通常是二进制形式的，以便于计算机的处理。但严格来说，任何把模拟源转换为任何类型的数字格式的过程都可以叫作数字化。

上述定义有点难以理解，接下来我们通过 3 个场景（见图 1-2）来更清晰地理解数字化。

图 1-2　场景

电话号码记录方式的演变。如今，我们很少去记亲友的电话号码了，因为电话号码都存储在了手机里，即使你换了手机，也可以通过手机中的一些功能迅速把电话号码进行迁移。但在多年前，你可能要通过背电话号码或者把电话号码记在本子上来记录电话号码。

照片查看方式的演变。当我们想回忆青春时光留下的美好瞬间时，打开 QQ 空间或者手机相册，就能看到当时的照片。但在多年前，你一定会为了寻找这些老照片而大费周章，这些老照片还可能因为搬家等原因而丢失。

记账本存储方式的演变。夏天马上就来临了，冷饮店的老板想进些雪糕和冷饮，但是不知道每个品类各进多少，于是打开手机中的"雪糕进货小助手"应用程序。该应用程序提示他去年巧克力味的雪糕卖得很好，销量占了所有雪糕销量的 50% 以上。根据去年的销量和对应品类的情况，冷饮店老板轻轻一点，就在"雪糕进货小助手"上下单进货了。如果是在多年前，那么冷饮店老板可能会翻天覆地地找进货本，在找不到又记不清的情况下，进货就成为一件让人非常苦恼的事情。

总结起来，数字化就是我们把通过感官获取到的一手资料"数据"，集中地从线下呈现转变为线上展示。简而言之，就是把线下零散的数据变为线上集中的数据。

接下来，我们进入正题：何为数字化转型？

### 1.1.3 何为数字化转型

数字化转型和数字化在某些场景下的含义是相通的。数字化转型更加强调做出特定的变化，将线下的数据线上化。数字化转型涉及业务流程、企业文化等方方面面。

维基百科中数字化转型的定义如图 1-3 所示。数字化转型前后会涉及两个方面的变化：人们利用信息技术来改造自身的业务，通过推广数字化流程来取代人工作业流程，或者用较新的数字化信息技术取代旧的信息技术。无纸化就是数字化转型的一个例子。数字化转型的另一个例子是云计算的使用，它减少了客户对自有硬件的依赖，增加了对基于订阅的云服务的依赖。其中一些数字解决方案增强了传统软件产品的功能，如 Office 365 之于 Microsoft Office，而另一些则完全基于云计算，如 Google Docs。

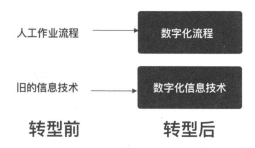

图 1-3 数字化转型的定义

数字化转型将客户驱动、数字优先的方法应用于业务的各个方面，从业务模式到客户体验，再到流程和运营。它使用人工智能、自动化、混合云和其他数字技术来利用数据并推动智能工作流程，可以更快、更智能地做出决策，以及对市场终端做出实时响应。最终，它改变了客户的期望并可以创造新的商机。

### 1.1.4 本节小结

经过数数的详细说明，王总了解了数据、数字化、数字化转型。因为数数讲解得直白易懂，所以王总即使没有专业背景知识，也能轻松理解。

接着新的问题就来了，为什么说数字化转型是必然趋势呢？为什么大家都在做数字化转型？接下来听数数给王总娓娓道来。

### 1.1.5 本节思考题

（1）数据包含哪两个方面？（支持多选）（　　　　）

A. 数据产生的方式　　　　　　　B. 数字化的数据

C. 数据的形态　　　　　　　　　D. 定性的数据

（2）请列举两三个日常生活中看到的数字化例子。

（3）数字化转型分别是哪些方面发生的变化？（支持多选）（　　　　）

A. 人工作业流程变为数字化信息技术

B. 人工作业流程变为数字化流程

C. 旧的信息技术变为数字化流程

D. 旧的信息技术变为数字化信息技术

## 1.2 数字化的必要性

细心的你一定会发现，我们生活的方方面面已经充满了数字化。各种高新数字技术的演变也为数字化的普及做了良好的铺垫。因此，本节会从时代发展的进程和数字技术发展的进程两个角度分别说明数字化的必要性。

### 1.2.1 从时代发展的进程来看

为了便于理解数字化的必要性，本节抽象出 3 个典型的时代来进行说明，分别是祖父母的时代、父母的时代和我们的时代，3 个时代的特点如图 1-4 所示。

信息被记在本子上

**本子容易丢**

88 祖父母的时代

信息被存储在本地计算机中

**信息难共享且本地计算机的容量有限**

88 父母的时代

信息被存储在云端

**便于共享**

88 我们的时代

图 1-4　3 个时代的特点

- 祖父母的时代：人们总是随身携带一个本子，无论是厂里生产方面的数据，还是家里的账单，都会被记在这个本子上。但是本子容易丢，不利于长期存储和查找。

- 父母的时代：较为先进的企业已经配备了计算机，信息被存储在本地计算机中，但是信息难共享且本地计算机的容量有限。随着信息变多，人们需要有更大容量的方式来存储信息。
- 我们的时代：由于笔记本电脑、手机等设备的普及，加上云计算技术的诞生，目前大部分信息可以被存储在云端，便于共享。

总结起来，我们的信息已经被大规模存储在云端，信息的存储和共享也越来越便捷。我们之所以享受到了这样的便利，是因为各类技术的发展。接下来，我们来看这些技术是怎样发展的。

## 1.2.2　从数字技术发展的进程来看

本节重点说明和数字化密切相关的 3 类技术的发展，分别是存储技术、网络技术和终端技术的发展。

### 1. 存储技术的发展

简单来说，存储就是把所需的数据收录在一个便于查找的地方。随着时代的变迁，存储方式在发生着翻天覆地的变化。

龟甲和竹简、羊皮卷：几千年以前，我们祖先的存储方式比较原始，他们会把信息都刻在龟甲等地方。但是由于龟甲比较笨重、不方便携带、不易于保存等，因此出现了竹简、羊皮卷这样的替代品。

造纸术：由于竹简和羊皮卷过于贵重，只能给有一定社会地位的人使用，无法向大众普及，因此蔡伦发明的造纸术成为一项重大发明。

磁性方式存储：一些金属在和磁铁接触时会被磁化，被磁化后的金属仍然保持着磁性，这些被磁化后强弱不同的状态可以用来存储信息。利用这样的原理，人们创造出磁带、录像带等产品。

电学方式存储：原理是通过栅极开关控制是否让电流通过，从而在晶体管中表示二进制信息。利用这个基本原理，人们创造出 U 盘、存储卡、固态硬盘等。

现代化的存储方式：云存储。通过观察你会发现，现在人们很少通过随身携带 U 盘、硬盘这样的硬件来存储信息了。照片、视频、文件等都被存储在云端。这要得益于云计算的发展。

到底什么是云存储呢？你可以想象这样一个场景，当我们去饭店吃饭时，由于桌子和椅子的数量有限，当人多的时候就会出现等位的情况。老板张三希望让更多的人来用餐，灵机一动，从隔壁饭店借了一些桌子和椅子摆在门口，这时可以让正在等位的人都坐下。张三将这种借桌椅的行为取名为"互助活动"。当隔壁饭店有相同需要的时候，也可以开展"互助活动"。此时，大家想一下，如果这两家饭店都人满为患，没有余力进行"互助活动"，那么如何让更多的人进入饭店吃饭呢？

脑洞开大一点，我们假设现在有 100 家饭店，每家饭店都开展"互助活动"，从而帮助饭店更好地运转。同时，我们请"互助活动"的创始人张三作为管理员统一进行调配，其主要职责如下。

- 职责一：当其他饭店想参加"互助活动"时，张三需要将其记录在册，并且与其签订相关协议。
- 职责二：统一规划和设计这 100 家饭店的桌椅借调，对在不同的时间段，谁家有多余的桌椅、谁家需要借桌椅、何时归还桌椅等进行管理。

云存储就是将大量存储通过规则（张三统一进行调配）进行灵活的调配，根据实际需要划出相应的存储容量（每家饭店在不同的时间段需要的桌椅数量），同时可以对已划分的磁盘容量进行扩容或缩容（目的是让更多的饭店参加"互助活动"）。在总量不变的情况下，最大化桌椅的价值。

此外，云存储还有很好的防灾性、便捷性、自动性。

- 防灾性：所有数据都以无形的方式被上传至云端，这样可以有效保护数据不受任何实际灾害等情况的破坏。
- 便捷性：使用云存储可以随时随地和他人共享相关数据。
- 自动性：传统方式备份数据是比较烦琐的，但是通过云存储可以自动对所需数据进行高效的备份。

那么，是不是只要有先进的存储技术就可以实现灵活便利的信息查询、存储呢？并不是，我们还需要另一种技术——网络技术。

### 2. 网络技术的发展

广义的网络是由节点和连线构成的，用于表示事物之间的联系。但是，我们主要描述的网络是计算机网络与计算机网络之间所串联成的庞大的网络系统。这些网络通过一些标准的网络协议相联。

如图 1-5 所示，ARPANET 可以算得上是初代的网络。1969 年，ARPANET 实现了从一台计算机到另一台计算机这样节点到节点的通信。1980 年，国家科学基金会网络（NSFNET）创建了一个比 ARPANET 更强大的新网络。这是互联网技术在众多独立运营网络中首次大规模实施联网。后来，许多拥有自己私有系统的私营企业加入 ARPANET 和 NSFNET，从而构建了更强大和更广泛的网络，即我们熟知的互联网。如今，互联网作为一个全球连接的网络系统，利用 TCP/IP 协议传输信息，允许不同类型的计算机交换信息。

图 1-5　网络的发展史

接下来，我们从移动网络的视角来回溯网络的变化史。如图 1-6 所示，移动网络的发展经历了 1G 到 5G 这几个阶段。

20 世纪 80 年代，第一代移动通信技术（First Generation Mobile Communication Technology，简称 1G）作为仅限语音的蜂窝电话标准正式诞生。

20 世纪 90 年代，第二代移动通信技术（简称 2G）成为主流。该技术以数字语音传输技术为核心，可以让我们便捷地发送短信。

21 世纪初，第三代移动通信技术（简称 3G）作为可以支持数据高速传输的移动通信技术开始被大家熟知。由于网速进一步提升，我们可以通过手机查看和传输图片等。

21 世纪 10 年代，第四代移动通信技术（简称 4G）在 3G 技术的基础上进行了改良。利用 4G 网络，我们可以看到更加清晰的图片和视频等。

现在，我们正在逐步进入第五代移动通信技术（简称 5G）时代。5G 时代不仅解决了人与人之间的通信问题，还实现了增强现实、虚拟现实、超高清视频等人和物通信、物和物通信。

图 1-6　移动网络的发展

所以，数字化也得益于网络技术的发展。接下来，我们来看终端技术的发展为数字化的必然性提供了哪些条件。

3. 终端技术的发展

我们按照使用的便携程度把终端分为计算机和手机两类。首先来看计算机终端的发展。

以真空管为代表的首代计算机：1951 年，美国人口普查局将第一台商业生产的电子数字计算机 UNIVAC（见图 1-7）投入使用。这台使用数千个真空管进行计算的巨型计算机是当今计算机的先驱。

图 1-7　第一台商业生产的电子数字计算机 UNIVAC

以晶体管为代表的二代计算机：1954 年，贝尔实验室发明了世界上第一台晶体管计算机，取名"催迪克"（TRADIC）。晶体管计算机在计算方式上加入了浮点运算。

以集成电路为代表的三代计算机：1958 年，美国德克萨斯公司制成了第一个半导体集成电路。集成电路是在不足几平方毫米的基片上，集中了几十个甚至上百个电子元件组成的逻辑电路。

以微处理器为代表的四代计算机：1971 年，英特尔公司完成了 Intel 4004 芯片的开发，该芯片将计算机的所有组件（如中央处理器、记忆、输入/输出控制）置于单个芯片上。

计算机更好的应用领域为科研、企业等领域。而电话的诞生和使用几乎惠及了我们每个人，它使信息发送、社交沟通、交易等各种各样的线下场景都实现线上化。

1876 年，美国发明家贝尔发明了世界上第一部电话，并获得美国专利局批准的电话专利。由于固定电话携带非常不方便，因此更加轻量的电话被发明了。

随着 1973 年全球第一台真正意义上的手机——摩托罗拉 Dyda TAC 8000X 出现在纽约街头，我们开始进入手机时代。由摩托罗拉、诺基亚、苹果、华为这几个品牌的崛起，我们见证了手机时代的变迁。

纵观整个存储技术、网络技术、终端技术发展的历史进程，我们可以发现，所有技术都在向着携带越来越方便、价格越来越低、功能越来越强大的方向发展。在这样的条件下，数据的存储、查询和分析同样要求更加方便。

### 1.2.3　本节小结

随着数数全面和详细的说明，王总仿佛坐了一次数字化的时光飞船，从祖父母的时代初期数字化过渡到现在，从数字化技术逐渐演进到现在。

此时，王总已经完全懂得数字化的必要性。随着信息的增多，王总不禁产生了疑问：他的 A 公司主要从事服装生产和销售业务，一定要进行数字化转型吗？因为进行数字化转型是要花费人力和时间成本的，此时的王总对这个新型的技术还有疑虑。

为了消除王总的疑虑，数数开始给王总讲解数字化对企业的意义。

### 1.2.4　本节思考题

（1）为什么一定要进行数字化转型？（支持多选）（　　　）

A. 从时代的发展来看是必须的　　　B. 从数字技术发展的进程来看是必须的

C. 因为计算机的发展很快　　　　　D. 以上选项都不对

（2）请用一个通俗易懂的例子说明什么是云存储。

## 1.3　数字化的意义

在潜意识的影响下，通常我们每做一件事之前都会问自己一个问题——为什么要做这件事？在人口红利逐渐消失的今天，企业为什么要费尽心思地去进行数字化转型呢？进行数字化转型能给企业带来哪些好处？不进行数字化转型是不是也可以呢？

在回答这些问题之前，我们先来思考一个问题：企业是一个什么样的存在？为什么需要建立企业？

简单来说，企业是一个具体存在的形态，为了实现某种目标，组织各类人有序地完成一些事情。

企业的目标主要分为两种：第一种是有形目标，即实现盈利；第二种是无形目标，即实现某种精神价值，如让所有的山区孩子都有书读。大部分企业都是为实现有形目标而建立的。对于这类企业，有一个通用的盈利公式：

$$利润 = 收入 - 成本$$

为了实现利润最大化，企业一般会采用两种方式：一是开源，即大力增加收入；二是节流，即紧紧控制成本。

以这个目标为出发点，我们再来看数字化是否能为企业带来实际的好处。答案是肯定的。如图 1-8 所示，数字化有以下 3 类意义。

- 意义一：降低设备成本。
- 意义二：提升信息效率。
- 意义三：高效地全盘把握。

图 1-8　数字化的意义

## 1.3.1　意义一：降低设备成本

### 1. 成功的例子

数据信息的存储需要花费成本，存储后也需要大量的资源用于计算。在几十年前，这方面的需求都依赖 IOE 这样的组合，I 指的是 IBM 的小型机，O 指的是 Oracle 的数据库，E 指的是 EMC 的高端存储。这 3 家企业在 20 年前堪称行业的垄断者，并且在当时也是最好的选择。

虽然他们产品的价格非常高昂，但是银行、电信、证券等行业还是选择了 IOE。

价格到底有多高呢？我们以阿里巴巴使用的 Oracle 数据库为例，阿里巴巴的第一个数据仓库就是建立在 Oracle RAC 上的。由于数据量增长太快，因此很快就到达 20 个节点，并在当时成为全亚洲最大的 Oracle RAC 集群。随着业务规模的持续扩大，阿里巴巴算过一笔账，如果沿用现有的 IOE 架构，那么不出 5 年，若阿里巴巴的营收还远远赶不上服务器的支出费用，阿里巴巴就会因此破产。

所以，从 2008 年开始，阿里巴巴正式开启了去 IOE 计划，开始了"上云"之路。

2019 年 3 月底，亚马逊首席技术官向亚马逊的物流团队发送祝贺视频，祝贺他们完成了该服务的最后一个 Oracle 数据库的迁移，当时的庆祝视频得到了广泛的关注。

在摒弃传统的 IOE 后，阿里巴巴的成本大幅降低，使企业避免了由于使用 IOE 的持续高额支出而濒于倒闭的情况。

阿里巴巴的例子告诉我们一个道理，收集和存储数据的设备要逐步轻量化、低价化、云上化，尤其是随着业务的高速发展，相关的设备成本更加需要管控，否则辛苦创造的利润就无法让员工一起受益，更无法用于开辟新的业务，反而都被消耗在无用的高额设备采买上。

### 2. 云计算的定义

维基百科中云计算的定义如下：云计算（Cloud Computing）也被意译为网络计算，是一种基于互联网的计算方式，通过这种方式，共享的软/硬件资源和信息可以被按需求提供给计算机各种终端和其他设备，使用服务商提供的计算机基建进行计算。

### 3. 云计算降低设备成本

云计算有众多优势，但是其最大的优势是可以帮企业降低设备成本。

通过传统方式进行 IT 基础设施维护需要花费大量的费用，如设备本身的成本、设备带来的服务成本等。但是，如果使用云计算，就会使一切变得不一样。因为相比传统的设备维护，云计算不但费用低廉，而且计费方式多种多样（如按使用次数计费、按小时计费），从而满足企业不同的需求。这使得任何规模的企业从传统的本地硬件切换到云都非常划算。

总结起来，云计算节约的成本覆盖如图 1-9 所示的几个方面。

图 1-9　云计算节约的成本

## 1.3.2　意义二：提升信息效率

### 1. 两个常见的场景

如果想让企业更快地完成目标，内部信息的全面性和流转的速度是至关重要的，否则就会出现以下场景中的情况。

**场景一** 营销部

小王：下周要报一个大型活动的预算，这次想延续上次的方式，做类似的活动，不知道该定多少预算。

小李：按照上个活动来推算是不是就行呢？

小王：哎，你是不知道，那个复盘数据还没出来呢。

小李：活动都结束一周了，还没有产出数据吗？

小王：是啊，因为数据要从不同的系统进行聚合，还有很多类目需要分摊，至少要再过一周。哎,我原本想趁热打铁连办两个活动。没有上个活动的数据作为依据,老板也不会点头,财务更不会审批,愁死我了。

小李:要不就多报点,随便写写吧,有益无害的。

场景二 财务部

张姐:又要做新一轮的预算计划了。

孙姐:哎,但是目前营销部门、运营部门等部门上次的复盘数据还没有给我。

张姐:产研部门倒是给过我一份复盘数据,但是数据大部分都对不上,又找不到问题的根源。

孙姐:那咱们的预算计划啥时候能出呢?

张姐:再等等吧。

孙姐:等不了了,咱们不然就先估摸着来做一版计划吧,反正也不是第一次了。

### 2．关于信息流在企业中的传输

从上面两个场景中可以看出,在一家企业中有许多不同类型的数据,包括战略、财务、人力资源、市场、材料订单、生产和质量记录等数据。如果可以掌握本部门或者相关部门的数据,我们就可以进行较为准确的判断,从而避免犯错。

例如,营销部门需要来自生产部门的产能数据,而生产部门的产能数据分散在各个设备中。每个设备的数据都需要有专人进行收集,经人汇总后被发送给营销部门。很多时候,营销部门拿到的数据经常前后对不上,给营销部门后续的工作带来巨大的困难,从而造成营销部门错误预估产能,而多估或者少估产能都会给企业造成巨大的损失。

### 3．部门数字化提升信息效率

好的信息流就像一条清澈见底的河流,你可以一眼看见河底的情况,如河大概有多深、河内有多少鱼和水草等。

部门中高效、快速的信息流可以帮助企业快速找到问题和减少低效劳动。

- 快速找到问题:在部门实现数字化后,信息效率的提升可以促使信息流帮助各个部门定位问题,是产能不足导致无法接单,还是下单流程过长导致客户流失?
- 减少低效劳动:部门数字化可以大大提升企业信息流的效率,从而减少以下操作造成的时间和人力的消耗:收集多方汇集的信息、准备报表、检查电子邮件、线下跟进后续审批工作等。所有这些事情都可以为企业节省大量的时间和精力,提高生产力,加快流程,缩短生产周期。

### 1.3.3　意义三:高效地全盘把握

我们分别来看以下场景:利润持续缩水和阳光下的隐患。

场景一 利润持续缩水

最近 C 公司的利润持续缩水,令杨总感到异常疲惫和焦虑。

为了增加 C 公司的利润,迎合市场的需求,杨总把生产部门和营销部门的预算提升到最高水平，对这两个部门的各种要求也是有求必应，同时让其他协作部门给予这两个部门最大的支持。但奇怪的是，今年第一季度持续发生利润缩水的情况。

**场景二** 阳光下的隐患

由于营收持续变好，利润一直在增加，D公司的钱总最近总是喜气洋洋的。钱总对D公司的未来充满信心，再加上数据总是产出很慢，所以他不像以前那么认真去看公司的数据，他觉得没什么可担心的。

D公司目前确实表现比较好，但是近3个月的增速已经大大放缓。加之D公司的钱总和其他员工对未来盲目乐观，所有人都不再关注细节，更有甚者开始悄悄窜改营收数据。

### 1. 迅速地全面把握企业的信息

对企业的老板而言，想要把企业的业务做得更好，在众多竞争对手中脱颖而出，最重要的事就是全面、及时、有效地把握企业的信息，尤其是数据信息。这是企业获得成功的第一步，只有先知道发生了什么，才能根据这些数据信息进行后续的分析和判断，从而采取对应的措施。

例如，在B公司进行数字化改造后，张总经常以最快的速度拿到B公司的数据，从而快速做出方向调整。而其竞争对手A公司的王总沉浸在已有的业务成绩中，开始不关注数据。经过一段时间，B公司的业务总能又快又准地推进，将安于现状的A公司抛在了身后。

### 2. 高效地全盘把握信息的重要性

一家企业的成败与老板的决策息息相关，一个老板是否能做出正确的决策和他能否全面把握企业的信息密不可分。

因此，让老板快速、全面地拿到企业的数据，可以有效地帮助企业在增长、盈利和可持续发展方面取得成功。

## 1.3.4 本节小结

王总在数数的讲解下终于明白了数字化的意义：除了降低设备成本、提升信息效率，还可以使管理层高效地全盘把握企业的信息。而数字化恰恰解决A公司目前存在的问题。

- 设备维护成本过高，并且随着设备的老旧和业务的扩大，每年都需要在设备上花费更多的钱。
- A公司内部信息效率低下，经常发生部门之间因为数据信息传递不及时而相互推诿的现象，严重影响公司的利润。
- 王总总是在积极支持一些新业务的资源投入，但效果总是不尽如人意。由于数据信息不够全面，因此他经常无法找到问题的根源。

经过数数的详细讲解，王总的疑虑被消除，决定进行数字化改造。

数数欣然一笑，他告诉王总，其实数字化更大的优势在于给数智化做了铺垫，关于这点，我们后续可以慢慢了解。

### 1.3.5 本节思考题

（1）数字化的意义是什么？（支持多选）（　　　）

    A. 降低设备成本　　　　　　　　B. 及时掌握业务

    C. 提升信息效率　　　　　　　　D. 高效地全盘把握

（2）云计算可以节约哪些成本？（支持多选）（　　　）

    A. 省去购买硬件和软件的费用

    B. 减少计算、存储、网络和安全等方面的支出

    C. 降低设备维护和升级费用

    D. 降低设备运营人员成本

## 本章小结

本章主要通过以下 3 个方面带读者清晰地认识什么是数字化。

- 数字化的内涵：从数据、数字化、数字化转型 3 个层次出发，逐层递进，逐步说明数字化的内涵。
- 数字化的必要性：从时代发展的进程和数字技术发展的进程角度讲述了数字化的"前世今生"，帮助读者更好地理解数字化的必要性。
- 数字化的意义：从降低设备成本、提升信息效率、高效地全盘把握 3 个角度说明数字化的意义。

认清数字化便于我们更好地理解数智化。

---

本章思考题答案

1.1 节思考题答案

（1）A、C　　　　　　（2）略　　　　　　　　　（3）B、D

1.2 节思考题答案

（1）A、B　　　　　　（2）略

1.3 节思考题答案

（1）A、C、D　　　　（2）A、B、C、D

# 第 2 章　什么是数智化

本章导读

　　B 公司是一家从事服装生产和销售业务的公司。经过数字化改造和业务重塑，B 公司在保留线下销售方式的同时进行线上服装销售，开启了属于自己的线上电商时代。由于成功的数字化改造使 B 公司降低了成本且提升了效率，因此张总决定乘胜追击，进行数智化改造。但由于数数并不擅长数智化改造，因此他引荐了数智化专家智智给张总认识。智智了解到张总的想法和目前 B 公司的情况后，决定先给张总进行数智化的科普。我们来听听智智是如何给张总讲解的吧。

　　随着数字化的发展和普及，如海水一样体量的数据摆在我们面前，常常令我们无从下手。我们需要更深层次地提取数据价值、挖掘数据潜力，此时数智化应运而生。本章详细介绍数智化的内容，主要涉及以下 4 个问题。

- 问题一：数字化和数智化的区别是什么？
- 问题二：数智化的前提是什么？
- 问题三：数智化的划分标准是什么？
- 问题四：数智化的类型包括什么？

　　为了让张总和读者快速理解数智化的内容，智智会结合一些真实企业进行的数智化改造来讲解。

## 2.1　数字化和数智化的区别

　　第 1 章详细阐述了数字化，在此基础上，我们引入一个新的概念——数智化。好奇的读者一定会问：数智化和数字化仅有一字之差，这两个概念是否一致呢？如果不一致，那么差异是什么呢？

　　接下来，我们先让智智回答问题一：数字化和数智化的区别是什么？

　　2016 年，朴圭贤博士最早提出数字智能（Data Quotient，DQ）并创建了相关框架。DQ 是指在社交、情感和认知技能的结合下，使人们能够通过数字化来迎接生活的挑战和需求。同年，朴圭贤博士在世界经济论坛发布 DQ 的概念和框架，此后 DQ 的框架在国际上被众多行业和组织广泛使用。

朴圭贤博士最初的想法是把 DQ 作为一个新的评估方式，对人们进行评估。正如我们可以测量智力和情商一样，DQ 研究所声称 DQ 也可以测量。

按照朴圭贤博士的理论，DQ 可以被进一步分解为 8 个关键领域：数字身份、数字权利、数字素养、数字使用、数字通信、数字安全、数字情商、数字安全。由于《世界人权宣言》的基本道德原则是基于尊重，因而个人数字生活在 8 个 DQ 领域内的指导原则是基于尊重的：自我、时间和环境、生命、财产、他人、声誉和关系、知识和权利。

维基百科中 DQ 的定义如下：DQ 是一套全面的技术、认知、元认知和社会情感能力，这些能力基于普遍的道德价值观，使个人能够面对挑战并把握机遇，开展数字生活。根据 DQ 研究所的说法，DQ 是包罗万象的，因为它涵盖了个人数字生活的所有领域，从个人的社会身份到他们对技术的使用，他们对日常数字生活和职业至关重要的实践、操作和技术能力，以及数字时代潜在的安全和保障问题。

通过朴圭贤博士对 DQ 的定义，我们了解到 DQ 所涉及的范围非常广泛，甚至能独立成为一个对人的评估体系。由于本书的重点是与企业相关的数智化，因此后面的内容都聚焦于这个方面。如图 2-1 所示，企业数智化是企业的数字智慧化与智慧数字化的合成，包含数字智慧化、智慧数字化、人机的对话 3 个方面。

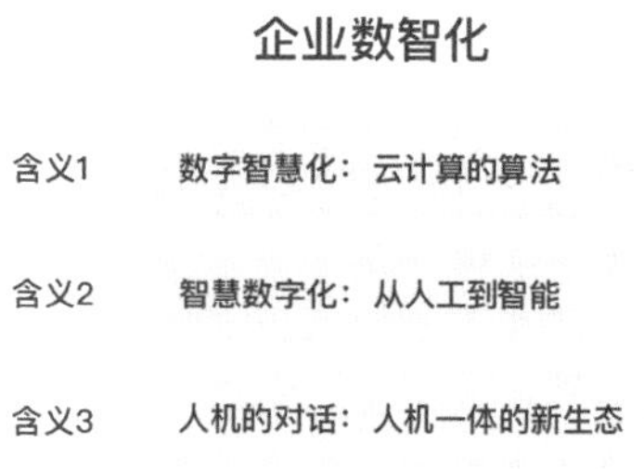

**企业数智化**

含义1　　**数字智慧化：云计算的算法**

含义2　　**智慧数字化：从人工到智能**

含义3　　**人机的对话：人机一体的新生态**

图 2-1　企业数智化的含义

含义 1：数字智慧化，相当于云计算的算法，即在大数据中加入人的智慧，使数据真正产生价值，提高大数据的效用。

含义 2：智慧数字化，即运用数字技术，把人的智慧管理起来，相当于从人工到智能的提升，把人从繁杂的劳动中解脱出来。

含义 3：人机的对话，把上述两个过程结合起来，构成人机的深度对话，使机器继承人的某些逻辑，实现深度学习，甚至能启智于人，即以智慧为纽带，人在机器中，机器在人中，形成人机一体的新生态。这是对数智化的原始认识。

笔者根据多年在各个领域进行数字化和数智化改造的相关经验，认为想要区分数字化和数智化，可以从二者的定义、关系、范围方面入手，如图 2-2 所示。

1. 从定义方面进行区分

数字化：将通过感官获取到的一手数据集中地从线下的转变为线上的。简而言之，把线下零散的数据变为线上集中的数据。

数智化：在数字化的基础上，把线上的数据进行智能化监控、分析、诊断，深层次挖掘数据的价值和潜能，从而解决各类实际存在的问题，即可以充分发挥数字化后数据的能力。

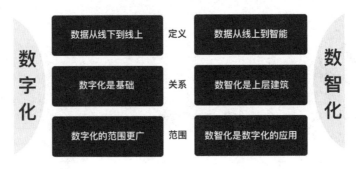

图 2-2　数字化和数智化的区别

### 2. 从关系方面进行区分

数智化一定是建立在数字化的基础之上的，如果没有数字化，数智化就无从下手。

我们举一个比较形象的例子来理解数字化和数智化的关系。我们今天想做一道土豆炖牛肉，做法分为以下两步。

第一步，买一些土豆和牛肉，把它们都洗净、切好。

第二步，进行相关烹饪，把土豆和牛肉放入锅中炖煮。

第一步相当于数字化的过程：把土豆和牛肉都洗净、切好。当然不是说只要有这些洗净、切好（原始数据的处理）的食材（原始数据）就可以烹饪出美味的土豆炖牛肉了，我们还需要进行下一步的操作。

第二步相当于数智化的过程：把洗净、切好的土豆和牛肉进行炖煮，并且放入各种调料。但并非每个人都可以把这些食材利用好。特级厨师会把洗净、切好的食材变为上等的美味佳肴，即顶级的数智化建设；没有任何技巧和经验的煮菜"小白"会烹饪失败，浪费食材，即失败的数智化。

用一句话来解释二者的关系，即数字化是数智化的基础，数智化是数字化的上层建筑。

### 3. 从范围方面进行区分

数字化的范围更广，如数字化涉及衣食住行、工作流程、科研、军事等。但是，数智化会在数字化的范围内进一步缩小，如企业的业务数智化、管理数智化、其他数智化等。数智化是数字化范围中的一小部分，而且是更为重要的部分——数字化的应用。

如果大家还是无法区分数字化和数智化，那么我们可以通过 DIKW 模型来进行解释。1994 年，内森·谢佐夫在信息设计中提出了 DIKW 层次结构，它可以很好地区分数据和信息的关系。如图 2-3 所示，DIKW 模型分为数据（Data）、信息（Information）、知识（Knowledge）、智慧（Wisdom）4 个部分。

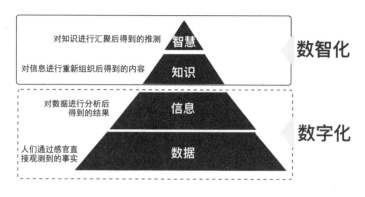

图 2-3　用 DIKW 模型解释数字化和数智化的区别

- 数据：位于第一层，是人们通过感官（眼睛、鼻子、耳朵等）直接观测到的事实。例如，一个人的身高、体重等。
- 信息：位于第二层，是对数据进行分析后得到的结果。例如，初二学生的身高在 150cm 左右是正常的，如果说初二（1）班的 20 个学生的身高都符合该身高标准，就说明这个班级中 20 个学生的身高是正常的。
- 知识：位于第三层，是对信息进行重新组织后得到的内容。例如，营养学家通过对 1 万人的长期追踪和对比实验发现，吃鸡蛋、喝牛奶对长高有益。
- 智慧：位于第四层，是对知识进行汇聚后得到的推测。例如，通过让学生们健康饮食、进行体育锻炼等，预测到明年，初二（1）班学生的平均身高会从 155cm 长到 165cm。

### 2.1.1　本节小结

张总一边详细听智智讲解，一边进行思考和总结。智智在本节主要讲解了数字化和数智化的区别。听完智智的讲解之后，张总豁然开朗，他做了如下笔记。

- 数智化：最早源于 DQ 的概念。企业数智化包含数字智慧化、智慧数字化、人机的对话 3 个方面。
- 数字化和数智化：在定义、关系、范围 3 个方面都有所不同。数智化是数字化的应用，数字化的范围比数智化更广。

此时，张总产生了疑问：要进行数智化改造需要什么准备条件？任何企业都可以立刻进行数智化改造吗？接下来，我们来让智智回答问题二：数智化的前提是什么？

### 2.1.2　本节思考题

（1）企业数智化的 3 个方面分别是什么？（支持多选）（　　　　）

A. 数字智慧化　　　　　　　　　　B. 智慧数字化

C. 数字的安全　　　　　　　　　　D. 人机的对话

（2）如何区分数字化和数智化？（请分别从二者的定义、关系、范围方面进行说明）

## 2.2 数智化的前提

任何技术和方法都是有适用范围的，正如张总所提出的疑问一样，数智化改造也需要一定的条件和适用范围，这些都是确保数智化可以更好落地的有效保障。笔者根据多年来对各行各业进行数智化改造的经验，总结出数智化的前提有以下 4 个。

- 前提一：稳定可靠的商业模式。
- 前提二：做好充分的数字化。
- 前提三：获得高层管理者的支持。
- 前提四：做好打长期战的准备。

这些前提不仅适用于大型企业，还适用于广大中小型企业。

### 2.2.1 前提一：稳定可靠的商业模式

场景

G 公司是一个成立不到半年的直播公司，团队等各方面都处于筹备和待完善的阶段。虽然 G 公司已经决定做出海直播，但是还没有跑通自己独有的商业模式。老板周总是一个喜欢接受新事物的人，他听到与数智化相关的应用比较兴奋，觉得它能对 A、B、C 公司的业务产生较大的影响，所以就吩咐下属来做这个方向的事情。虽然大家在会上都比较认可周总说的事情，但在细化落地任务时，你看看我，我看看你，抓耳挠腮，不知道该如何下手。

简单来说，商业模式是指企业的盈利方式。数智化必须建立在稳定可靠的商业模式上。可以说，一切的数智化改造都是服务于企业的商业模式的。商业模式是企业的主干，企业的大部分行为都是围绕着这个主干进行的。如果主干还不够完善，那么数智化改造会非常容易被推倒重来。显而易见的是，企业在这样的情况下进行的数智化改造所花费的时间和资源也都会付诸东流。

如图 2-4 所示，商业模式的模型包括 4 个部分。

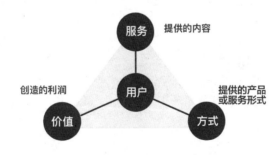

图 2-4　商业模式的模型

- 用户：核心服务的对象。
- 服务：企业向用户提供的内容。
- 价值：企业为用户创造的利润。

- 方式：企业为用户提供的产品或服务形式。

商业模式的模型可以帮助企业构思自己独有的商业模式。下面以 G 公司所做的出海直播为例进行讲解。经过一段时间的试跑，G 公司逐渐摸清自身的商业模式。

- 用户：中东和东南亚地区的 25 ～ 45 岁的女性用户群体。
- 服务：直播服务、创作者创作工具、视频展示平台。
- 价值：大部分收入来自用户将虚拟物品赠送给他们所喜欢的视频直播主播。
- 方式：G 公司通过提供视频直播平台和短视频创作平台来为用户服务。

那么，不同行业的商业模式有什么差异吗？

在互联网的场景下，按照是否直接提供价值和服务，可以把互联网业务的商业模式统一分为 4 种：佣金模式、免费模式、自研 + 流量模式、流量模式。每种商业模式都有其独到的"财富密码"，这部分内容会在 3.1 节中进行详细介绍，此处不再赘述。

## 2.2.2 前提二：做好充分的数字化

**场景**

A 公司的王总最近总在看一些关于数智化助力业务效率提升的资料，看完之后觉得非常不错，于是设想如果自己的公司也做了这样的改造，就可以拯救一下持续低迷的产品销量。

心动不如行动，王总随即就叫了各部门的负责人开会，和大家说了这个想法。大家认真评估后觉得确实不错。

但是小明挠了挠头，觉得这件事的开展会非常困难。因为 A 公司是一家传统公司，很多数据都需要人工来统计。如果没有线上化这些信息，那么数智化可能无从下手。会后，小明和王总沟通了自己的困惑，王总觉得小明有点杞人忧天。

在王总的极力推动下，数智化就这样在 A 公司开始推进了。但是在连续 5 个月内，A 公司都遇到了各种各样的问题，并且由于部分人力被抽调走了，生产也被影响了。

在极不情愿的情况下，王总叫停了这件事，并开始反思，为什么其他公司可以做到，我们公司不行呢？

看到上述例子，聪明的读者是不是已经发现问题出在哪里了呢？

前文在介绍数字化和数智化的区别时提到一点：数智化一定是建立在数字化的基础之上的。数字化完成得是否到位，对于数智化能否开展至关重要。好比在建造高楼大厦（数智化）之前，我们一定要打好地基（数字化）。

那么，如何评估数字化完成得是否到位呢？如图 2-5 所示，我们可以通过以下 4 个标准来进行判断。

- 标准 1：是否完成线上化，即是否已把手工记录在纸质文件上的信息都通过系统或者云存储完成线上化。检查标准很简单，即是否还能看到纸质版或者 Excel 的记录内容，如果还能看到，就说明线上化进行得不彻底。
- 标准 2：是否进行了数据仓库建模。建立数据仓库的好处在于可以把所有数据进行统一划归的处理和定义，所以数据仓库建设也成为数字化完成的标志之一。好的数据仓库建模可以让企业更加系统、全面、科学地管理数据，并且针对各个主题建立对应的数据集合。常用的建模方法有 Inmon 建模方法、三范式建模方法、混合建模方法。

- 标准 3：是否保障了数据的唯一性。在数据进行线上化和建模后，我们可以得到具有唯一性的数据。确保口径一致可以使各个部门的交流更加顺畅，消除二义性。
- 标准 4：是否提升了取数效率。数字化的好处之一就是可以更快地获取数据。

图 2-5    数字化完成得是否到位的判断标准

### 2.2.3  前提三：获得高层管理者的支持

数智化改造是否只需要得到该部门负责人的认可就足够了呢？为什么还要积极争取获得高层管理者的支持呢？我们来看下面的场景。

场景

B 公司在去年完成了公司级别的数字化改造。小远是营销部门的负责人，近期听说几个同行的公司在做营销数智化的改造，并且已经初见成效，拉动了产品销量、增加了利润。小远也想对自己所在的营销部门进行改造，从而获得更好的收益。

小远写了一个规划，并且和高层管理者简单地说了这件事，由于高层管理者不懂数智化改造，只知道可以增加利润，就含糊其词地答应了。而小李对数智化也是一知半解的，就这样开始了改造。

但小远在改造初期就发现了很多问题，具体如下。

- 困难一：营销部门的改造需要生产部门配合，但是生产部门以人力不足为由拒不配合，这使小远在调研阶段就吃了闭门羹。
- 困难二：和产研部门定好的上线日期被产研部门一拖再拖，由于产研部门和 IT 部门是两个部门，小远有力使不出，推进十分困难，导致上线时间遥遥无期。

各种各样的困难使营销数智化的改造很难正常推进，就连高层管理者也对这件事充满了疑惑，质问小远为何营销数智化的改造迟迟不见效果。小远说别的部门不配合，高层管理者摆摆手和小李说："要不这件事先放一放吧。"

从这个例子中可以发现，数智化改造必须获得高层管理者的支持，因为数智化改造是一个综合的跨部门改造项目，即使仅针对单个部门的改造，也会涉及不同部门的协作，此时没有高层管理者的支持是很难推进的。

因此，在开始数智化改造之前，我们一定先要充分认识和预估数智化改造的难度，说清楚数智化改造能带来的收益，并且一定要获得高层管理者的支持。因为高层管理者的支持就像一把无形的尚方宝剑，可以帮助我们解决数智化改造中的很多困难，尤其是跨部门的协作困难，并且高层管理者的支持可以消除并解决大部分争议，从而更好地推进数智化改造。

高层管理者的支持在数智化改造过程中是最重要的，只有他们给予支持，才能让数智化改造更加顺畅，这也说明数智化改造需要自上而下地推进。如果要自下而上地推进，就会像上述场景中的小远一样，遇到一些自己无法解决的问题。

### 2.2.4　前提四：做好打长期战的准备

`场景`

C 公司在完成数字化改造后，又开始紧锣密鼓地安排数智化改造。由于急于求成的杨总想快速从数智化改造中受益，帮助业务找到一些新的增长点，因此他连忙让下属着手准备。

过了一个月，杨总问负责人小伟数智化改造的进展情况。

小伟回答道："杨总，我们刚刚做好调研，还没开始落地呢。"

杨总有点生气地说道："一个月过去了，啥都没有做，你这个负责人还想不想干好了啊？你知不知道我们公司现在面临的很多问题需要靠数智化改造来解决？为什么不加快速度？"

小伟有点委屈地回答道："杨总，在进行数智化改造之前我们要进行充分的调研，这需要大量的时间。"

杨总一拍桌子，说："没成果就说没成果，不要给我狡辩！我只要结果！不想干就赶紧走！"

数智化改造是一件长期且艰辛的事，尤其是在工作开展的前期会遇到各种各样的困难。我们一定不要把数智化想象成一个快速见效的魔法，而要把它当作一个稳定的、规范的、可落地的"业务智能科学家"，这并非一朝一夕的事。因此，在开始进行数智化改造之前，我们需要先管理好高层管理者的预期，让他们明白改造周期会比较长，并非在一两个月内就能见到成效，同时消除高层管理者的疑虑，在真正改造前，提供一个完整的规划方案，确保每个阶段都有定期的明确的产出，从而取得更好的改造结果。

如果想要让数智化改造更加完美，就需要花费大量时间用于前期的充分调研，调研企业内部的情况、同行业的情况等。毕竟，我们无论做什么事情，最重要的都是先明确问题，而不是上来就大刀阔斧地进行改造，因为只有明确了业务真正的问题，才能有针对性地解决这些问题。

### 2.2.5　本节小结

智智针对数智化的前提进行了详细的说明，分别是稳定可靠的商业模式、做好充分的数字化、获得高层管理者的支持、做好打长期战的准备。这 4 个重要的准备前提被张总一一记了下来。张总深深感叹，数智化改造确实是有一定门槛的，不过，为了让自己的公司活得更长久、活得更好，数智化改造是必经之路！

张总在整理上述内容时又发现一个新的问题，连忙打电话给智智：数智化有哪些划分标准呢？B 公司目前更适合进行哪类改造呢？

### 2.2.6　本节思考题

（1）数智化的前提是什么？（支持多选）（　　　）

A. 稳定可靠的商业模式　　　　　　B. 做好充分的数字化
C. 获得高层管理者的支持　　　　　D. 做好打长期战的准备

（2）数智化改造需要获得高层管理者的支持，因为数智化改造需要以什么方式推进？（　　　）

A. 自左向右的方式　　　　　　　　B. 自右向左的方式
C. 自上而下的方式　　　　　　　　D. 自左向右的方式

## 2.3　数智化的划分标准

俗话说"无规矩不成方圆"，任何改造想要更好地被落地，都要遵循一定的标准，这样才能更好地拿到落地结果。

### 2.3.1　划分标准的制定依据

首先，我们需要思考一下一个完整的业务流程需要哪些主体来参与。主体一般包括两类：人和机器。

人会在各种情况下进行思考和调整，从而把整个业务流程走完。但是，人每天只拥有 24 个小时，在这 24 小时中需要工作、吃饭、进行社交等。集中精力去工作的时间受限于个体的精力，长期不间断地工作会导致效率变低、结果变差。如果业务目标是创造性的，就需要大幅度发挥人的主导性。

在理想情况下，机器可以按照所设定的程序不间断地工作，不用担心精力不足等问题。但是，机器不能像人一样灵活地思考，只会机械地工作。如果业务目标是大幅提升低效、低价值、易出错的工作的效率，那么通过机器可以实现。

在多年的企业数智化改造过程中，我尝试过人机结合和机器全托这两种完全不同的方式。从效果上看，人机结合的方式好于机器全托。这是因为人和机器具有以下不同的特点。

人：大脑的代表。人拥有最高的智慧，可以根据情况思考。思考是一种可独立于感官刺激而发生的有意识的认知过程，最典型的形式是判断、推理、形成概念、解决问题等。这些是任何机器都无法完全替代的。

机器：手的代表。机器拥有最稳定的操作，可以不分昼夜地操作。机器是不知疲倦的，并且只要你设定好对应的执行程序，它会按部就班地操作。相较人而言，对于重复的流程化的操作，机器犯错的概率很低，而且可以增加工作时长。

因此，人机结合可以使人和机器在企业数智化改造中扮演各自擅长的角色，最大化地提升改造效率。

## 2.3.2　标准的说明

依据人机结合及数智化的演进程度，我们可以把数智化改造分为 3 个层级，如图 2-6 所示。为了更清楚地理解这 3 个层级的标准，我们分别结合实际场景来进行说明。

图 2-6　数智化改造的 3 个层级

### 1.　第一层：提效层——看清发生了什么

**场景**

运营部门的小白在制定每周的促活策略时，需要获取所管辖城市的数据。但是，每次在获取数据前都需要等待分析师的数据产出。在数据产出后，小白还需要把数据进行二次加工。在加工过程中，有时候数据不对，需要分析师返工，耽误了很多时间。

在上述场景下，数智化改造可以帮我们实现的目标是稳定、清晰、及时地产出数据。

判断标准：做一件事所花费的人机时间配比为 8∶2。也就是说，如果做一件事一共需要花费 100 分钟，那么其中有 80 分钟的工作需要通过人力来完成。

如图 2-7 所示，提效层的意义有如下 3 类。

- 及时快速获取新数据：可以稳定、快速地拿到最新的数据结果，而非花费大量时间也无法拿到好的数据结果。
- 节省大量的沟通成本：固定、稳定的数据呈现可以避免浪费大量的沟通成本，大大提升事情推进的效率。
- 清晰易懂的展示助分析：通过数智化手段更好地呈现业务流程，清晰易懂的展示可以让人们高效获取数据结果。

图 2-7　提效层的意义

第一层具体的落地形态可参见 8.1 节。

### 2.　第二层：决策层——分析原因是什么

**场景**

经过第一层的数智化改造，小白已经可以快速获取稳定的数据。接下来，他每周获取数据后，都会导出数据进行加工分析。但是在各个分层人群下分析每个人群的表现时，经常因为电脑死机而造成时间上的损失；而且由于运营人员的离职率高，因此很多好的分析方法无法得到沉淀。

在这一层级，我们需要利用数智化改造把一些常规的分析方法持久落地在产品模块中，从而保证优秀的分析方法不会因为人员的迭代而丢失，以及确保获取所需的各类分析结果，不用再做复杂的二次数据分析和加工。

在上述场景下，数智化改造可以实现的目标是有条理、有结构、专项地沉淀各类业务方法，并且有逻辑地进行问题分析。

判断标准：做一件事所花费的人机时间配比为 6：4。也就是说，如果做一件事一共需要花费 100 分钟，那么其中有 60 分钟的工作需要通过人力来完成。

图 2-8 决策层的意义

如图 2-8 所示，决策层的意义有如下 3 类。

- 沉淀高价值的分析方法：通过数智化落地可以稳定地沉淀好的分析方法，帮助企业游刃有余地解决各种问题。
- 快速获取分析的有用结果：数智化落地可以让企业高效地拿到分析结果，无须等待各类角色的排期。
- 节省二次加工花费的时间：由于给出的结果是最符合大家需求的，因此无须进行二次加工。

第二层具体的落地形态可参见 8.2 节。

3. 第三层：智能层——一体化地解决问题

在这一层级，我们分两类问题来进行讲解：一类是已出现的问题，另一类是暂未出现的问题。

**场景一**

经过第二层的数智化改造，小白已经可以节省近一半的时间。通过对应的产品模块，小白可以拿到分析的结果，接下来就要进行策略配置了。小白想进行新用户的促活，从而提升他们的留存率。那么，如何进行人群分层？如何设置门槛？效果是否能更好地得到保障？有没有更加科学的方案？

**场景二**

最近很多老用户都流失了，进行召回的效果很差，有没有方法可以提前锁定即将流失的用户，并进行根因分析，最终给出有针对性的策略，从而减少未来流失的用户数量呢？

在这一层级，我们需要把关注点放在如何解决经过第二层分析定位的问题。在找到问题并定位好人群后，如何进行精细化的策略配置？如何拿到更好的结果，并且进一步提升人机配合中机器的比例？

在上述场景下，数智化改造可以实现的目标是针对已出现和暂未出现的问题提供完整的问题解决方案，一体化地解决问题。

判断标准：做一件事所花费的人机时间配比为 2 : 8。也就是说，如果做一件事一共需要花费 100 分钟，那么其中有 20 分钟的工作需要通过人力来完成。

如图 2-9 所示，智能层的意义有如下 3 类。

- 精细化地配置实验策略：针对定向问题提供千人千面的精细化策略，从而更好地获得收益。
- 更好地提升用钱的效率：通过数智诊断产品可以更加高效地提升用钱的效率，达到提质增效的效果。
- 解决现在和未来的问题：不仅能解决现在已出现的问题，还能解决未来可能出现的问题。

第三层具体的落地形态可参见 8.3 节。

图 2-9　智能层的意义

### 2.3.3　本节小结

张总感叹道，原来数智化改造分为 3 个层级，3 个层级是逐层递进的。首先，利用第一层提效层发现问题是什么；然后，利用第二层决策层分析问题产生的原因；最后，利用第三层智能层一体化地解决问题。张总盘算了一下，由于现在 B 公司没有进行任何数智化落地，因此从第一层提效层开始建设比较适合 B 公司的现状。

上述分类更像是纵向深入分类，那么对数智化的横向分类是怎样的呢？智智开始为张总详细讲解。

### 2.3.4　本节思考题

（1）数智化划分标准的制定依据是什么？（　　　　）

A. 业务的形态表现　　　　　　　　B. 智能算法一体化得解决

C. 人机结合　　　　　　　　　　　D. 以上都不是

（2）数智化改造分为哪 3 个层级？（　　　　）

A. 提效层　　　　B. 决策层　　　　C. 智能层　　　　D. 智慧层

## 2.4　数智化的类型

根据企业数智化应用的具体范围，我们可以把数智化分为 3 种类型：业务数智化、管理数智化、其他数智化，如图 2-10 所示。

图 2-10　数智化的类型

### 2.4.1 业务数智化

业务数智化主要针对的是以盈利为目的而进行各类工作的部门，通俗地说，就是赚钱的部门。这些部门可以为企业的营收做出重要贡献。我们分别来看传统行业和互联网行业的盈利部门有哪些。

- 传统行业的盈利部门：生产部门、销售部门等。
- 互联网行业的盈利部门：运营部门、商业部门、销售部门等。

通常来说，上述业务部门都是最先进行数智化改造的，因为企业存在的目的就是盈利。

对以上这些盈利部门进行业务数智化改造的目的有如下 4 类。

- 创新商业模式：通过业务数智化改造，企业可以找到新的商业模式，从而增加企业的收益。
- 精细化运营：业务数智化的各类应用可以帮助企业进行精细化运营，从而最大化收益。
- 辅助目标决策：业务数智化诊断产品可以及时帮助企业进行目标诊断，帮助管理者进行决策。
- 提升业务流程的效率：业务数智化可以帮助企业显著提升各类业务流程的效率。

例如，运动服饰品牌李宁早在 2015 年就与阿里云打造了"数字化的生意平台"，向互联网＋运动生活体验提供商转型。在销售端，李宁的门店上线了"云货架"和"微笑打折"产品，提升了消费者的购物体验。而在仓储端，李宁通过业务数智化改造，将以往依靠人工的调补货行为变成信息系统自动决定。目前，李宁一家子公司 100 家门店规模的调补货决策动作，最快 2 小时就能完成，运营效率得到了极大的提升。[①]

### 2.4.2 管理数智化

管理数智化主要针对的是企业的人力资源部门、行政部门、财务部门等成本部门，通俗地说，就是省钱的部门。这些部门和人员管理等方面密切相关。

- 人力资源部门：**主要负责企业的招聘事项，满足企业的用人需求；企业的绩效考核等相关事宜。**
- 行政部门：负责各种组织、控制、协调、监督工作。
- 财务部门：负责完善企业的财务核算制度与体系等工作。

我们可以很明显地看出这 3 个比较典型的部门都是和成本相关的。我们可能经常听到人力资源部门的人在苦恼以下事情。

- 手动创建文档需要耗费大量的时间和精力，还需要在不同的系统之间来回操作，才能定位到所需的数据和分析结果。
- 人力资源部门的人发送大量的电子邮件，大致的操作就是从不同人力系统中进行复制和粘贴，耗时耗力，却经常无法引起大家的重视。
- 经常有人反馈会议室不够用，但是没有很好的手段监控会议室的使用情况，会议

① 资料来源：阿里云官网。

室资源被浪费。

- 不知道如何评估部门经费的使用效果，需要一款好的分析工具进行分析。

相关的数智化应用有以下两类。

- 与人员管理相关的主要有智能考勤、绩效综合评估、人员效能分析、支出效果分析、智能邮箱管理等。
- 与办公资源相关的主要有智能会议室预定、停车场动态管理、智慧门禁监控管理、办公消耗品管理（水、电、纸巾等）。

上述数智化应用的主要目的在于控制成本，合理、有效地利用企业已有的资源，避免产生浪费。这里要提出一点，一定要注意合理控制成本，像一些企业不提供厕纸和给客户使用的一次性纸杯这样的降低成本的方式与原始目的背道而驰，甚至会使得人心涣散。

### 2.4.3  其他数智化

大部分企业的数智化以上述两类为主，还有些数智化虽然没有大规模普及，但是已经开始逐步发展。下面重点介绍碳中和方面的数智化。

何为碳中和？碳中和（Carbon Neutrality）是节能减排术语，是指国家、企业、产品、活动或个人在一定时间内直接或间接产生的二氧化碳或温室气体排放总量，通过植树造林、节能减排等形式，以抵消自身产生的二氧化碳或温室气体排放量，实现正负抵消，达到相对"零排放"。简单来说，就是在生产和生活中会产生很多碳排放量，植物等可以吸收这些碳排放量（称为碳吸收量），碳中和的目的就是让碳排放量和碳吸收量平衡。

碳中和方面的数智化的主要过程如下：通过运用各种与数智化相关的信息技术手段，准确和精细地挖掘相关碳排放量和碳吸收量的数据。在碳排放方面，我们可以对生产、交通出行等各个方面进行监控和分析，并且通过实际情况为工厂提供更加合理的排放手段，从而减少碳排放量；通过为出行人员提供安全、便捷的出行计划，有效减少碳排放量。上述这些都可以通过数智化来实现。

目前，已有一些新型企业以数智化技术赋能道路客运行业转型升级，同时积极践行绿色生产、低碳出行，将自身业务能力与国家节能减排战略目标紧密结合。这些新型企业和汽车企业合作，为其提供较为清洁的环保型锂电池，可降低使用成本和减少碳排放量。

### 2.4.4  本节小结

在智智的讲解下，张总了解到企业层面横向的一些数智化类型，分别是业务数智化、管理数智化和其他数智化。通过这 3 类数智化，张总对数智化有了更多的了解，并且在暗暗下决心，要在 B 公司内部进行全方位的业务数智化改造，实现创新商业模式和精细化运营的目标。

### 2.4.5  本节思考题

（1）根据企业数智化应用的具体范围，我们可以把数智化可以分为哪几类？（支持

多选）（　　　）

A．业务数智化　　　　　　　　B．管理数智化

C．其他数智化　　　　　　　　D．碳中和数智化

（2）对盈利部门进行业务数智化改造的目的有哪些？（支持多选）（　　　）

A．创新商业模式　　　　　　　B．精细化运营

C．辅助目标决策　　　　　　　D．提升业务流程的效率

## 本章小结

本章主要通过回答以下 4 个问题来让大家清晰地认识什么是数智化。张总在自己的笔记中做了如下记录。

- 问题一：数字化和数智化的区别是什么？

从定义、关系、范围来说，二者有很大的差异。用一句话来说就是，数智化是数字化的应用，数字化是数智化的基础。

- 问题二：数智化的前提是什么？

数智化的前提有 4 个：稳定可靠的商业模式、做好充分的数字化、获得高层管理者的支持、做好打长期战的准备。这样才可以顺利推动数智化改造，如果不具备上述前提，那么进行数智化改造多半会以失败告终。

- 问题三：数智化的划分标准是什么？

依据人机结合及数智化的演进程度，我们可以把数智化改造分为 3 个层级：提效层、决策层、智能层。这 3 个层级是逐层递进的。

- 问题四：数智化的类型包括什么？

根据企业数智化应用的具体范围，我们可以把数智化分为 3 种类型：业务数智化、管理数智化、其他数智化。

本章思考题答案

2.1 节思考题答案

（1）A、B、D　　　　（2）略

2.2 节思考题答案

（1）A、B、C、D　　（2）C

2.3 节思考题答案

（1）C　　　　　　　（2）A、B、C

2.4 节思考题答案

（1）A、B、C　　　　（2）A、B、C、D

# 第 3 章　业务数智化的意义

本章导读

在详细了解什么是数智化后，张总认为如果 B 公司想活得更长久，就要走向业务数智化之路。但是，此时张总仍然有些举棋不定，业务数智化确实非常好，但是目前它真的可以为 B 公司带来收益吗？它带来的收益确实是 B 公司需要的吗？

智智打算花半天的时间给张总讲清楚业务数智化的意义，让张总了解业务数智化所带来的好处是否是 B 公司需要的。

本章重点说明业务数智化的四大好处，分别如下。

- 创新商业模式。
- 精细运营业务。
- 简化人员结构。
- 辅助目标决策。

接下来，我们来听智智讲解业务数智化的四大好处。

## 3.1　创新商业模式

第 2 章已经讲过，简单来说，商业模式是指企业的盈利方式。明确的商业模式会帮助企业确定产品或者服务的销售方式、细分目标市场等。伴随着技术的革新和时代的变化，商业模式也会发生变化。顺应时代潮流而爆发的新型商业模式可以使企业找到新的突破点，并且可以使企业较为长久地立于不败之地。

第 2 章也讲过，商业模式的模型包括 4 个部分：用户、服务、价值、方式。

在复习完商业模式的定义和模型组成之后，我们来看商业模式的分类情况。如图 3-1 所示，按照是否需要借助互联网手段，我们

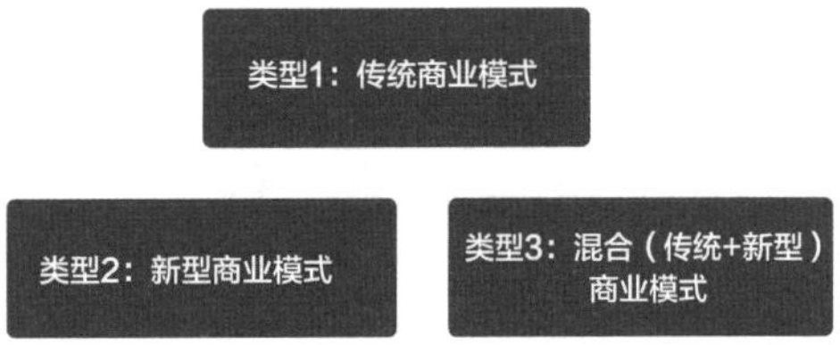

类型1: 传统商业模式

类型2: 新型商业模式

类型3: 混合（传统+新型）商业模式

图 3-1　商业模式的分类

把商业模式分为 3 类：传统商业模式、新型商业模式、混合（传统＋新型）商业模式。

## 3.1.1 传统商业模式

传统商业模式是指通过店铺或者销售人员上门推销等方式提供产品和服务给客户的商业模式。

### 1. 传统商业模式的特点

- 渠道基于线下：非常依赖线下渠道，一般以实体店铺为基础进行经营。
- 产品壁垒较高：传统商业模式下的产品周期非常长，产品需要经历完整的生命周期，并且在前期的推广阶段需要依赖大量的资金打开市场，所以产品壁垒较高。
- 客服成本较高：传统的客服业务操作流程过于依赖人力，所以工作效率相对低下且成本较高。

### 2. 常见的传统商业模式

如图 3-2 所示，常见的传统商业模式有制造商模式、直销模式、特许经营模式、广告模式、实体店模式。

图 3-2　常见的传统商业模式

- 制造商模式：利用原料制造产品在市场上销售的商业模式。这种类型的商业模式涉及预制件的组装。产品会以两种模式进行销售：以 B2C（Business to Customer，企业对客户）模式直接销售给客户，以 B2B（Business to Business，企业对企业）模式销售给另一个业务部门。例如，汽车制造商采用的商业模式是 B2C 模式，而批发商采用的商业模式是 B2B 模式。
- 直销模式：直销是指直销企业招募直销员，由直销员在固定营业场所之外直接向客户推销产品的商业模式。采用直销模式最著名的企业是雅芳，它将传统直销模式中的"企业—直销员"的两点一线关系，创新地发展为一种企业、店铺、直销员三者互为依托和共同发展的新型直销三角关系。
- 特许经营模式：又称加盟模式，是指在总部的指导下，经营相同品牌连锁店的一种商业模式。例如，麦当劳采用的就是特许经营模式。麦当劳 2019 年的财报显示，在全球 38 695 家麦当劳餐厅中有 36 059 家是通过特许经营模式进行经营的，它们贡献了大约 93% 的产能。

- 广告模式：以广告销售进行盈利的商业模式。20 世纪 90 年代，大量企业通过电视广告进行产品宣传，进而促成交易。例如，1995 年，秦池酒业是第二届央视广告招标的"标王"，成为当时中国白酒市场上炙手可热的品牌。根据秦池酒业对外通报的数据，1996 年其销售额达到 9.5 亿元，利税为 2.2 亿元，分别为 1995 年的 5 倍和 6 倍。
- 实体店模式：企业通过店铺直接向客户提供产品和服务的商业模式。例如，Costco 是一家会员制零售商，它向每位会员收取 60～120 美元的年费，会员可获得成本节约和更好的服务。

### 3.1.2　新型商业模式

随着信息技术的迅猛发展，以互联网为基础的新型商业模式如雨后春笋般涌现出来，这些新型商业模式也造就了字节跳动、百度、腾讯等大型企业。

我们可以按照是否节省时间和是否直接提供价值把新型商业模式分为 4 类：自研 + 流量模式、流量模式、佣金模式、免费模式，如图 3-3 所示。

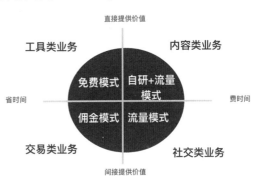

图 3-3　新型商业模式的分类

#### 1. 自研 + 流量模式

自研 + 流量模式需要花费时间，能直接提供价值。内容类业务作为该模式下的典型代表，通过提供图片、文字、视频等各种类型的内容，获得广告及其他的增值收入。

采用自研 + 流量模式的代表是 TikTok。TikTok 是字节跳动推出的短视频社交平台，拥有很大的下载量。广告收入是 TikTok 的主要收入之一。2021 年，TikTok 的广告收入达到近 40 亿美元。[①] 从前台的产品展示来看，TikTok 通过丰富的广告来盈利，其广告可以分为以下几类。

- 信息流视频广告：在用户浏览"推荐"页面时，出现在信息流之间的短视频广告。
- 品牌广告：用户打开 TikTok 立即收到的广告。
- 顶视图广告：当用户已在使用该应用程序时出现的时间较长（甚至可以达到 60 秒）的广告。
- 品牌标签挑战：在支付 TikTok 的相关费用后，品牌商创建自己的主题标签，这样便于其标签显示在用户的"发现"页面上。用户选择参与品牌标签挑战，品牌的知名度就会得到提升。
- 品牌效果：TikTok 还提供了品牌定制贴纸、滤镜等方式帮助增强品牌效果，同时让品牌能与用户更好地进行互动。

---

① 资料来源：字节跳动公开的财报。

为了支撑前台多样的广告形式，我们需要有大型的数智化平台。

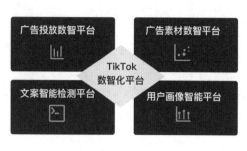

图 3-4　TikTok 数智化平台

如图 3-4 所示，TikTok 数智化平台包括广告投放数智平台、广告素材数智平台、文案智能检测平台及用户画像智能平台，它们分别可以进行相应的分析。

- 广告投放分析：利用数智化平台分析渠道投放情况，从而更好地进行 ROI（Return on Investment，投资回报率）评估。
- 广告素材监测和分析：通过监测和分析各类素材的使用情况、效果，了解各类素材对广告点击转化的影响。
- 文案监测分析：在数智驱动下，挖掘文案和用户反馈（播放互动等）的关系。
- 精准用户画像分析：分析应该向用户定向投放哪些类型的广告，进行千人千面的精细化运营，最大化广告业务的收益。

通过前台"看得见的脸"＋后台"看不见的大脑"这样的组合形式，TikTok 广告获得了巨大的收益。

- "看得见的脸"：产品前台丰富的广告形式。
- "看不见的大脑"：后台各类数智化平台作为大脑快速运转，精确地给出最佳方法，实现收益最大化。

## 2. 流量模式

流量模式需要花费时间，能间接提供价值。这类模式以社交类业务为代表，主要通过用大量的流量换取广告费用来盈利，如微信等社交类 App。

微信是腾讯于 2011 年推出的一款支持 Android 及 iOS 等操作系统的即时通信软件，主要面向的是智能手机用户。微信起初是不盈利的，但随着用户体量的扩大，衍生出增值服务、广告投放、微信支付这 3 类商业模式，如图 3-5 所示。

图 3-5　微信的商业模式

商业模式一：增值服务。

- 表情包：用户购买表情包需要付费。
- 公众号：用户可以创建公众号与订阅者进行互动或为他们提供服务。一些官方组织必须事先经过验证，并需要交纳一些费用。

商业模式二：广告投放，即在公众号和朋友圈进行广告的投放。

- 朋友圈植入：千人千面。
- 公众号植入：精细化投放。

商业模式三：微信支付。

同一身份证的账户享有 1000 元的免费提现额度，当超出该额度时，微信会收取 0.1% 的服务费。

通过以上 3 种商业模式，微信获得了盈利。腾讯公开的财报显示，2021 年微信的营收已达 17 亿元。其中，广告投放的商业模式能够获得成功，同样得益于微信背后的数智化广告平台。

- 精准触达，千人千面：所有定向均以人为单位，有效触达每个目标用户。
- 系统化投放工具：平台提供完善、可视化的效果评估数据，助力广告主跟踪分析广告投放情况。
- 闭环生态同步开始：基于平台生态，提供公众号关注、卡券发放、LBS（Location Based Services，基于位置的服务）、小程序等闭环解决方案。

### 3. 佣金模式

佣金模式节省时间，能间接提供价值。这类模式以交易类业务为代表，主要通过促成用户和商家的交易，从中收取佣金来盈利。例如，阿里巴巴、京东等电商业务，以及像 Uber 这样的出行业务采用的都是佣金模式。

Uber 开始是作为一家独立的出租车公司而创立的，但目前已经成长为一个全球出行平台。它通过移动应用程序雇用司机为乘客提供服务，所有交易均通过 Uber App 完成。它在全球几百个城市开展业务。

Uber 最基本的商业模式是促成司机和乘客的交易，从中赚取佣金。所以，Uber 的大部分收益源于佣金。乘客的乘车费用中包括司机的费用、税金和 Uber 的佣金。

同时，Uber 还通过营销活动来增加营收。这些营销活动是指商家在 Uber 上进行相关推广的活动，如宝马汽车在 Uber 上的新车推广活动——通过免费让乘客在旅行时使用其新车来推广其新车。

Uber App 的简单、快捷，以及 Uber 的高效运营离不开各种各样的数智化平台。如图 3-6 所示，Uber 的数智化平台有智能供需匹配平台、智能实验平台、智能反作弊平台等。

- 智能供需匹配平台。Uber 通过智能供需平台可以及时了解城市中运力的表现情况，并及时进行分析，还可以通过一键调度进行运力调配。
- 智能实验平台。Uber 通过实验平台可以进行各类业务策略的对比和评估，以科学的方式选出最佳的业务策略。
- 智能反作弊平台。如果司机或乘客有作弊行为，如利用机器人抢走营销活动的奖励、通过用大量虚拟账号进行 24 小时挂机来"薅羊毛"等，智能反作弊平台就会快速定位到这些危险司机或乘客，避免给 Uber 造成损失。

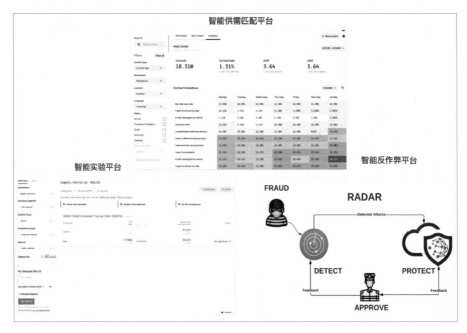

图 3-6　Uber 的数智化平台[①]

### 4. 免费模式

免费模式节省时间且能直接提供价值。该模式以工具类业务为代表，其核心功能是免费的，但是会通过增加一些增值服务来收费。

采用免费模式的代表是 Zoom。Zoom 是一款免费的专用视频对话软件，其免费方案最多支持 100 名与会者同时参与，并设有 40 分钟的时长限制。2020 年，Zoom 成为全球下载量第五大的手机应用程序，下载量为 47 730 万次[②]。

Zoom 采用的是基本功能免费和增值服务收费的商业模式，如图 3-7 所示。

图 3-7　Zoom 的商业模式[③]

---

① 资料来源：Uber 官网。
② 资料来源：Zoom 公开的财报。
③ 资料来源：Zoom 官网。

在这样的商业模式下，Zoom 2021 年第二季度的收入就超过了 2020 全年的收入。

由于线上办公的时间更灵活，可以节省大量的通勤时间，并且可以省去企业大量的场地等成本，因此线上化的办公模式是未来的发展趋势。Zoom 的成功与其先进的数智化平台密不可分。如图 3-8 所示，Zoom 拥有强大的数智化平台，如用户数智画像、用户营收智能诊断、会议质量智能监控、用户 NPS（Net Promoter Score，净推荐值）数智分析。

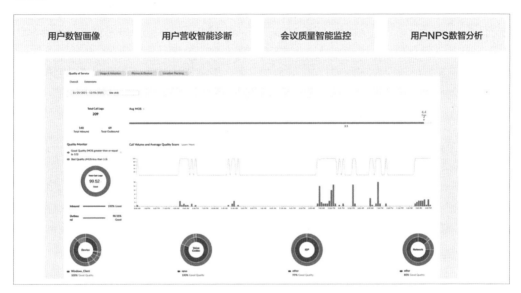

图 3-8　Zoom 的数智化平台[1]

- 用户数智画像：全面、清晰地分析各类用户的表现，针对各类用户的特点制定有针对性的策略。
- 用户营收智能诊断：通过智能分析用户的付费贡献情况，进行专项的诊断分析，从而获得更大的收益。
- 会议质量智能监控：对各类正在进行的会议的情况进行全方位的智能分析，帮助快速定位会议质量的问题。
- 用户 NPS 数智分析：通过收集用户的各种反馈情况，科学地分析用户的诉求，有针对性地进行产品优化和升级。

经过上述对传统商业模式和新型商业模式的介绍，笔者相信大家一定对商业模式有所了解。那么，你可以总结出两类商业模式的差异吗？

- 成本不同。传统商业模式比新型商业模式需要更多的成本支出，如传统商业模式需要更多的场地、设备、人员等支出。
- 灵活性不同。新型商业模式更为灵活，通过一种更加轻量的方式为客户提供便利。
- 数字支出不同：采用新型商业模式的企业的数字支出占比较大。

---

[1] 资料来源：Zoom 官网。

- 服务时间不同：新型商业模式支持 24 小时 ×7 天的全天候工作，并且可以克服地理和时间障碍。例如，我们可以在凌晨 2 点通过网络从世界各地购物。

### 3.1.3 混合商业模式

混合商业模式主要是指在保持传统商业模式的基础上，按照新型商业模式进行扩展的商业模式。

在十几年前，从事家电这样的传统行业只能依靠一些非常有限的零售数据来推测消费者的购买行为，从而预测未来的机型和产量。近些年，很多家用电器安装了传感器和嵌入式设备，这样就可以在短时间内获得更多更准确的数据，如小米的 AIoT（Artificial Intelligence & Internet of Things，人工智能物联网）智能家电体系。后台强大的数智化体系可以帮助企业进行更加精准的迭代和提供更加优质的服务。

#### 1. 苏宁和抽油烟机的故事：新产品、新渠道

传统的抽油烟机是根据厂商的产能进行设计的，这样的模式导致抽油烟机没有根据用户的实际使用情况进行设计。

在意识到这一点后，苏宁在自己的开放平台上收集了很多用户对抽油烟机的反馈，并且通过后台的业务数智化产品进行高效的分析和加工，最终成功设计出一款被用户广为接受的产品——Fardior 007 抽油烟机。该产品的销量证明了苏宁的决策是正确的。

在业务数智化产品的帮助下，新产品团队获取了大量的数据信息和分析结果，一方面，更好地评估了用户的需求；另一方面，更好地预测了销量区间，这为新抽油烟机的研制提供了充分可靠的依据。新产品团队根据拿到的分析结果重新设计产品，Fardior 007 抽油烟机就这样诞生了。

得益于数智化，苏宁不仅实现了产品创新，还重新优化了产品供应链。这样可以确保苏宁能够快速生产这款抽油烟机，并且顺利交付这款抽油烟机，从而使这款抽油烟机在众多抽油烟机中脱颖而出，快速抢占了市场份额。另外，苏宁还通过社交平台建立了新销售渠道。

#### 2. 智能制造＋互联网营销的小米

小米是一家典型的采用混合商业模式的企业。小米成立于 2010 年，是专注于智能硬件和电子产品研发的全球化移动互联网企业，也是一家专注于智能手机、智能电动汽车、互联网电视及智能家居生态链建设的创新型科技企业。小米创造了用互联网模式开发手机操作系统、"发烧友"参与开发改进的模式。

小米在创立之初，以售卖手机作为主要业务。十几年前，手机的售卖以线下渠道为主，通过电器城或者手机专卖店进行售卖。由于在创立之初资金非常有限，没有足够的钱进行传统的宣传和广告投放，因此小米没有按照传统的模式通过线下渠道进行售卖，而是通过线上销售加上事件营销这样的新型组合营销方式进行售卖的。小米的线上销售阵地以各类社交平台、用户平台为主，并在这类平台上实现了和用户的密切交流。小米通过

高性价比的产品在用户中建立口碑，让用户为他们免费做广告、做推广。小米的商业模式和物美价廉的小米手机使小米在手机领域站稳了脚跟。

随着小米手机在行业独占鳌头，小米乘胜追击，开展了各类产品的开发和推广工作，其产品有家电、笔记本电脑、智能硬件（移动电源、音响、手环等）、数码配件（电脑配件、家电配件等）、各类箱包等。这也使小米成为全球最大的消费类 IoT（Internet of Things，物联网）平台。

截至 2021 年，全国小米之家（小米的直营客户服务中心）的数量接近 10 000 家。借助数智化模式，小米之家摒弃了传统的零售模式，采用新型的零售模式，节省了中间费用。数智化模式帮助小米之家打通了线上和线下的业务数据，快速获得真实的业务数据，及时进行监控并进行业务分析，真正做到了数智化驱动业务。

小米持续着力的方向是强化数智化赋能，通过全链路数智化整体打通所有的业务模型和组织管理结构，同时帮助业务长期高效地运营，让小米模式始终立于不败之地。

---

**扩展阅读** **小米以用户为中心的增长飞轮** [1]

在介绍小米以用户为中心的增长飞轮之前，我们先来了解一下小米的"铁人三项"模式。"铁人三项"包括硬件、新零售、互联网。简单来说，这个模式就是先对硬件产品进行定价，然后通过高效的线上和线下渠道将硬件产品卖给用户，最后利用互联网为用户持续提供服务。

在"铁人三项"模式的基础上，以用户为核心，围绕用户形成商业闭环，这就是小米以用户为中心的增长飞轮。如图 3-9 所示，小米以用户为中心的增长飞轮沿着 MIUI [2]、手机、小米网增长。先做好 MIUI，再做好手机，让手机带动电商，让电商带动云服务，助力智能硬件等业务。上述这样高质量的自发循环使小米快速发展。

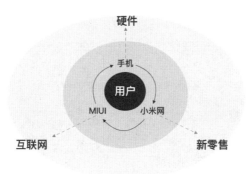

图 3-9　小米以用户为中心的增长飞轮

小米以用户为中心的增长飞轮包括两个闭环，分别从 MIUI 和手机开始。

---

[1] 该案例来自雷军的著作《小米创业思考》。

[2] MIUI（米柚）是小米旗下的基于 Android 系统深度优化、定制、开发的第三方手机操作系统，也是小米的第一个产品。MIUI 在全球拥有 5.82 亿个用户，覆盖 221 个国家和地区。

第一个闭环是从 MIUI 开始的：在 MIUI 操作系统的基础上，通过小米社区发展用户，利用用户的口口相传进行 MIUI 的推广。此时，MIUI、小米社区和用户形成了一个完整的闭环。

第二个闭环是从手机开始的：把高质量的手机推荐给 MIUI 用户，用户又去小米商城购买手机，小米商城向用户推荐更多的生态链产品，不断打造更多的爆款产品。这些爆款产品为小米商城带来了更多的用户。此时，硬件产品、小米商城和用户形成了第二个完整的闭环。

通过小米以用户为中心的增长飞轮的不断扩大，小米从产品企业升级为科技企业，又从科技企业变成数字经济企业。在整个过程中，数字化和数智化像两个齿轮一样紧紧咬合，不断帮助小米做大、做强。

### 3.1.4　本节小结

看到如此多的公司从业务数智化中获益，张总希望自己的公司也能完成业务数智化改造。

张总了解到在传统商业模式、新型商业模式及混合商业模式中，业务数智化都是行之有效的方法。紧接着，张总连忙问智智："业务数智化是如何进行精细化运营的呢？"

### 3.1.5　本节思考题

（1）3 种商业模式是指哪 3 种？（支持多选）（　　　）

A. 传统商业模式　　　　　　　　B. 新型商业模式

C. 以佣金为主的商业模式　　　　D. 混合商业模式

（2）下列哪些商业模式属于新型商业模式？（支持多选）（　　　）

A. 佣金模式　　　　　　　　　　B. 免费模式

C. 自研＋流量模式　　　　　　　D. 流量模式

## 3.2　精细运营业务

### 3.2.1　精细化运营的定义

我们经常会听到精细化运营这个词，但是很少有人可以准确、清晰地说明这个词的定义。下面我们来看看什么是精细化运营。

精细化运营是指把用户按照一定的规则进行分类，根据其用户画像和特征，分别采取有针对性的策略，达到千人千面的运营效果，从而最大化收益。

用户画像非常重要，为什么呢？因为无论是有实体的产品（如化妆品、服装等），还是无实体的服务，都需要有销量；有了销量，企业才有营收；有了营收，企业才能生存下去。在这个过程中，哪些用户需要这些产品或服务呢？哪些用户是需要我们精心维护的高价值用户呢？上述这些问题使用户画像应运而生。

用户画像又称用户角色，是一种勾画目标用户、联系用户需求与设计方向的有效工具。用户画像所形成的用户角色并不是脱离产品或服务和市场所构建出来的，它能代表产品或服务的主要受众和目标群体。

由精细化运营的定义可知，我们需要先进行用户分组才能进行后续操作。用户画像是帮助我们进行用户分层、刻画用户特征的重要方法，所以用户画像在精细化运营中非常重要。

用户画像的意义如下：精准营销、精细运营、智能推介、确定种子用户（见图 3-10）。

图 3-10　用户画像的意义

- 精准营销。用户画像可以帮助分析用户的行为，从而推测用户的目的。通过相似用户的分群可以实现精细化营销，帮助提升产品体验、降低运营成本。
- 精细运营。根据用户画像把人群进行分类，根据每类人群的特征和属性制定有针对性的策略。
- 智能推介。用户画像可以更好地助力推荐策略，通过首页推荐等方式进行千人千面的推荐，从而提升产品的留存率。
- 确定种子用户。用户画像可以帮助筛选出有特征的种子用户，以便进行各种策略、活动、新功能的小批量验证。

在根据用户画像对用户进行分类后，我们便可以实施有针对性的策略。策略的实施需要注意以下 3 点。

- 避开特殊：避开一些特殊的时间节点，如节假日这样的时间节点。
- 对照实验：为了证明策略的有效性，需要进行对照实验。
- 科学复盘：通过合理的评估方法进行科学的实验复盘。

### 3.2.2　美团和精细化运营

美团通过数智化进行精细化运营获得了很大的成功。2021 年，美团全年营收为 1791 亿元，同比增长 56%，美团外卖实现交易金额 7021 亿元，较 2020 年同比增长 43.6%；交易笔数达 144 亿笔，同比增长 41.6%。[①]

数智化的普及与线上线下的融合，使消费者对 "线上随时下单，线下即时履约" 的要求越来越高。除餐饮外卖以外，药品、鲜花、日用杂货、化妆品等的零售需求也迅速

① 资料来源：美团公开的财报。

增长，越来越多的用户希望享受即时零售服务。美团"30 分钟万物到家"的服务使很多用户开始拥抱即时零售，推动美团闪购日订单量峰值创高。

美团能有今天这样的量级，与其采用的精细化运营密不可分。要进行精细化运营，就需要通过数智化标签体系进行人群圈定。数智化标签体系是通过一些合理合法的手段获取到用户的信息，并且通过用户的已知行为数据进行预测和推算后形成的标签。举例如下。

- 用户标签：如性别、地域、推测职业等。用户标签包括用户的基础属性。
- 消费标签：如消费习惯、购买意向、是否对促销敏感等。消费标签用于统计和分析用户的消费习惯。
- 行为标签：如时间段、频次、时长、访问路径等。行为标签用于分析用户的行为，从而了解用户使用 App 的习惯。
- 内容分析：对用户平时浏览的内容，尤其是停留时间长、浏览次数多的内容进行分析，分析出用户对哪些内容（如金融、娱乐、教育、体育、时尚、科技等）感兴趣。

通过上述标签，利用数智化的分析方法对用户进行分类，如高活跃高价值用户、高活跃低价值用户、低活跃高价值用户、低活跃低价值用户。针对每一类用户，我们都可以根据其行为偏好等特征有针对性地实施策略。

高活跃高价值用户是平台的核心用户，我们要重视他们的体验和反馈。在策略方面，我们一般可以通过定向收集反馈、提供尊享用户面板和勋章等来触达此类用户。

高活跃低价值用户对平台的黏性较大，我们可以通过实验推测他们的喜好。在策略方面，我们可以尝试推荐一些他们喜欢的服务。

低活跃高价值用户对平台的价值很高。在保证其对平台贡献的情况下，我们需要适当增大其对平台的黏性。在策略方面，我们可以准备一些连续打卡等活动提高用户留在平台上的意愿。

低活跃低价值用户是需要重点关注的。在策略方面，我们一方面需要提升这类用户的活跃度，如通过打卡活动、勋章等级体系等提升这类用户的活跃度；另一方面需要通过裂变玩法、传播玩法等提升这类用户的价值。

从定义人群到分析人群，再到策略触达，数智化方式让美团通过千人千面的方法为用户提供他们想要的方案，获得良好的收益，可谓双赢。

### 3.2.3　本节小结

张总以前总听到有人说精细化运营，但并不明白精细化运营的定义。在智智讲解后，张总知道了精细化运营就是把用户按照一定的规则进行分类，根据其用户画像和特征，分别采取有针对性的策略，达到千人千面的运营效果，从而最大化收益。同时，张总了解到用户画像的意义：精准营销、精细运营、智能推介、确定种子用户。

### 3.2.4　本节思考题

请用简单的语言解释什么是精细化运营。

## 3.3　简化人员结构

一方面，中国的消费者群体正在发生变化，年轻化和个性化是他们显著的特征。另一方面，中国的人口红利也在逐渐消失。中国互联网络信息中心 2020 年 4 月发布的《中国互联网络发展状况统计报告》显示，截至 2020 年 3 月，我国网络购物用户规模达 7.10 亿人，较 2018 年年底增长 1.00 亿人，占网民规模的 78.6%；手机网络购物用户规模达 7.07 亿人，较 2018 年年底增长 1.16 亿人，占手机网民规模的 78.9%。这个数据接近中国互联网可渗透人口的上限。因此，很多企业的增量业务可能在未来触底，很多品类和产品已经无法借助行业渗透率增长的东风进行大幅增长。

综上，我们将从宏观层面和微观层面来分析简化人员结构。

#### 1.　从宏观层面看——人口增长放缓

国家统计局的数据显示，2022 年年末，全国人口为 141 175 万人，比 2021 年年末减少 85 万人。2022 年全年出生人口为 956 万人，人口出生率为 6.77‰；死亡人口为 1041 万人，人口死亡率为 7.37‰；人口自然增长率为 -0.60‰。这是我国自 1962 年以来的首次人口负增长。随着出生人口的减少，以及经济增长的放缓，人口红利正在消失。

在这样的大背景下，企业更加需要重视合理用人，使人力成本带来的收益最大化。以零售业为例，回归本源将是未来几年大部分零售业的一大发展主题，企业需要不断提升自己精细化运营、存量运营的能力，才能在竞争激烈的红海中脱颖而出。在这种情况下，大部分企业需要从提升产品复购率、开发新的使用场景、延长产品生命周期 3 个方面发力，而上述这些都只有在业务数智化改造下才能取得好的收益。

#### 2.　从微观层面看——业务的扩张和人力的关系

随着业务的扩张，按照常规来说，企业一定会需要更多的人力。例如，由于今日头条、抖音、西瓜视频、火山小视频、FaceU 等产品的火爆，业务迅速扩张，字节跳动的员工数量也从 4000 人增加到 10 万人[①]。

人力的扩张是以业务的扩张为基础的。在这里我们提出一个问题，业务的扩张是否一定会带来人力的扩张呢？二者之间有必然的联系吗？通过人力的扩张可以推断出业务的扩张，但是业务的扩张未必需要人力的扩张。

在业务的成长期，一切都处于试水阶段，此时以规模扩大为主要目标。如果涉及的是 O2O 业务领域，那么必须和线下的商户、司机等进行沟通，这样可以慢慢把供给侧拿下。此时，人力扩张的速度和业务扩张的速度成正比。

---

① 资料来源：字节跳动公开的财报。

在业务的成熟期，业务的形态、打法、流程已经趋于稳定，此时如果还需要很多人力，就可能存在以下几种情况。

- 业务运营效率极低。这是因为没有科学的管理意识，没有意识到业务的阶段已经发生变化，业务管理没有跟得上业务的发展，仍然用"人力堆砌"的方式维护业务。如果这种情况继续下去，业务就没有大的发展空间，企业也会被消磨殆尽。
- 核心业务容易"内卷"。对于成熟的核心业务，企业内部会出现争抢的情况，各个团队的人都在忙着给自己抢地盘，此时的难点不在于业务，而在于"派系斗争"。

例如，E 公司是做外卖业务的，以前奉行的宗旨是只要业务扩张，人力就必须得跟上。但久而久之，赵总发现了一个问题，业务总有饱和的一天，当业务不再扩张的时候，是否还能负担得起这些人力成本呢？或者说，此时是否值得去供这些人力呢？既然业务如此成熟，那么是否有更加科学、先进的手段精简人力呢？赵总的问题也是很多企业家的问题。赵总在带领 E 公司进行业务数智化改造后，发现以上问题都可以迎刃而解（详细的解决方法可见第 10 章）。

业务数智化可以用科学合理的手段把成熟业务的链路去"痛点"、科学化，用机器替代人力，并且配合科学的改造方式把整个业务链路缩短，提高业务效率。在这样的情况下，首先，业务数智化可以帮助企业降低人力成本、提升人力效率，根据企业的需要进行人力资源的合理分配，最大化地提升企业的盈利能力；其次，业务数智化可以帮助企业预估盈利问题，在问题严重之前准备适当的措施，从而减少损失。

总之，业务数智化可以帮助处于人力成本边际效应较低时期的企业通过科学的方法极大地降低人力成本。

### 3.3.1 本节小结

在智智的讲解下，张总明白了业务数智化和简化人员结构之间的关系，并且深入了解了未来人员会越来越少这个趋势，因此企业需要更好地提升企业的效率。

### 3.3.2 本节思考题

请用通俗的语言说明业务的扩张是否一定会带来人力的扩张。

## 3.4 辅助目标决策

在业务数智化普及之前，大部分企业的决策是根据经验做出的，通过"拍脑袋"做决策。尽管大部分通过"拍脑袋"做决策的企业家都无比相信自己的决定，但将所有决定都建立在直觉上并非一种科学的决策方式。

虽然通过"拍脑袋"做决策可以提供一种灵感，但成功率并非很高。根据普华永道对 1000 多名高级管理人员进行的一项调查，与那些较少依赖数据的组织相比，高度数据驱动的组织的决策达成率可能高出 3 倍。

基于假设做决策和基于业务数智化做决策的对比如图 3-11 所示。

基于假设做决策的决策过程、决策依据、决策方式和决策准确性如下。

- 决策过程：通过"拍脑袋"做决策。
- 决策依据：感性的直觉。
- 决策方式：通过表面的浅层经验做决策。
- 决策准确性：无法准确预测目标的合理范围。

基于业务数智化做决策的决策过程、决策依据、决策方式和决策准确性如下。

- 决策过程：从实际出发，科学决策，即通过科学的方法，智能分析历史的实际数据情况（包括内部数据和外部数据），从而进行合理的预测。
- 决策依据：理性的数智，即业务数据＋智慧分析。
- 决策方式：通过深层次的智能数据挖掘。
- 决策准确性：可以预测到目标的合理范围。

图 3-11　基于假设做决策和基于业务数智化做决策的对比

　　首先，业务数智化是一面反映过去业务的镜子，它可以向企业管理者清晰地展示过去的业绩和问题；其次，业务数智化也是一面反映未来业务的镜子，它可以基于企业的历史数据和行业的历史数据进行智慧学习，并且可以精准地预测未来的业务情况。业务数智化可以让企业管理者在进行决策时有理可依、有据可查。

　　一些优质的企业非常善于通过业务数智化做决策，如 Uber。Uber 每天都面临着供需缺口的问题，它需要通过业务数智化这样的大脑在整个城市分配司机，从而让有打车需求的乘客可以快速打到车。Uber 利用汽车配送基于对不同地点、不同时间需求的业务数智分析，较为精确地匹配司机和乘客的需求，从而在满足司机和乘客需求的同时，增加订单量。除此之外，业务数智化还被应用于 Uber 庞大的定价体系。

　　Andina 公司在 AWS（Amazon Web Services，亚马逊云服务）的帮助下，具备了基于业务数智化做决策的能力，从而提高了不同业务领域决策的生产力和效率。它通过业务数智化手段改进新产品和服务，在业务数智化的引导下，通过提高促销效率、减少库存短缺极大地提高了公司的收入，并且改善了客户的购物体验，将分析团队的工作效率提高了 80%。[①]

### 3.4.1　本节小结

张总突然想到之前的很多决策都是基于假设做出的，所以没有获得良好的业务收益。基于业务数智化做决策的方式可以科学地解决各种问题，让企业的目标更加合理，而合理的目标自然更容易实现。在听了智智说的 Uber 和 Andina 公司的具体应用案例后，张总感叹它们的成功确实是有原因的——都进行了业务数智化改造。

### 3.4.2　本节思考题

请说明业务数智化是如何辅助业务目标决策的。

## 本章小结

本章主要说明了业务数智化的四大好处，并且配合一些实际的案例说明业务数智化的相关应用。业务数智化的四大好处如下。

- 创新商业模式：在传统商业模式、新型商业模式和混合商业模式中，业务数智化都有良好的应用。
- 精细运营业务：业务数智化根据用户画像和用户的特征进行千人千面的精细化运营，帮助企业获得最大的收益。
- 简化人员结构：即使业务开始扩张，也可以利用业务数智化对人员进行良好的控制和精简。
- 辅助目标决策：基于业务数智化做决策，可以帮助企业做出科学合理的决策。

为了快速帮助张总进行业务数智化改造，接下来智智要给张总讲解业务数智化的适用范围和准备工作。

本章思考题答案

3.1 节思考题答案

（1）A、B、D　　　（2）A、B、C、D

3.2～3.4 节思考题答案略。

---

① 资料来源：亚马逊官网。

# 体系篇

# 第4章　业务数智化的适用范围和准备工作

本章导读

经过智智的细心讲解，张总对业务数智化改造越来越感兴趣。但是由于B公司是张总花了10年心血精心打造出来的，业务数智化又涉及业务层面，因此他非常谨慎地思索以下两个问题。

- 业务数智化改造是否适用于B公司的业务？这个问题好比"橘生淮南则为橘，生于淮北则为枳"，橘子种子（业务数智化改造）是好的，但是否适合在这片土壤（B公司）上播种？会不会出现水土不服（不适合进行业务数智化改造）的情况？
- 在进行业务数智化改造之前是否需要一些准备工作？这个问题好比军人不打无准备的仗，我们在开始进行业务数智化改造这场战斗之前，是否需要准备弹药、粮草等？

以上两个问题成为张总目前最大的困惑。此时，张总拨通了智智的电话，并把这些问题悉数讲给智智听。智智在耐心地听完张总的问题后，便开始进行讲解。我们来看智智是如何帮助张总解决上述问题的。

## 4.1　业务数智化的适用范围

与张总认为的一样，业务数智化确实需要在特定的条件下才可以发挥其最大的价值。由于是针对业务进行数智化改造，因此定位业务具体的生命周期是至关重要的。业务在不同的生命周期有不同的目标，因此业务的生命周期是第一个需要关注的点。

组织形态是组织在职、责、权方面的动态结构体系，其本质是为实现组织的战略目标而采取的一种分工协作体系。组织形态必须随着组织的重大战略调整而调整，因此业务的组织形态是第二个需要关注的点。

综上，关于业务数智化的适用范围，我们重点从以下两个层面进行说明。

- 业务的生命周期。
- 业务的组织形态。

### 4.1.1 业务的生命周期

人在一生中要经历这样的生命周期：从婴幼儿时期到青壮年时期，再到中年时期，最后进入迟暮之年。业务的生命周期和人的生命周期具有相似之处。

业务的生命周期包括萌芽期、成长期、成熟期、衰退期和转型期，如图 4-1 所示。

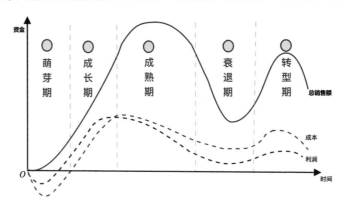

图 4-1 业务的生命周期

由图 4-1 可以看出，当利润增速快时，业务发展势头强劲；当利润增速放缓或者下降时，业务开始步入稳定或者下降的时期。而资金和业务则呈现这样的关系：在业务初期，营收很少，资金也不到位；在业务发展中期，业务开始成长并逐渐成熟，此时资金会变多，如很多投资机构会在此时进行投资；在业务发展后期，业务开始衰退，此时资金也在小幅减少，原因是此时企业要支出大量的人力成本。

#### 1. 萌芽期

萌芽期是业务摸索的时期，既没有稳定的商业模式，又没有比较规律的、固定的办公方式，一切都是刚起步。

在萌芽期，企业要进行市场调研，把竞争格局弄清楚，通过产品或者服务进行业务模式的验证。企业既可以通过商业计划来找到融资途径，又可以通过小范围占领特定市场来引起关注。企业在这个时期不一定要有营收，甚至多数情况是在"赔本赚吆喝"。从业务体量上看，萌芽期属于小范围扩量时期。

此时，如果融资成功，企业就可以通过宣传其产品或者服务的优势、稀缺性等来引起用户的广泛关注；如果融资失败，企业就要不断地验证自己的业务模式，以便获得亮眼的数据来获得市场的关注，从而更好地进行后续的发展。

除非有十拿九稳的信心，否则在萌芽期消耗大量资金，企业就容易出现亏损。

萌芽期的特点：没有稳定的业务形态和商业模式，不确定性偏大，不适合进行业务数智化改造。

业务数智化需要程度：不需要。

## 2. 成长期

成长期的业务已初具雏形，初步的商业模式已经过验证，此时企业清楚地知道自己的核心竞争力。在业务形态较为稳定的同时，出现一个显著的里程碑节点，如实现了新增 1000 万个用户的目标、实现了盈利 800 万元的目标。但此时整体的业务推进方式仍然较为粗放。例如，早期的滴滴出行和快的打车靠的就是大量的无差别的补贴来占领出行市场的。

由于有了一定体量的用户，因此企业此时可以把精力集中在销售和运营上，开始扭转萌芽期亏损的局面，获得更多投资机构的青睐，如开始获得 A 轮、B 轮融资。

成长期的特点：有初步稳定的业务形态和商业模式，企业可以考虑针对核心的业务部门进行数字化改造，针对发展更好的业务，可以考虑进行业务数智化改造，为后续的发展和扩张做准备。企业在小量扩张的基础上，一定不要盲目乐观，要把钱花在刀刃上，也要考虑取消不赚钱、拖后腿的业务。

业务数智化需要程度：开始需要，企业应先进行数字化改造。

## 3. 成熟期

成熟期的业务已经较为成熟，有稳定的商业模式，业务价值也已经被反复验证。此时，业务团队具有一定的规模，业务的增长情况也较为稳定，如每年的用户量持续增长 10%、复购率稳步增长 8%。

由于此时的业务形态已经比较成熟，因此企业不能再像成长期那样进行粗放式的运营，而是要一边对已有业务进行精细化运营，一边对新业务进行尝试性的扩张，这样才能使企业立于不败之地。

成熟期的特点：已有的业务形态和商业模式非常稳定，企业此时非常适合进行业务数智化改造，通过业务数智化改造挖掘新的增长点。

业务数智化需要程度：开始需要，企业应大力推进业务数智化改造，为新业务形态的出现做准备。

## 4. 衰退期

此时，业务已经逐渐开始衰退，产品或者服务覆盖的用户已经长期处于稳定状态。与此同时，业务的利润、声誉等各方面都进入长期平稳甚至下降的时期。

此时，企业内部会有大的调整，因为业务不再持续高速增长，所以企业很可能会以裁员、取消福利等形式来降低成本。但是，裁员只是短期阶段性的手段，而非长期有效的手段。因为对企业而言，更重要的是寻找新的增长点。裁员代表着节流，节流的效果是有限的，企业更加需要的是找到新的方向——业务的开源。

衰退期的特点：业务形态和商业模式已经长期稳定，甚至开始有下降的趋势，增长封顶。此时，企业需要用数智化的方式降低人力成本，并且需要发现新的业务增长点。

业务数智化需要程度：十分需要，企业需要用业务数智化改造实现降本增效和开源节流的目标。

### 5. 转型期

随着技术、环境、用户习惯等发生变化，原有的业务模式已经不适应企业的发展。例如，在十几年前，我们习惯线下购物，并且认为线上购物不安全，但现在有了巨大的变化：截至 2020 年 12 月，我国网络购物用户规模达 7.82 亿人，占网民整体的 79.1%[①]。线上购物具有价格优惠、送货到家、有售后保障、品类齐全等优势，如果企业还在维持原有的线下销售理念，那么其业务要么面临转型，要么面临灭亡。

销售额下滑常常是因为一个强有力的竞争者的进入，导致原有的用户对你的产品或者服务不再感兴趣，此时你需要考虑的是如何吸引并留住自己的用户。

转型期也可能伴随着业务的大规模扩张。企业可以利用自己原有的名气和同体量的企业进行强强合作，通过新的方式和渠道实现业务新的增长，重新赢得用户的喜爱。此时，企业要注意提供良好的服务和履约。

**转型期的特点：**在原来主要业务衰退的基础上，开始寻找新的业务，迎接新的增长点。业务数智化可以帮助企业挖掘新业务增长点。

**业务数智化需要程度：**非常需要，企业应通过业务数智化挖掘新增长点。

综上可以看出，业务数智化除了不适用于萌芽期和成长期的业务，在其余生命周期都有用武之地。如果对企业的业务有更长期的规划，那么可以在成长期做好进行业务数智化改造的准备。

### 4.1.2 业务的组织形态

简单来说，业务的组织形态以业务目标（增长的目标、营收的目标）为出发点，给员工分配不同的职责，并赋予其相应的权利来履行其承担的职责。

如图 4-2 所示，合理的业务组织形态有 4 个方面的好处：帮助产品或者服务增长，提升整体业务的运转效率，充分、有效地利用各类资源，降低业务过程的沟通成本。

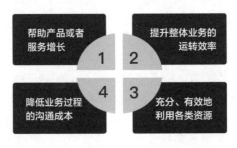

图 4-2 合理的业务组织形态的好处

- 帮助产品或者服务增长：合理的业务组织形态可以使产品或者服务高速增长。
- 提升整体业务的运转效率：合理的业务组织形态可以提升整体业务的运转效率，

---

① 资料来源：中国互联网络信息中心发布的第 47 次《中国互联网络发展状况统计报告》。

减少不必要的环节，消除部门之间的壁垒，帮助业务更快地运转起来。

- 充分、有效地利用各类资源：在业务的组织形态合理的情况下，企业可以最大化利用现有的物质资源和人力资源。
- 降低业务过程的沟通成本：业务的各个环节会涉及很多繁杂的沟通问题，但是如果业务的组织形态较为合理，就可以减少因组织形态造成的沟通困扰。

业务的组织形态不同，业务数智化改造的效率和效果也会有所不同。业务的基本组织形态有 5 类：创业型组织形态、职能型组织形态、矩阵型组织形态、事业部型组织形态、无边界型组织形态。

### 1. 创业型组织形态

组织形态说明：由于处于初创阶段，此时的组织形态并不固定，因此关于初创型业务的大部分重要决定都是由企业的创始人或者合伙人决定的。

优势说明：可以更快地做决策，更好地响应市场，更好地达成一致。

劣势说明：由于此时的组织形态缺乏规范性，因此无法更好地应对业务的增长。

是否适合进行业务数智化改造：不适合。由于此时业务、流程规范等各个方面都不完备，因此创业型组织形态下的业务无法进行业务数智化改造。

### 2. 职能型组织形态

如图 4-3 所示，职能型组织形态是通过各职能部门进行组织的。例如，生产部门、市场部门、财务部门等，每个职能部门都会负责相关的事情。

图 4-3　职能型组织形态

优势说明：有很好的规模效应，对于同类业务可以实现标准化管理；有较为清晰的职业生涯晋升路线；每个人的责任和权限都比较清晰；对以重复性工作为主的过程的管理非常有效。

劣势说明：各职能部门相对比较独立，不善于应对变化，难以处理多元性的问题；组织横向之间的联系薄弱，部门间的协调难度大。

是否适合进行业务数智化改造：可进行单一部门的业务数智化改造。但是由于每个部门都是独立的，因此跨部门的沟通难度较大。例如，销售部门的业务数智化改造需要得到财务部门、研发部门的支持，由于部门之间存在壁垒，因此业务数智化改造的推进会很艰难，从而造成业务数智化改造的进度缓慢。

### 3. 矩阵型组织形态

矩阵型组织形态以业务类型为依据进行职能部门的整合，如图 4-4 所示。例如，将业务分为项目 A、项目 B、项目 C，对应的项目人员可以从各职能部门进行抽调。

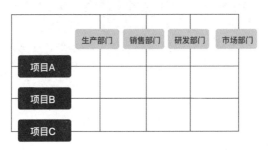

图 4-4　矩阵型组织形态

优势说明：兼顾职能和业务，更加灵活，以用户为目标进行驱动，鼓励团队合作；采用项目经理负责制，有明确的项目目标；便于获得职能部门更多的支持；最大限度地利用企业的稀缺资源，使质量、成本、时间等制约因素得到更好的平衡；改善跨职能部门间的协调和合作。

劣势说明：由于人员从属于两个部门，同一个人拥有双重身份，花费在开会上的时间比较多，沟通也比较多；存在多头领导的情况；资源分配与项目优先二者容易产生冲突。

是否适合进行业务数智化改造：较适合，但需要注意部分人员的归属问题。

### 4. 事业部型组织形态

如图 4-5 所示，事业部型组织形态将各类职能部门划分成不同的事业部，如事业部一、事业部二、事业部三等。不同的事业部是以特定的产品或者服务来进行区分的。例如，腾讯的互动娱乐事业群、微信事业群、平台与内容事业群等。

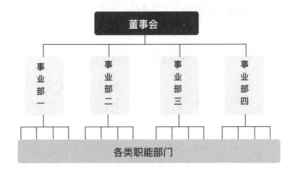

图 4-5　事业部型组织形态

优势说明：更加关注某个业务的发展，削减不盈利的部门，鼓励高效率，给予中层员工更多的权力。

劣势说明：事业部之间并不是完全独立的，彼此之间的界限不明确，会造成一定程度上的扯皮。

是否适合进行业务数智化改造：每个事业部的业务都适合进行业务数智化改造。

### 5. 无边界型组织形态

无边界型组织形态包括虚拟组织、中空组织、模式组织。

虚拟组织：通过网络将组织成员联系起来，组织成员可能来自世界各地。

中空组织：没有核心管理者，每个人对于组织的决策权都是相同的。

模式组织：打破各种人为制造的边界的组织形态。

是否适合进行业务数智化改造：上述组织形态都适合进行业务数智化改造。

### 4.1.3　本节小结

智智解决了张总关于业务数智化的适用范围的问题，也让张总对 B 公司的业务数智化改造重新进行了审视。

关于业务数智化的适用范围，智智从业务的生命周期和业务的组织形态两个层面进行分析。B 公司目前的业务进入了成熟期，业务的组织形态以矩阵型组织形态为主，适合进行业务数智化改造。张总觉得 B 公司离进行业务数智化改造又近了一步，便开始向智智请教业务数智化的准备工作。

### 4.1.4　本节思考题

请根据本节的描述，尝试分析你所在公司的业务的生命周期和业务的组织形态，并给出是否可以进行业务数智化改造的结论及原因。

## 4.2　业务数智化的准备工作

经过 4.1 节的说明，我们已经清晰地知道处于哪个生命周期的业务和什么样的组织形态适合进行业务数智化改造，本节主要介绍业务数智化的准备工作。

业务数智化的准备工作如下。

- 准备工作一：明确的业务目标。
- 准备工作二：良好的数字化改造。
- 准备工作三：长期进行业务数智化改造的心理准备。

### 4.2.1　准备工作一：明确的业务目标

张总看到很多企业在进行业务数智化改造，他也想跟上潮流，但总是无从下手。其实，张总需要先明确他想实现一个怎样的业务目标。

切记，业务数智化讲究的是实用主义，它需要跟着企业的业务目标走，而不是纸上谈兵，为了改造而改造、为了数智化而数智化，这样会本末倒置。

一般来说，业务目标有 3 种，分别是增加盈利、扩大规模、提供服务，如图 4-6 所示。

图 4-6　业务目标的类型

- 增加盈利：通常和利润、成本这两个指标相关，如将 B 公司的利润增加 25%。
- 扩大规模：通常与提高市场占有率等指标相关，如将市场占有率提升到 80%。
- 提供服务：通常与用户满意度、用户留存情况等指标相关，如将用户满意度提升到 90%。

企业可以根据自身的业务情况、市场环境的发展、竞争对手的情况、政策法规等因素综合评估业务目标。

在确定业务目标后，企业需要设定一个可量化的值作为业务是否达标的衡量标准。衡量标准的设定需要满足以下 3 个条件。

- 具体可衡量：用数据的形式来描述目标。

正确的样例：具体的数值等，如我们的目标是使利润比去年增加 300 万元。

错误的样例：模糊的词语，如我们的目标是实现利润最大化。

- 切实可实施：使目标具有挑战性，但要考虑自己的资源，以便使目标可以实现。

正确的样例：基于 ××× 的调研结果，我们的目标是使利润比去年增加 30%，因为有 ××× 的新商机。

错误的样例：现在市场环境不错，我们要把目光放长远一点，实现明年的利润增加 10 倍。

- 完整可说明：把对应的部门和目标的实现时间进行说明。

正确的样例：运营部门需要在明年实现 ××× 的目标。

错误的样例：我们要实现 ××× 的目标。

在了解了业务目标的类型及其衡量标准的设定后，张总综合了解了 B 公司内部的业务情况、外部的竞品、行业发展等诸多因素，设定了一个较为合理的业务目标：2023 年，将 B 公司运营部门的利润增加 50%，达到 1500 万元，居于行业前 5 位。

## 4.2.2　准备工作二：良好的数字化改造

C 公司的杨总准备进行业务数智化改造了，但是他还是有点不放心，因为他从智智那里了解到，数字化是数智化的基础。如果没有完成好数字化改造，缺少基础的数智化就是空中楼阁。

杨总回想起来，C 公司去年年底刚完成数字化改造，耗费了不少人力、物力，但没看到明显的收益。

在确定新的业务目标后，杨总认为业务数智化改造可以帮助业务目标尽快实现。数智化是建立在数字化基础上的，此时杨总有点庆幸自己进行了数字化改造。但是，杨总转念一想，由于当时没有特别重视数字化改造，因此并没有认真验收。杨总担心没有认真验收会导致业务数智化改造无法顺利进行，所以决定先进行数字化改造的验收。

那么，如何进行数字化改造的验收呢？

### 1. 兜底验收：基础数字化改造

兜底验收是数字化改造的及格标准。兜底验收的标准是看数据是否都集中于一个地方，即是否有完整的数据分层建设。我们可以按照 3 层 6 类数据分层检查清单进行验收，如图 4-7 所示。

图 4-7　3 层 6 类数据分层检查清单

1）第一层：操作数据存储层

操作数据存储（Operational Data Store，ODS）层中的数据是从各类业务系统（如销售系统、客户关系管理系统等）和埋点日志中获取的。本层数据的特点是可最大限度地还原业务系统中的数据。数据在被接入之前需要经过清洗等操作，以便保证接入本层的数据尽可能是洁净可用的。

操作数据存储层的表通常包括两类：一类用于存储当前需要加载的数据，另一类用于存储处理后的历史数据。

操作数据存储层中的数据是粒度最细的数据，是数据仓库中底层的数据。操作数据存储层中的数据一般来源于业务系统和埋点日志。

（1）业务系统。

- 经常使用 Sqoop 来抽取数据，如每天定时抽取一次。
- 在实时性方面，可以考虑用 Canal 监听 MySQL 的 Binlog，实时接入即可。

（2）埋点日志。

- 日志一般以文件的形式保存，可以选择用 Flume 定时同步。
- 可以用 Spark Streaming 或者 Flink 来实时接入。

2）第二层：数据仓库层

- 公共维度（Dimension，DIM）层：主要由维度表构成。维度是逻辑概念，是衡量和观察业务的角度。维度表是根据维度及其属性在数据平台上构建的物理化的表，采用宽表设计的原则。
- 数据细节（Data Warehouse Details，DWD）层：该层的目的在于将操作数据存储层和数据仓库层进行隔离。数据在进入数据仓库层之前同样需要经过清洗，如除去空数据和脏数据等。
- 数据中间（Data Warehouse Middle，DWM）层：该层在数据细节层数据的基础上，对数据做一些轻微的聚合操作，生成一系列中间结果表，提升公共指标的复用性，减少重复加工的工作。
- 数据服务（Data Warehouse Service，DWS）层：该层基于数据中间层的基础数据，整合、汇总出分析某个主题域的数据，用于后续的业务查询、联机处理分析、数据分发等。一般来说，该层的数据表相对较少；一张表会涵盖比较多的业务内容，由于其字段较多，因此一般也称该层的表为宽表。

3）第三层：应用数据服务层

应用数据服务（Application Data Service，ADS）层主要提供数据产品和数据分析使用的数据，一般会存放在 ES、MySQL 等系统中供线上系统使用，也可能会存在 Hive 或者 Druid 中供数据分析和数据挖掘使用。

应用数据服务层的数据是数据仓库的最后一层数据，以数据服务层的数据为基础进行数据处理。

对于上述 3 层 6 类数据，我们的验证方式有如下两种。

- 粗糙的验证方式：将上述数据分层记录在一个文档中，查询是否符合 3 层 6 类的标准。
- 精细的验证方式：为了更好地通过产品形态把指标管理、数据血缘、Hive 表管理等信息进行沉淀，更好地帮助企业建设指标体系，落地指标管理，发挥指标最大的价值，以及方便地对数据指标进行测试、衡量和跟踪，我们需要用一种精细化的方式进行验证。这类验证方式不同于上述简单地对文档进行检查和验证，主要是把 3 层 6 类数据分层清单进行产品化。进行产品化的好处是既可以让用户更加便捷地进行精细检索和使用，又能更好地进行数据沉淀、衡量和跟踪。例如，将3 层 6 类数据抽象为指标管理、数据血缘、Hive 表管理等产品。

2. 进阶验收：线上化覆盖率

在兜底验收的基础之上，我们可以进行进阶验收。主要验收方式是先以每个部门为单位，评估每个部门应该有的数据体量，再通过兜底验收中的产品来查询真实的线上化体量，用后者除以前者可以得出线上化覆盖率。由于我们主要做的是业务数智化改造，因此要确保业务部门的数据线上化覆盖率至少达到 80%。

### 3. 高级验收：获取数据的效率

针对进行数字化改造的部门，我们可以收集每个部门的反馈——各类数据的产出时间是否大幅缩短？例如，在进行数字化改造前，拿到周报、月报的数据至少需要 10 天；在进行数字化改造后，拿到同类数据只需要 3 ~ 4 小时，数据获取效率至少提升了 99%。

以上 3 个验收是逐层递进的。进行业务数智化改造的基本前提是达到需要改造业务部门的兜底验收标准——完成基础数字化改造。

杨总安排小伟用上述方法进行数字化改造的验收，并拿到了以下结果。

- 分层数据清单：C 公司的数据清单都以产品模块的形式进行展示，数据管理、Hive 表查询等应有尽有。
- 线上化覆盖率：C 公司进行数字化改造的几个业务部门的数据线上化覆盖率都高于 85%。
- 数据获取效率：各个业务部门的分析师都表示，现在数据获取效率至少提升了 75%，因此释放了一些人力去做更有价值的事情。

看到这些结果，杨总深感欣慰，那么现在是不是可以开始进行业务数智化改造了呢？杨总开始思考，并拿出智智给他推荐的《业务数智化：从数字化到数智化的体系化解决方案》进行查阅。

### 4.2.3 准备工作三：长期进行业务数智化改造的心理准备

最后一项准备工作是心理方面的准备工作。管理者需要为员工进行心理建设，让员工做好长期进行业务数智化改造的心理准备。可能很多员工觉得这点没有必要，太浪费时间了，只要管理者决定了，员工照办就可以了。仔细观察员工的上述想法，你一定已经发现问题所在了：员工只有执行感，没有认同感。这样进行业务数智化改造是否可以呢？

当然可以，但是管理者需要接受不顺畅的改造过程及不理想的改造结果。

不顺畅的改造过程是指在业务数智化改造过程中各种阻碍和问题频发，导致无法按时推进和交付。由于业务数智化是前沿的思维模式、科学的改造方法、使用的落地结果"三位一体"的综合思想，因此管理者需要让所有相关的人都了解其内核思想，这样才能帮助员工在长期的改造过程中坚定地克服各种困难。

不理想的改造结果是指改造过程中的各种问题导致改造结果无法达到我们的预期，甚至会使投入与产出不成正比。

正所谓"要转型，先转心"，人的行动是随着意识走的。业务数智化改造是一个长期且艰辛的过程，就像爬山一样，我们在爬山的过程中会遇到困难，甚至会因为一些极端天气而倒退，但是，只要我们有足够的信念，并配合科学的爬山方式，用好爬山工具，就一定能爬到山顶。

### 4.2.4 本节小结

本节主要介绍了业务数智化的准备工作。业务数智化的准备工作有以下几项。

- 准备工作一：明确的业务目标。带着明确的业务目标去解决企业的业务问题，可以使业务数智化改造更加明确。

- 准备工作二：良好的数字化改造。数字化是数智化的基础，在进行业务数智化改造前，需要进行数字化改造的验收。
- 准备工作三：长期进行业务数智化改造的心理准备。业务数智化改造是一个长期的过程，需要相关人员做好长期进行业务数智化改造的心理准备。

### 4.2.5　本节思考题

请根据本节的描述，尝试分析你所在的公司目前是否具备进行业务数智化改造的条件，并给出原因。

## 本章小结

本章主要介绍了两个问题，分别是业务数智化的适用范围和业务数智化的准备工作。

关于业务数智化的适用范围，本章从业务的生命周期和业务的组织形态两个层面进行说明。

- 业务的生命周期：业务数智化适合处于成熟期、衰退期、转型期的业务；在成长期，可以做好进行业务数智化改造的准备；业务数智化不适合处于萌芽期的业务。
- 业务的组织形态：业务数智化适合职能型组织形态、矩阵型组织形态、事业部型组织形态、无边界型组织形态，不适合创业型组织形态。

业务数智化的准备工作如下：明确的业务目标、良好的数字化改造、长期进行业务数智化改造的心理准备。

接下来我们进入业务数智化的整体构思环节。

# 第 5 章　业务数智化的整体构思

要想顺利地进行业务数智化改造，就要深入了解业务数智化的整体构思。为了更好地让张总理解业务数智化的精髓，同时帮助 B 公司更好地进行业务数智化改造，智智通过回答以下两个问题来对业务数智化改造进行说明。

- 业务数智化改造的原则是什么？
- 3M 业务数智化体系是什么？

接下来，我们跟随智智来了解一下业务数智化改造的原则。

## 5.1　业务数智化改造的原则

笔者根据自己多年积累的各行各业的业务数智化改造经验认为，成功的业务数智化改造一定遵循正确的原则。

- 原则 1：实践是检验真理的唯一方法。
- 原则 2：利用科学的方法。
- 原则 3：先单点突破，再全局复用。
- 原则 4：循序渐进，逐层完善。

### 5.1.1　实践是检验真理的唯一方法

关于业务数智化是如何在实践中被检验的，我们分别用业务数智化在内容行业的实践和在 O2O 行业的实践进行说明。

#### 1. 业务数智化在内容行业的实践

一些头部的内容企业，如字节跳动等，它们以推荐算法为核心驱动力，而推荐算法势必是以数据为基础的，加上这些企业比较年轻，历史包袱较轻，因此其业务数智化改造相对其他同类型的内容企业会容易很多。这些企业业务数智化改造成功的原因如下。

成功原因之 1：成熟、稳定的商业模式。

字节跳动主要通过推荐算法来为用户推荐视频、图文等。在这个过程中，字节跳动通过精准的用户画像进行广告的投放，从而使广告方和用户更好地匹配。广告投放也由早年基于网页的粗放式投放转变为千人千面的精细化投放。基于这样成熟、稳定的商业模式，企业更容易进行业务数智化改造。

成功原因之 2：对数据的认识较为深刻。

由于字节跳动是以推荐算法为核心驱动力的，因此整个企业对数据的认识都很深刻，一些基础的数据建设自然也很好。企业内部自研的各类大数据模块向内部进行了良好的输出，这也为后期的业务数智化改造打好了地基。近期，字节跳动的一些业务数智化产品也向外部提供服务，如"抖音热点宝"等。

### 2. 业务数智化在 O2O 行业的实践

一些头部的 O2O 企业的业务数智化改造做得非常好。这些企业是以数据驱动并贯彻落实到业务的方方面面的。由于企业从上到下都非常重视数据给企业带来的收益，因此在进行业务数智化改造时会比较顺畅。

针对这些企业的业务数智化改造，虽然要面对来自各方的压力，但是可以取得非常好的落地结果。下面笔者结合自己的经验分析在 O2O 行业进行业务数智化改造的成功原因。

成功原因之 1：思想层面自上而下的重视。

由于这些企业的创始人接受过高等教育，并且紧跟前沿的技术发展，对于善用数据可以最大化企业的收益有强烈的信心和认可。这个思想也从上到下影响到各个部门的管理者及一线业务人员。每个城市的运营人员都很乐于用这些业务数智化产品去改善自己的业务状况。自上而下的重视所带来的好处就是，每个人都积极地迎接业务数智化改造，有利于后续工作的推进。

成功原因之 2：数字化改造的地基非常好。

我们在第 4 章介绍业务数智化的准备工作时说过，业务数智化的准备工作之一是良好的数字化改造。数字化改造就像造房子的地基一样，没有地基，何谈楼层建设？所以数字化改造作为业务数智化的重要准备工作，一定要做到以下几点。

- 地基范围大：数字化改造覆盖的业务部门较为全面。
- 地基分层细：数据仓库的建设需要有序分层，这样可以做到问题可追溯。
- 地基地面净：数据可以干净、准确地按时产出。

### 5.1.2　利用科学的方法

在做任何事情之前，我们都要科学合理地进行安排，以便求得最好的结果。那么，什么是科学的方法？如何在实际场景中利用科学的方法呢？

科学的方法是人们在认识和改造世界中遵循或运用的，符合科学原则的各种途径和手段，包括在理论研究、应用研究、开发推广等科学活动过程中采用的思路、程序、规则、技巧和模式。

通常来说，科学的方法的产出需要经过 6 个步骤：进行观察、发现问题、提出假设、进行实验、实验复盘、得出结论，如图 5-1 所示。

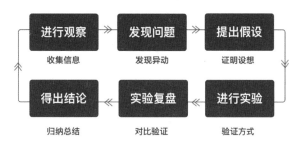

图 5-1　科学的方法的产出步骤

- 进行观察：通过观测等手段对事物的变化进行监控。
- 发现问题：在观测过程中会发现一些异常点，从而引出问题。
- 提出假设：在引出问题后，需要对问题进行假设——是什么因素引起了这样的问题。
- 进行实验：通过做实验对假设进行验证。
- 实验复盘：在拿到实验结果后进行对比分析。
- 得出结论：经过复盘后可以得出有效的结论。

下面通过一个实际的业务场景来说明对科学的方法的运用。

如图 5-2 所示，小明发现他所负责的 3 个城市近两个月的外卖订单量一直在减少，并且经过调查发现外卖员的离职率很高。一直以来数据都是平稳的，为什么近期外卖员的离职率升高了呢？他提出了假设：外卖员的离职率升高和当地的租房成本上升有关。他准备进行实验，他选择了和目标城市的规模、消费水平、外卖员体量持平的另外 3 个城市，并且选择了历史 8 个月和未来两个月的数据进行各个方面的对比（月完单量、月完单人员数量、月离职人员数量、每月城市租房价格、每月城市总体的离职人数）。在对比实验开始之初，他预计未来两个月还有外卖员会离职，并且这 3 个城市的外卖订单量会持续减少。为了防止数据变差，他也开始准备本地外卖员招聘的事，但是由于招聘的准备和审批也需要两个月，因此这件事不影响实验的进行。两个月后，实验的结果数据和他预想的一样，很好地证明了这 3 个城市外卖员的离职率升高和当地的租房成本上升具有密切的关系。并且招聘本地外卖员的准备工作也做好了，可以开始通过招聘外卖员来降低租房成本上升所造成的高离职率，进而降低外卖订单量减少的风险。

从上面这个例子中可以看出，科学的方法都有一套完整的链路，用科学的方法可以进行业务场景问题的抽象和解决。

本书中提到的业务数智化方法均是通过科学的方法进行多次验证的，所以从这个角度来说，针对业务化场景，本书独有的 3M 业务数智化体系具有合理性、科学性、可行性。

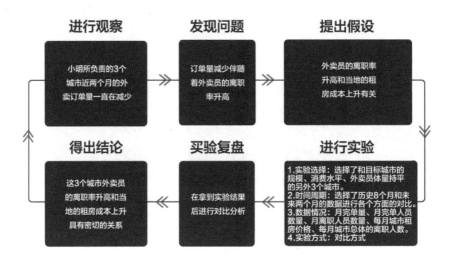

图 5-2　科学方法的实践

### 5.1.3　先单点突破，再全局复用

在进行业务数智化改造之前，我们需要明确一个原则：先单点突破，再全局复用，如图 5-3 所示。

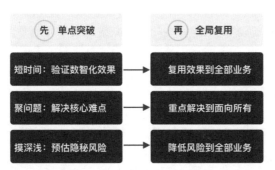

图 5-3　业务数智化改造的原则：先单点突破，再全局复用

虽然企业从上到下都已经做好进行业务数智化改造的准备，但是并不代表一定要一次性交一个满分的答卷。为什么呢？因为这从资源、时间、风险 3 个方面来说都是非常困难的。

- 从资源方面来说，需要花费的人力、物力可能远远大于企业目前的投入。
- 从时间方面来说，因为没有相关经验，所以不可控因素很多。
- 从风险方面来说，全部业务线开始齐头并进，隐藏的风险很多。

为了保证整体的改造结果，我们的策略是先选一个试点，如选取对企业最重要且问题最多的部门进行改造，先打造一个成功的试点，即先单点突破。

在选完试点后，还要注意在有限的时间内最大化改造收益，即切中核心问题。试点的问题是多而繁杂的，此时一定要注意切中核心问题。例如，这个试点可能有 100 个问题需要改造，但是其中有 10 个问题经过改造会使业务产生质变（关于如何定位这 10 个问题，大家可以查看第 7 章），这 10 个问题就是核心问题。

切中核心问题意味着问题的难点得以明确，得到的答案就不会出现偏差。试点改造就以这几个核心问题的解决为主。在改造后，我们还要对改造进行整体评估和复盘，将改造前后的差异用数据对比的形式体现出来。

至此，我们就完成了试点改造。试点改造的成功就像一个优秀案例，可以很好地证明并且推进后续全面的业务数智化改造。我们也可以从试点改造中总结经验，指导后续全面的业务数智化改造。

总结起来，"先单点突破，再全局复用"的优势如下。

- 通过最优方式节省时间和成本，证明业务数智化改造的结果。
- 可以降低难度，聚焦业务的核心问题。
- 用试点方式来试水，摸底业务问题，了解业务隐藏的"深水区"。

通过试点改造可以积累一些潜在价值很大的经验，这些经验可用于对其他业务部门的改造。

### 5.1.4　循序渐进，逐层完善

C 公司的杨总在进行数字化改造的一段时间后，开始着手准备业务数智化改造，以便更好地增加利润、降低成本。由于对业务数智化改造寄予了厚望，杨总希望可以快速落地一些业务数智化诊断产品，以便快速看清业务问题，所以给了小伟一个月的时间去做这件事。

这可愁坏了小伟，一方面，他对于业务数智化的落地形态不太了解；另一方面，一个月的时间只能把对应的团队组织好，无法交付落地产品。

在上述场景中，问题出在大家对业务数智化落地产品的节奏不了解，更不知道如何进行分层分解。杨总的期待很高，需要见效快；负责实施的小伟只感受到时间紧、任务重，却不知道如何正确地分阶段落地，所以没有充足的依据说服杨总。

落地结果是需要分节奏、分层级的。在资源和时间有限的情况下，我们不可能一次性把落地做得完美无缺。同时，我们也不能因为资源和时间有限而交付一些无法使用或者对业务没有价值的产品。此时，我们需要循序渐进，逐层完善。

我们要把落地的内容抽象成几个层级，就像建高楼一样，先建好第一层，再来建第二层，如果直接越过前面几层去建第十层，得到的结果就是空中楼阁，既虚无缥缈，又很容易前功尽弃。同时，我们需要保证每个层级的落地情况具体、可衡量、可实现、真实、及时。

根据落地产品要解决的问题，我们一般可以将业务数智化落地分为 3 个层级，分别是纵览业务表层、探求业务深层、解决业务底层，如图 5-4 所示。

图 5-4 业务数智化落地的 3 个层级

第一层：纵览业务表层。这一层需要做到的是让大家看到业务的方方面面，确保大家不遗不漏地看到变化。

第二层：探求业务深层。这一层需要解决的问题是通过第一层看到数据问题，并用数智化的方式定位问题的原因。

第三层：解决业务底层。经过上述两层的充分准备，第三层就来解决问题，以数智化的科学手段精细化地解决问题。

### 5.1.5　本节小结

经过智智的解读，张总深入了解了业务数智化改造的原则：实践是检验真理的唯一方法；利用科学的方法；先单点突破，再全局复用；循序渐进，逐层完善。

接下来，智智开始给张总讲述 3M 业务数智化体系，这也是张总最关心的问题——如何做？

### 5.1.6　本节思考题

请根据本节的描述，用自己的语言说明为什么说业务数智化是一套科学的切实可行的方法？

## 5.2　业务数智化的落地方法概述

在详细介绍 3M 业务数智化体系之前，我们先来看 3 个场景，并且仔细探讨这 3 个场景中的人物遇到的问题是什么。

**场景一**

A 公司的小明在对运营部门进行业务数智化改造时发现了很多问题，如一线业务人员以已经下班为由，多次不配合调研；业务数智化改造需要营销团队、财务团队的配合，但是小明与其多次沟通都没有结果。

**场景二**

C 公司的小伟在进行业务数智化改造时选取了 8 个业务团队同时进行相关改造。由于改造的工期没有预估好，而杨总是个急性子的人，因此杨总看到项目进展缓慢就多次质疑项目的可行性，并且经常斥责小伟。小伟感到委屈，他每天加班加点地进行业务数智化改造，还需要协调多个部门的情况，却遭到了斥责。

**场景三**

D 公司的小强在进行业务数智化改造时，落地结果不理想。运营部门反馈这个产品没能很好地帮到他们，小强反复琢磨具体是哪里不好，但是迟迟找不到答案。由于运营部门不满意这个结果，因此还是用以前低效的方式推进业务和解决问题。

以上 3 个场景是比较典型的场景，到底是什么原因导致了这些问题的发生呢？

场景一的问题：思想不统一。

思想没有统一，加之对业务数智化没有深入地进行了解，导致大家对业务数智化改造的分歧较大。在推进业务数智化改造的过程中，彼此的步调不一致，无法正常进行合作。大家千万不要小看这一点，如果对业务数智化的理解不统一，那么有再好的方法也无法顺利进行改造。

因此，企业在进行业务数智化改造之前需要进行业务数智化认知的普及教育，这样便于解决思想不统一的问题。

场景二的问题：方法不科学。

业务数智化改造需要科学的方法来指导，这样才能稳步有序地取得好的结果，进而完成业务方面的目标。如果毫无章法地进行业务数智化改造，就无法保证改造结果。尤其是一些传统企业和进行粗放式运营的互联网企业，一定要掌握科学的方法才可以使业务数智化改造事半功倍。

因此，企业在进行业务数智化改造的过程中一定要采用科学的方法，这样才能更好地把控节奏。

场景三的问题：产品没分层。

企业在进行业务数智化改造的过程中需要对产品进行分层，每一层都有要实现的目标。用合理的落地目标来引导业务数智化改造，有助于实现预期的目标。如果毫无章法地进行业务数智化改造，那么结果一定是令人失望的，并且会让大家不再信任业务数智化改造，如果后续再进行相关改造，就会难上加难。尤其是首次进行业务数智化改造的企业，更要有针对性地进行改造，定义好所需的改造层级。

因此，企业在进行业务数智化改造的过程中，一定要将落地结果清晰地进行分层，这样才能取得更好的落地结果。

综上所述，如果想让业务数智化顺利落地，就要通过"合理的思想＋科学的方法＋分层的产品"进行业务数智化改造，如图 5-5 所示。

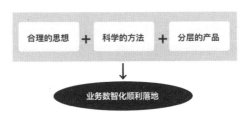

图 5-5　业务数智化顺利落地的条件

下面详细介绍大家很关注的也是本书的核心内容——3M 业务数智化体系。

### 5.2.1　3M 业务数智化体系

为了使业务数智化的落地结果更好，我们分别从思想、方法、产品 3 个层面进行规范。

如图 5-6所示，3M 业务数智化体系由合理的思想（Mind）、科学的方法（Method）、分层的产品（Manufacture）组成。

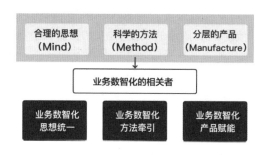

图 5-6　3M 业务数智化体系

3M 业务数智化体系通过自上而下、逐步落地、分层解决的方式，将企业的业务逐步进行落地。

- 合理的思想：业务数智化思想，像大脑一样指挥业务数智化改造良好地进行下去。如果对业务数智化没有深刻的认识，业务数智化改造就不能顺利进行，后续的落地结果也不会好。企业可以多花点时间在思想上。
- 科学的方法：业务数智化方法，像四肢一样，确保业务数智化改造可以按照正确的步骤进行。如果没有用科学的方法进行业务数智化改造，就可能是一团乱麻。科学的方法会以"试点先行，定期复盘"的原则作为指导，既可以帮助团队快速见到效果，又可以在过程中不断地进行修正，从而取得更好的结果。
- 分层的产品：业务数智化产品，是最终的落地结果，是业务数智化落地形态的呈现。如果没有合理的落地形态，业务数智化就是纸上谈兵，不具有实际的意义。这部分也是对业务数智化方法的验证和成果展示。企业需要对业务数智化产品按照一定的方式进行合理分层，从而形成有针对性的、分节奏的落地结果。

下面详细介绍 3M 业务数智化体系中的思想、方法、产品。

### 5.2.2　合理的思想

在推进很多项目或者进行改造时，我们经常是不明所以就开始行动，常常忽略大家的思想是否同频。业务数智化思想就是为了解决上述问题而生的。

无论是对于工作还是对于生活，思想都是指引我们行动的重要风向标。业务数智化改造更是如此。长久以来，大家缺少业务数智化思想，导致很多改造无法顺利地进行，以致于无法发挥其应有的作用。在进行业务数智化改造之前，我们一定要让所有相关人员都深刻了解业务数智化思想，以及业务数智化与每个人的关系，因为只有这样才能取得最优的改造结果。

总结起来，业务数智化思想对企业的益处在于可以指导业务行动并决定企业的未来，对个人的益处在于可以培养科学的思维和帮助个人成长，如图 5-7 所示。

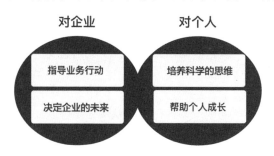

图 5-7　业务数智化思想的益处

- 业务数智化思想可以指导业务行动。业务数智化改造是一个长期的过程，中途会产生很多问题。业务数智化思想可以帮助大家解决一个又一个的问题，也有利于跨部门推进业务数智化改造。大家思想统一、目标一致，业务数智化改造的作用才能最大限度地得以发挥。
- 业务数智化思想决定企业的未来。业务数智化思想是一种科学的思考方式，可以帮助企业从上到下进行正确的思考：如何通过数智化的手段把业务做到最好？如何通过业务数智化思想提升工作效率？正确的、合适的、科学的思想可以使企业走得更远。
- 业务数智化思想可以培养科学的思维。由于业务数智化思想具备客观性、精确性、可检验性、预见性和普适性，因此它可以很好地帮助个人培养科学的思维。这是因为业务数智化思想是从实际出发的，能很好地反映业务的本质规律，并且可以通过合理的方式进行反复验证，同时能提供一套严谨的方法进行业务未来发展的预测。在进行业务数智化思维建设的同时，个人也能培养科学的思维。
- 业务数智化思想可以帮助个人成长。成长是涉及每个人的话题。业务数智化思想可以帮助我们科学地解决问题，让我们能更快、更好地解决问题，从而实现个人的成长。

### 5.2.3　科学的方法

在介绍完 3M 业务数智化体系的思想之后，下面介绍 3M 业务数智化体系的方法。为了更好地帮助大家理解，下面以一个实际的场景为例进行说明。

D 公司的员工大多是喜欢迎接新事物的人，所以在 D 公司决定进行业务数智化改造后，大家都铆足干劲、全力配合。但负责人小强在进行业务数智化改造的过程中遇到各种各样的问题。

- 并非一个好的开头。在进行业务数智化改造之前，D 公司为了节省成本，没有选择有经验的专家进行评估，只是调用了 IT 部门的小强作为总负责人。小强加入 D 公司一年有余，对于业务数智化一知半解，对于 D 公司整体的情况也没有深入的了解，所以就按照自己的理解进行业务数智化改造。可想而知，在没有丰富的经验作为指导的情况下，改造的过程中错误百出。

- 所有部门全线改造。由于 D 公司的目标是针对所有业务部门进行改造，因此小强的压力非常大。为了保证进度，运营部门、市场部门、销售部门等多个业务部门一起进行改造。由于改造的部门非常多，小强的相关经验有限，因此即使大家都干劲十足，也有很多意想不到的问题频发。例如，如何有效地针对运营部门的粗放式运营进行数智化的精细改造？如何评估市场部门改造的结果？如何利用数智化手段提升销售部门的成单率？每个问题都让小强压力倍增，以至于项目组的成员一开始干劲满满，却在 3 个月后疲惫不堪。
- 改造结果的评估方式有问题。D 公司的老板钱总对业务数智化改造十分重视，对改造的结果也异常关心，经常询问小强改造的结果如何。但是，小强本身对业务数智化改造也是一知半解的，很多时候都仅凭自己一些粗浅的理解进行业务数智化改造，根本没有合理的方法和科学的评估手段对改造的结果进行评估。

要避免上述场景中的各种问题，我们首先要有一个正确的认识：对很多企业来说，业务数智化改造是一个颠覆性的改造。如果下决心做这件事，企业就要投入时间和成本。如果想让时间成本发挥它最大的效益，就应采用"合适的专家＋科学的方法"双线并行的方式。

那么，科学的业务数智化方法有哪些好处呢？

- 可复制：科学的业务数智化方法基本上适用于所有业务，这样的可复制性可以使企业在后续的发展中减少很多不必要的投入。
- 标准化：科学的业务数智化方法是标准化的方法，标准化的方法可以帮助企业对业务进行合理的改造，也能让企业进行正确的评估。
- 有效性：科学的业务数智化方法都是经过千锤百炼的，无论是在传统行业还是在互联网行业，它都被证明是行之有效的。

综上，本书中所提到的业务数智化方法是经过多行业的实践检验的，可以应用于多个行业。同时，本书会给出一套合理的评估方法，帮助企业更好地看清结果。这套方法就是业务数智化落地的五步法（见图 5-8）：找专家，整体盘；树意识，引重视；拆目标，建团队；建试点，纠偏错；设目标，全量推。

- 找专家，整体盘。企业应找数智化专家对业务进行全面的调研和盘点，从而掌握业务的基本盘面。一定要找专业的人做专业的事。
- 树意识，引重视。企业应对业务数智化改造的所有相关人员进行统一的思想建设，从而引起他们的重视，便于后续改造的顺利进行。改造中很多问题的产生都是因为在前期没有统一思想。
- 拆目标，建团队。企业在确定好业务目标后，应对业务目标进行分解，将分解得到的目标作为依据进行团队建设，确保每个人都有合适的角色并发挥应有的作用。

- 建试点，纠偏错。企业应通过小步快跑、快速验证的方式进行业务数智化改造的验证，通过试点来积累经验，为后续的全方位改造做准备。这相当于对业务数智化改造进行一次小范围的探底。
- 设目标，全量推。企业应调整和设定全局的目标，重新规划整体的业务数智化改造进程；扩大业务数智化改造的范围，在此基础上针对每个需要改造的业务进行有序推进，确保改造可以顺利进行。

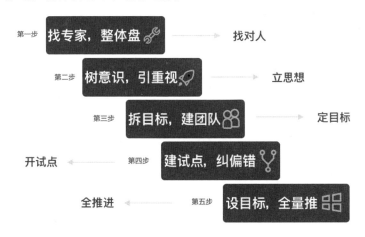

图 5-8　业务数智化落地的五步法

### 5.2.4　分层的产品

通过对业务数智化思想和方法的学习，我们已经具备了进行业务数智化改造的基本能力。那么，我们改造的结果是什么？如何真正地将业务数智化落地？

E 公司的小宇在进行业务数智化改造的过程中遇到这样的一些问题：在落地的过程中，大家对落地形态的意见不一致，有的人认为落地形态做到基本的看板粒度就可以，简单高效；有的人认为只要把结果用文档进行管理就行，方便维护；有的人认为需要有个平台来承接……

F 公司在落地业务数智化的过程中，不像 E 公司那样对落地形态的意见不一致，而是在早期就确立了通过业务数智化平台的方式进行落地。但在落地过程中，F 公司还是有很多困惑。

- 由于 F 公司的李总对落地结果的期待非常高，因此小庆所带领的团队总想交出一份让李总满意的答卷，将落地方案完善了一版又一版。李总知道改造的难度比较大，所以并没有催得很紧。
- 小庆一直在忙于进行落地结果的迭代，导致业务部门没有充足的时间使用产品。每当业务部门刚习惯产品的使用方式时，产品就更新了。这样反复下去，业务部门总是在适应新的产品，渐渐对产品失去了耐心。很多人开始的时候跃跃欲试，后来几乎不闻不问了。

以上场景中的问题是典型的落地问题，我们在解决这些问题时需要遵循以下原则。

- 产品形态，结果呈现：通过产品的形态进行呈现，从短期看，可以更好地帮助展示落地结果；从长期看，便于更好地进行经验沉淀。
- 分层搭建，逐步演变：针对每层产品进行明确的定义，抽象每层产品赋予业务部门的功能，这样可以做到每层建设的目标都清晰可见。
- 小步快跑，快速迭代：在产品整体规划较为完整的基础上，以 MVP（Minimum Viable Product，最简化可实行产品）形式的解决方案作为结果提供给业务部门并使其快速使用，通过业务部门的反馈结果进行有针对性的迭代；保证在基本逻辑固定的基础上进行迭代，这样不会使使用者产生太大的困惑。

综上，基于在传统行业和互联网行业进行业务数智化改造的经验，笔者提出了业务数智化产品的 3 层打造法，如图 5-9 所示。

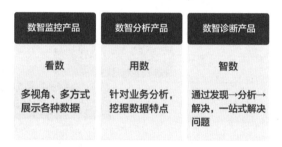

图 5-9　业务数智化产品的 3 层打造法

- 第一层：数智监控产品。其定位是看数。由于现在是大数据时代，业务要发展就要选取核心的数据进行监控。进行数智监控可以让企业及时、高效、快捷地把控业务发展的情况。对企业管理者而言，进行数智监控可以及时进行方向调控；对业务人员而言，进行数智监控可以及时发现业务问题。
- 第二层：数智分析产品。其定位是用数。在进行数智监控的基础上，企业需要通过合理的分析方法找到问题的原因，并针对各种各样的问题进行定向分析，找出有针对性的解决方法。数智分析产品主要针对业务人员，他们需要通过数智分析产品对问题的原因进行深入定位。
- 第三层：数智诊断产品。其定位是智数。通过发现→分析→解决，一站式解决问题，并且以人机结合的方式进行处理，确保在问题解决过程中可以同时利用人和机器的作用，将二者的优势最大化地发挥出来。它既能帮助企业管理者及时洞见核心业务问题的原因，又能帮助业务人员释放双手，高效地解决一些常态化的问题。

### 5.2.5　本节小结

经过这部分的学习，张总已经领会了业务数智化的基本方法，尤其是 3M 业务数智化体系。3M 业务数智化体系通过思想、方法、产品"三位一体"的形式指导业务数智化落地，既具有一定高度的思想，又具有科学的方法，还能实际落地。

　　张总此时更加深信业务数智化改造可以让 B 公司的业务发展得更好。张总迫不及待地询问智智关于 3M 业务数智化体系中的第一个 M——业务数智化思想的问题。

### 5.2.6　本节思考题

请用自己的语言简单说明 3M 业务数智化体系。

## 本章小结

　　本章主要回答了以下两个问题。

　　问题一：业务数智化改造的原则是什么？

　　要解决在业务数智化改造过程中遇到的以下 4 类问题，我们应分别遵循对应的原则。

- 对于方法不落地的问题，我们需要遵循"实践是检验真理的唯一方法"这个原则。
- 对于方法凌乱、不科学的问题，我们需要遵循"利用科学的方法"这个原则。
- 对于经常犯错、大范围改造的问题，我们需要遵循"先单点突破，再全局复用"这个原则。
- 对于只图快速而不分节奏的问题，我们需要遵循"循序渐进，逐层完善"这个原则。

　　问题二：3M 业务数智化体系是什么？

　　以业务数智化改造的原则为基础，笔者原创了 3M 业务数智化体系，将合理的思想、科学的方法、分层的产品这三者融为一体，其中 3M 的意义如下。

- Mind：业务数智化思想，是业务数智化改造最先开始的部分，也是重要的指导思想。
- Method：业务数智化方法，通过科学的方法进行业务数智化改造，是重要的改造手段。
- Manufacture：业务数智化产品，有序进行业务数智化落地形态的打造，是重要的落地结果。

# 第 6 章　业务数智化思想

本章导读

本章讲解 3M 业务数智化休系中的第一个 M，即业务数智化思想。为了便于大家更好地理解业务数智化思想，本章通过案例的形式进行说明。先来看 A 公司在业务数智化改造过程中遇到的问题。

A 公司的王总在进行相关了解后，准备在 A 公司内部进行业务数智化改造。他任命小明为总负责人，对 A 公司的运营部门、销售部门等业务部门进行改造。由于 A 公司经营着较为传统的业务，85% 以上的业务人员不具备数据驱动的思维，因此小明在业务数智化改造过程中总是碰钉子。

- 销售部门的小郑总以自己工作忙为理由，不配合调研，导致调研无法顺利开展。在小明向王总反馈该问题后，王总却责怪小明处理不好这种小事，并怀疑小明的能力有问题，小明有苦难言。

- 在对运营部门进行业务数智化改造的过程中，在第一阶段大家都很配合，但在第二阶段，小明明显感受到大家的不积极，导致后续的推进非常困难。并且由于大家比较习惯以前的方式，因此第一阶段上线的模块没有被很好地利用。

- 小明在进行业务数智化改造的过程中，关于财务的数据，经常需要和财务部门沟通，但财务部门不会轻易将财务数据交给小明，而且由于财务数据非常复杂，因此需要专业的财务人员进行确认。小明和财务部门的负责人沟通过，但他的请求被巧妙地拒绝了。

大家觉得在上述 3 个场景中，问题到底出在哪里？是小明办事不周，是其他部门不配合，还是王总没有提前协调好？

从表面上看，产生这些问题的原因是部门间不配合，其实根本原因在于业务数智化思想不统一，进而引发行动上的不配合。

为什么这么说呢？大家先别着急，在回答这个问题之前，我们先来了解一下什么是业务数智化思想。

## 6.1　什么是业务数智化思想

在介绍业务数智化思想前，我们先引入著名哲学家约翰·杜威关于思想的观点。约翰·杜威对于思想有 3 种理解。

- 第一种理解：思想是最常见、最广泛的一种含义。思想是大脑之中出现的想法。可以说，这是思想最不严谨的用法。例如，天空是蓝色的，草是绿色的。
- 第二种理解：思想是指人们对于未曾看到、听到、感知到的事物的想法。例如，如果父母是奥运冠军，那么通常情况下，他们的孩子的运动能力会比其他孩子好。
- 第三种理解：比起上述两种理解略显狭隘，指思想是一种信念。也就是说，思想是人们根据某种象征或者证据而得出的属于自己的信念。如果再进行细分，那么第三种理解又可以被分为两种：一种情况是人们在某些情况之下并没有思考太多，甚至没有思考根据是什么就得出的信念，如妈妈对孩子的爱是无须经过大脑思考的；另一种情况则是人们在证据充足的情况下，并且意识到这些证据能够作为依据的时候而得出的信念，如天空中乌云密布，人们断定会下雨，所以在出门时会携带雨伞。

简单来说，思想就是根植于人们大脑中的一种观念。在业务数智化思想的影响下，企业一方面可以通过客观存在的数据将业务中的方方面面一览无余，另一方面可以通过这些数据对业务进行决策调整及查漏补缺。利用业务数智化思想可以杜绝以"拍脑袋"的方式进行决策，用数据说话，真实、客观地描述业务。这对于业务目标的实现，乃至新的业务增长点的挖掘都有巨大的好处。

业务数智化思想的含义包括 4 个方面：数据反映业务，分析、定位原因，方法规划流程，诊断、解决问题，如图 6-1 所示。

图 6-1　业务数智化思想的含义

- 数据反映业务：用客观存在的数据描述业务在各个方面的表现。
- 分析、定位原因：利用合理、有效的分析方法定位核心指标异动的原因。
- 方法规划流程：让科学、高效的方法帮助业务流程更加顺畅地进行，即拒绝阻塞。
- 诊断、解决问题：为解决业务问题而生的数智方案可解决业务"痛点"。

综上所述，业务数智化思想是一种科学的、前沿的思想。从业务层面来说，它可以提升业务效率、增加利润，实现业务可持续发展；从个人层面来说，它可以帮助个人掌握科学的方法，从而更好地工作和生活、更好地成长。因此，无论是对业务还是对个人来说，业务数智化思想都是有益的。

讲到这里，其实还有很多读者会存疑，尤其是企业管理者。他们的疑问在于：直接开展业务数智化落地工作，省去业务数智化思想建设的时间，会不会更加高效呢？尤其对中小型企业来说，每天都面临着生死存亡一般的挑战。

### 6.1.1 本节小结

王总一边消化吸收着智智讲解的业务数智化思想，一边对业务数智化思想进行总结。他做了如下笔记。

业务数智化思想的含义包括 4 个方面，分别是数据反映业务，分析、定位原因，方法规划流程，诊断、解决问题。

在充分理解业务数智化思想的含义后，王总产生了一个疑问，于是连忙向智智请教：业务数智化改造为何从业务数智化思想建设开始呢？

### 6.1.2 本节思考题

请说明业务数智化思想的含义包括哪 4 个方面。

## 6.2 业务数智化改造为何从业务数智化思想建设开始

由于业务数智化思想影响着行动，同时对业务数智化改造具有指导作用，因此企业一定要先进行业务数智化思想建设。

### 6.2.1 业务数智化思想影响着行动

试着回忆一下这样的场景：在学生时代，当我们不好好读书时，老师会告诉我们只有好好读书才能有好的未来。此时老师会把好好读书和好的未来关联起来，并将这个思想植入我们的大脑中，之后我们会好好学习，用行动去落实这个思想。

下面这样的场景或许你也经历过：父母说喝牛奶可以让你长高，并经常给你灌输这个思想。时间久了，你就会认为多喝牛奶可以长高。于是，你开始喝很多牛奶，并且期待自己可以长高。

在工作中也是一样，以明确的思想作为指导，就会有动力去落实行动。也就是说，思想最大的作用就是作为风向标，时时刻刻影响着行动。

同理，在业务数智化改造过程中，进行相关思想建设是至关重要的。但是，这也是一个艰难的开始，因为进行业务数智化思想建设需要抓住业务人员的"痛点"，并且利用行之有效的方法。因此，在进行业务数智化思想建设时，我们需要清晰地认识到业务人员有怎样的诉求。

- 关于企业的诉求：希望业务目标尽快实现、希望对接方配合、希望能找到业务增长点等。不同业务人员的诉求不尽相同，但是有一点可以确定，那就是大家都希望业务的发展可以蒸蒸日上。

- 关于个人的诉求：希望自己可以获得更大的成长、希望尽快升职加薪、希望有更多的选择权等。每个人的工作年限、所处的位置不同，因此其诉求不尽相同，如果要准确定位个人的诉求，就要具体问题具体分析。

在了解完上述诉求后，我们回到业务数智化思想建设这个主题。关于业务数智化思想建设，最重要的是要让所有相关业务人员都明白业务数智化思想建设的意义是什么，同时可以清晰地描绘出业务数智化思想建设和建设后所产生的正向结果的关系。

大家回想一下本章开头的场景中小明遇到的问题，产生这些问题的主要原因是大家没有意识到业务数智化思想统一的重要性，也没有认识到做好业务数智化改造和自己的关系。只有先具备业务数智化思想，才能较为顺利地做后续的事情，有正确的思想才有正确的行动，有积极的思想才有积极的行动，有统一的思想才有统一的行动。

总结起来，业务数智化思想可以支配我们的行动，从而避免由分歧造成的资源浪费。

## 6.2.2　业务数智化思想的指导作用

除了上述所说的业务数智化思想影响着行动，业务数智化思想还有两个指导作用，如图 6-2 所示。

图 6-2　业务数智化思想的指导作用

### 1. 作为目的地，业务数智化思想可以指导工作方向

如果拥有正确的业务数智化思想，你就会清晰地了解业务数智化改造的意义。开车之时，你手握方向盘，在绿灯亮起时，你一路向前；在左转路口，你将方向盘向左转动。因为你知道目的地在哪，你也知道去目的地的意义，所以你可以正确地行动，操作手中的方向盘，去你要去的地方。无论在工作中遇到何种困难，你都可以想办法克服，直到最后完成业务数智化改造的目标。因此，业务数智化思想可以作为目的地，对工作进行指导。

### 2. 作为定心剂，业务数智化思想可以减少精神内耗

笔者从多年的从业生涯中观察到，很多时候工作当中的苦恼，最大的是精神方面的消耗。在大多数时候，大部分人并不害怕事情的本身到底有多难，也并不畏惧接受新的挑战，而是因为消耗了大量的精神，导致心累了。而让我们心累的根源其实是合作方的

思想与我们不同频，双方对于同一件事的想法不一致，从而很容易产生麻烦和分歧。我们花费了大量的时间和精力去推动各方进行合作，但效果并不好。因此，合作方的思想是否能和我们保持同频，是一件非常重要的事。保持思想的同频可以减少彼此的精神内耗，并且可以节省时间、提升工作效率。

笔者也经常疑惑，做成一件事到底有多难呢？难的无非是统一思想罢了。人心不齐，事必难成。这也是笔者要把业务数智化思想放在前面讲的原因，进行业务数智化思想建设看起来比较务虚，并且没有明确的收益，实则是最难的，也是最需要做的事。

由于业务数智化思想具有先进性和科学性，因此我们在普及业务数智化思想的过程中很可能需要推翻大家以前的认知和想法，这并非一件容易的事。尤其是在一些传统行业，老师傅、老工人多年来都用同一种方法做事，思想相对比较固化。此时，我们要让他们推翻几十年的做事方法，这确实不是容易的。同时，在看起来较为前沿的互联网行业也一样困难，由于每个人的经历和境遇不一样，很多人会觉得多一事不如少一事，表面上表示积极支持业务数智化改造，实际行动大多数为零，甚至会做出一些阻碍的动作。

因此，想要取得良好的结果，就必须统一业务数智化思想。我们甚至可以多花 20% 的时间来进行业务数智化思想建设，以便减少后续 80% 的麻烦。

重点提示：

*好奇的读者可能会问智智：如何让老板明白业务数智化思想建设的重要性呢？因为老板总是希望迅速得到结果，不会给很多时间来进行业务数智化思想建设。*

智智也是从基层一步步走过来的，所以明白大部分人遇到的问题，尤其私企的生存是非常困难的，老板总是感到焦虑，经常很着急地催促，恨不得今天定目标明天就出结果。那么，面对这种情况，我们应该怎么办呢？其实只有一种方法——优先针对老板进行业务数智化思想建设。针对老板进行业务数智化思想建设需要从以下 3 个角度出发，如图 6-3 所示。

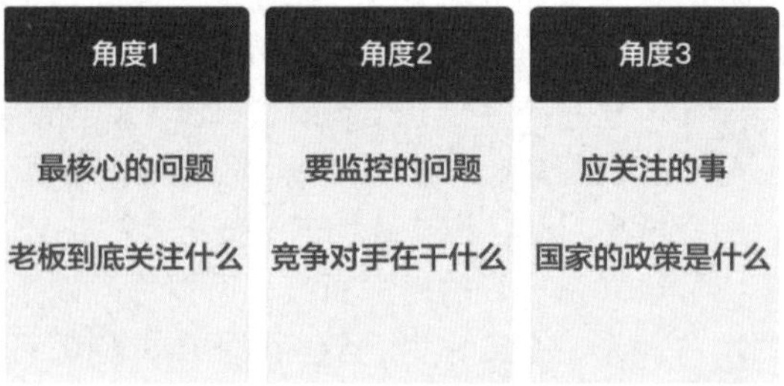

| 角度1 | 角度2 | 角度3 |
| --- | --- | --- |
| 最核心的问题 | 要监控的问题 | 应关注的事 |
| 老板到底关注什么 | 竞争对手在干什么 | 国家的政策是什么 |

图 6-3　针对老板进行业务数智化思想建设的 3 个角度

- 角度 1：最核心的问题——老板到底关注什么。这部分属于看自己。毋庸置疑，老板希望企业的业务规模扩大或者利润增多。业务数智化改造可以说是为实现这两个目标而生的，所以我们可以把同行业中进行业务数智化改造后取得好结果的案例进行说明，让老板明白业务数智化思想建设和企业业务之间的关系是正向的并且是长期利好的。

- 角度 2：要监控的问题——竞争对手在干什么。这部分属于看同行。如果有和我们所在企业处于同一水平的竞争对手已经开始进行业务数智化改造，就会对我们所在的企业形成潜在的威胁。如果很多企业都开始进行业务数智化思想建设了，为了不被甩在后面、不被时代抛弃，我们就要进行相关建设。
- 角度 3：应关注的事——国家的政策是什么。这部分属于看国家。国家针对各行各业都会出台相关的政策和规定，作为宏观的大风向标，国家在推行的方向，长期来看对企业一定是利好的。例如，《"十四五"数字经济发展规划》明确提出："实施中小企业数字化赋能专项行动，支持中小企业从数字化转型需求迫切的环节入手，加快推进线上营销、远程协作、数字化办公、智能生产线等应用，由点及面向全业务全流程数字化转型延伸拓展。"

从上述 3 个角度出发，为老板进行趋利避害的分析，就能让老板接受业务数智化思想建设。

### 6.2.3　本节小结

在智智专业的讲解下，王总建立起初步的业务数智化思想，尤其对为何要先进行业务数智化思想建设有了深入的理解。

- 业务数智化思想影响着行动。
- 业务数智化思想作为目的地和定心剂，可以起到指导工作方向和减少精神内耗的作用。

此时，王总突然提问：业务数智化思想分层级吗？他想看看自己的公司处在业务数智化思想的哪个层级。

### 6.2.4　本节思考题

请说明业务数智化改造为何从业务数智化思想建设开始。

## 6.3　业务数智化思想的层级

6.2 节说明了业务数智化改造为何从业务数智化思想建设开始，本节介绍业务数智化思想的层级。此时，一些好奇的读者可能会问：分层级的原因是什么呢？直接进行业务数智化思想建设不是更好吗？

由于不同企业的业务数智化改造进程不同，为了更加有针对性地进行业务数智化改造，我们需要根据企业的现状进行定级。在定级后，我们才可以有针对性地对企业进行业务数智化改造，从而取得更好的结果。

那么，业务数智化思想分为哪几个层级呢？按照不同的业务数智化思想程度，我们把业务数智化思想分为入门级、进阶级、卓越级 3 个层级，如图 6-4 所示。

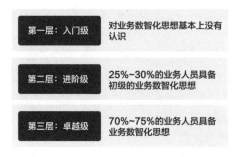

图 6-4 业务数智化思想的层级

### 1. 第一层：入门级

处于入门级的企业只有基本的数字化改造，对业务数智化思想基本上没有认识，在各个业务环节上基本没有数智化应用，但是有较为强烈的进行业务数智化改造的想法。

大多数传统行业的企业处于这个层级。此时，对企业中的业务人员而言，进行业务数智化思想建设非常重要。针对这类企业，我们可以逐步开启业务数智化思想建设。此时需要注意的是，所有相关业务人员都需要参与业务数智化思想建设。第 11 章中提到的 F 公司就处于入门级，感兴趣的读者可以提前翻阅，看看 F 公司是如何进行业务数智化思想建设的。

### 2. 第二层：进阶级

处于进阶级的企业对业务数智化思想有一定的认识，25% ～ 30% 的业务人员具备初级的业务数智化思想，在一些零星且重要业务环节有部分业务数智化落地，但是没有充分发挥数字智慧的价值。

大多数互联网行业的企业处于这个层级。由于互联网目前的瓶颈期，各个相关业务最关注的就是提升赚钱效率，挖掘更多的业务增长点，继续用数智化思想赋能业务，助力行业升级。尤其是针对中小微企业整体管理水平普遍不高、效率较低的现状，通过业务数智化思想建设可逐步实现智能化管理，提升业务效率，大幅降低人力和资金成本。此时，企业要集中对管理者和部分业务人员进行数智化思想建设。第 9 章中提到的 D 公司就处于进阶级，感兴趣的读者可以提前翻阅，看看 D 公司是如何进行业务数智化思想建设的。

### 3. 第三层：卓越级

处于卓越级的企业对业务数智化有较为全面的认识，70% ～ 75% 的业务人员具备业务数智化思想。企业已针对核心业务的各个环节进行了业务数智化改造，并且已经可以从中稳定获益。业务数智化已经可以有效指导业务，但是企业缺乏高阶的业务数智化一体诊断方案。此时的业务数智化思想建设需要集中于业务数智化改造中的核心人员。

少数互联网行业的企业处于这个层级，它们已经多次体验到业务数智化改造带来的红利，但是仍有一定的提升空间。此时，它们需要把效率提升到极致，减少不必要的业务支出，拓展更多的业务。第 10 章中提到的 E 公司就处于卓越级，感兴趣的读者可以提前翻阅，看看 E 公司是如何进行业务数智化思想建设的。

### 6.3.1　本节小结

经过智智耐心、专业的讲解，王总了解到业务数智化思想的 3 个层级：入门级、进阶级、卓越级。根据相关标准，王总很快就判定出 A 公司处于进阶级。行动力超强的王总立即表示想开始在 A 公司内部进行业务数智化思想建设。但王总遇到一个问题：如何在 A 公司内部进行业务数智化思想建设呢？

### 6.3.2　本节思考题

业务数智化思想的 3 个层级分别是什么？

## 6.4　业务数智化思想建设的流程和方法

本章前 3 节讲解了什么是业务数智化思想、业务数智化改造为何从业务数智化思想建设开始、业务数智化思想的层级，本节来梳理业务数智化思想建设的流程和方法。

### 6.4.1　业务数智化思想建设的流程

任何事物的建设都有基本的流程，业务数智化思想建设也一样。业务数智化思想建设的流程包括发现各类问题、定义业务问题、尝试解决问题、初步进行怀疑、逐渐开始相信、产生深刻的信任，如图 6-5 所示。企业通过这个流程层层推进，建立起业务数智化思想。

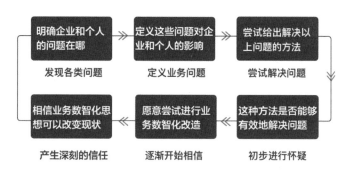

图 6-5　业务数智化思想建设的流程

（1）发现各类问题：明确企业和个人的问题在哪。

企业实施业务数智化战略，是因为有很多业务方面的问题迫切需要解决；对个人而言，业务人员在推进业务的过程中也有各自的苦恼。将这些问题进行摸底和汇总，有助于我们更好地了解业务人员的诉求。

（2）定义业务问题：定义这些问题对企业和个人的影响。

企业会衡量持续高人力成本支出对企业造成的影响，个人会估量每个业务问题对自身目标实现的影响。明确这些问题对业务发展的影响，我们就可以对问题的轻重缓急进行定义。

（3）尝试解决问题：尝试给出解决以上问题的方法。

我们需要给出一些优秀的案例进行说明，如同行业的几家企业在进行业务数智化改造后，挖掘了新的商业模式、增加了利润、降低了成本，从而让业务人员明白业务数智化改造可以解决他们的问题。

（4）初步进行怀疑：这种方法是否能够有效地解决问题？

- 管理层人员：业务数智化是否真的有效？业务数智化值不值得投入？
- 业务人员：业务数智化能否解决我的问题？能否帮助我早日完成业务目标？

（5）逐渐开始相信：愿意尝试进行业务数智化改造。

具体表现：主动探求业务数智化方法，思考对某个业务进行改造应该如何做。到了这一步，已经可以证明业务数智化思想建设是有成果的。

（6）产生深刻的信任：相信业务数智化思想可以改变现状。

具体表现：积极且主动地深入业务数智化改造，愿意配合一切由业务数智化主导的事。

### 6.4.2　业务数智化思想建设的方法

如何进行业务数智化思想建设呢？我们通过人的感官（耳朵、眼睛）进行业务数智化思想建设。

#### 1. 通过耳朵进行业务数智化思想建设

通过耳朵进行业务数智化思想建设的主要方法有高层管理者启动会、集中培训、不定期宣讲、茶话会4种。

##### 1）高层管理者启动会

高层管理者启动会主要面向企业内部与业务数智化改造相关的高层管理者。高层管理者启动会的主要目的包括以下几个。

- 说明业务数智化改造的好处：重点说明业务数智化改造可以给企业带来的好处，尤其要突出说明高层管理者所关注的目标是否可以实现。
- 引起高层管理者的注意和支持：说明在进行业务数智化改造的过程中，需要高层管理者注意的事项及给予的支持。
- 交流各方的问题和意见：让高层管理者进行提问，并针对这些问题进行充分说明和讨论，能够达成一致的尽量在会上达成一致；无法达成一致的需要明确罗列出来，约定时间节点，给出对应的解决方案。

2）集中培训

以"业务数智化"为主题进行一系列的集中培训，并且按照合理、有效的方法进行培训。

如图 6-6 所示，标准的培训有 5 个步骤，分别是了解培训对象、准备培训大纲、用通俗易懂的语言进行培训、及时跟进反馈、定时复盘培训。

图 6-6　标准的培训的步骤

第一步：了解培训对象。

讲师可以从培训对象的学历、司龄、所在部门、工作经历等方面来了解培训对象。以上这些信息可以通过人事部门获取。讲师可以针对不同的培训对象有针对性地进行培训内容的调整，还可以针对培训内容对培训对象进行摸底，例如：

- 对数字化的了解程度（1 ～ 5 分，1 表示一点都不了解，2 表示稍微了解一点，3 表示了解基本情况，4 表示大部分都了解，5 表示完全了解，下同）。
- 对数智化的了解程度（1 ～ 5 分）。
- 对业务数智化的了解程度（1 ～ 5 分）。
- 希望从培训中获得什么。

这部分主要用于了解培训对象对业务数智化的了解程度，讲师可根据培训对象的反馈情况编写有针对性的培训方案。

第二步：准备培训大纲。

根据第一步收集到的信息，讲师可以进行培训内容的调整，有侧重点地进行讲解。如果培训对象对业务数智化的了解程度差异较大，那么讲师可以尝试安排不同的班级进行培训，从而获得更好的效果。

第三步：用通俗易懂的语言进行培训。

讲师在培训的过程中一定要注意语言通俗易懂，不要让培训对象认为业务数智化改造是一件高深莫测、不可探索的事。讲师需要用通俗的语言解释业务数智化改造的意义，同时介绍业务数智化改造和培训对象的关系，让培训对象明白业务数智化改造是势在必行的。

第四步：及时跟进反馈。

在培训过程中，讲师可以经常鼓励培训对象提出问题和进行分享，这样讲师可以更好地得到反馈，从而有针对性地优化课件和讲授方法。在培训结束后，讲师可以让培训对象填写培训课程满意度的反馈表。这两种方式可以让讲师对培训课程进行完善和优化。

第五步：定时复盘培训。

讲师可以按照培训的时长和节奏，并根据课上的情况和课下收集到的反馈信息，对培训进行定时复盘。

需要注意的一点是，如果想获得更好的效果，那么最好由高层管理者召开培训会，并要求培训对象必须参与，以便引起培训对象的重视。

3）不定期宣讲

不定期宣讲针对的是所有相关人，讲师可以在一个较为轻松的氛围中进行不定期宣讲，这样有助于培训对象掌握相关内容。因为培训对象众多，所以讲师不需要事先收集培训对象的信息。但是这对讲师的要求非常高，讲师需要有更强的控场能力和演讲能力，以便随时针对变化进行调整。

4）茶话会

茶话会的形式较为放松，需要在一个相对轻松的环境中进行。茶话会的举办者需要提供各类茶点和饮品，让讲师通过近距离对话方式拉近与培训对象的距离，让讲师和培训对象互相交换意见、发表各种见解，从而让讲师向培训对象慢慢渗透业务数智化思想。

## 2. 通过眼睛进行业务数智化思想建设

随处可见的业务数智化思想可以激发员工进行业务数智化改造的热情，规范员工在业务数智化改造过程中的行为，从而使企业和员工有一致的方向和目标。

企业可以在员工经常关注的地方（如工位、会议室、走廊、休息室等）悬挂条幅、贴宣传海报等，对业务数智化进行宣传。宣传的内容一定要简洁明了、朗朗上口，能够引起员工的重视。例如，"业务数智化，业务顶呱呱""企业盈利靠什么——业务数智化""你还在犹豫什么，用起业务数智化，你的业务小管家"。

虽然上述几个口号略显夸张，但是可以达到宣传目的。简短押韵的口号可以增强员工的记忆，从而让员工看在眼里、记在心中、落实到行动，最终达到传播业务数智化思想的目的。

### 6.4.3 本节小结

在听完智智讲解的业务数智化思想建设的方法后，王总趁热打铁，和智智一起通过各种有效的方法（高层管理者启动会、集中培训、挂横幅等）在 A 公司内部进行了全方位的业务数智化思想建设。

经过 3 周的集中培训，A 公司内部 80% 以上的业务人员已经具备业务数智化思想，并且想要积极推进业务数智化改造。王总看到这个结果，倍感欣慰。

### 6.4.4 本节思考题

一家服装生产公司想要进行业务数智化思想建设，目前处于业务数智化思想的入门级，你有什么好方法帮助它吗？

## 本章小结

　　本章开始提到了 A 公司在进行业务数智化改造过程中遇到的问题，在解决这些问题之前，我们对 A 公司进行业务数智化思想的定级，看看 A 公司处于哪个层级，这样可以更加有效地对其进行改造。

　　A 公司的现状：目前已经进行了数字化改造，并且在重要的营销业务中进行了部分业务数智化改造，营销部门有 30% 的业务人员具备业务数智化思想。由于业务数智化改造的范围不够全面，以及其他协作部门的人员不具备业务数智化思想，因此每次进行深入的业务原因分析探查都非常困难。

　　上述种种特征都表明 A 公司处于业务数智化思想的第二层：进阶级。

　　本章详细地说明了业务数智化思想的重要性，以及如何通过切实可行的方法进行业务数智化思想建设。业务数智化思想建设非常重要，因为根据笔者多年的业务数智化改造经验，很多问题就出在思想没有统一，以及大家对此没有深刻的认识上。思想可以决定行动，业务数智化改造出现阻塞的大部分原因都是大家的思想不统一。

　　因此，要想很好地进行业务数智化改造，就要具备业务数智化思想。进行业务数智化思想建设，可以避免业务数智化改造过程中的诸多问题，取得更好的业务数智化改造结果。尤其对 A 公司这样从事传统制造业务的公司而言，进行业务数智化思想建设尤为重要。一些互联网行业的公司本身就是乘着数字化的东风兴起的，自带数字方面的"基因"，但传统行业的公司是通过长期稳定的方式进行业务推进的，缺乏数字"基因"，对它们而言，要改变现状，就要先改变思想。

# 第7章　业务数智化落地的方法

"工欲善其事，必先利其器。"要做好一件事，就必须先有好用的"工具"。业务数智化改造也一样，需要有好的"工具"，即科学、得当的方法。那么，科学、得当的方法是什么呢？

还记得第5章介绍的业务数智化改造的原则吗？其中原则2是利用科学的方法；原则3是先单点突破，再全局复用。本章所提出的业务数智化落地的方法就是以这两个原则为基础的。

如图7-1所示，业务数智化落地的五步法包括5步，概括为30字箴言："找专家，整体盘；树意识，引重视；拆目标，建团队；建试点，纠偏错；设目标，全量推。"

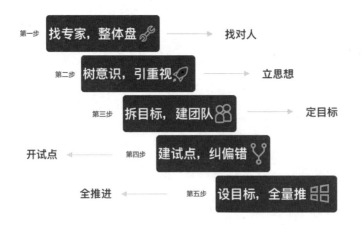

图 7-1　业务数智化落地的五步法

第一步是"找专家，整体盘"：找对人，即找到数智化专家，对企业进行整体盘点。

第二步是"树意识，引重视"：立思想，即通过树立正确的业务数智化意识对业务数智化进行普及，从而引起大家的重视。

第三步是"拆目标，建团队"：定目标，即在目标定好后，通过拆解目标来进行团队预估，以及相关的团队建设。

第四步是"建试点，纠偏错"：开试点，即先进行小范围验证，一方面证明业务数智化的价值；另一方面进行试错经验积累，防止后续大规模推进后重蹈覆辙。

第五步是"设目标，全量推"：全推进，即在大的业务目标的牵引下，将所有需要改造的业务进行全量改造。

本章以从事服装销售业务的电商公司 B 公司的业务数智化改造为例，讲解张总和负责人小远是如何进行业务数智化落地的。

## 7.1　找专家，整体盘

经过充分的业务数智化思想建设，张总和小远进入改造环节。万事开头难，如何开展改造工作的第一步是非常重要的。此时，对于第一步的推进，张总和小远产生了分歧，两人的观点如下。

张总认为需要找一个专业的人先进行摸底。原因有两个方面：一方面，B 公司内部没有这样的人才，大家在这方面一知半解甚至完全没有经验；另一方面，好的开始是成功的一半，如果无法很好地开始，那么后续推进会更加困难。

小远认为自己就可以做这件事，因为自己是资深员工，只有内部的人才知道问题在哪，外部的专家未必会了解很多。并且，如果由自己来进行业务数智化改造，那么 B 公司还可以节省一定的费用。

两人各持己见，并且都无法说服对方，于是张总请智智帮他进行决策。在听了两人的观点后，智智沉思了一会儿，给出的建议是将两个人的方法结合起来使用，先让具有丰富的业务数智化改造经验的专家进行开展整体的业务数智化改造的规划，再让 B 公司的内部人员小远配合调研进行业务数智化改造。这样既可以保证业务数智化改造的专业性，又可以保证业务数智化改造的合理性。接着，智智给出了找专家的原因。

### 7.1.1　为什么要找专家

找对人，永远是解决问题的最优做法。尤其是一些比较前沿的改造工作更加需要找资深的专家来帮忙。对业务数智化改造这个项目而言，专家至关重要。

我们准备解决问题的时候，基本上从两个维度进行，分别是解决问题的主体和主体拥有的能力。

- 解决问题的主体：按是否是企业内部的人进行划分，可以分为企业内部的员工和企业外部的专家。
- 解决问题的能力：按是否有相关经验进行划分，可以分为有一定的相关经验、有丰富的相关经验、有资深的相关经验。

可以看出，解决所有问题的第一步都是找到合适的人。具有丰富经验的专家可以让企业的业务数智化改造事半功倍；随便指定的人员不仅无法实现目标，还可能让企业错失良机，导致业务停滞不前。

  遵循以专家为本的原则去寻找解决问题的方法，从本质上说问题已经被解决了一半。很多企业认为内部就有 IT 部门，让它们对业务数智化进行摸索不是更好吗？由于业务数智化是一个比较新的方向，如果企业内部就有这样的专家型人才，那么该企业的业务数智化也不会太差；如果让自己臆想的专家主导一个新项目，企业的试错成本就非常高。因此，企业首先要找到真正的专家，通过他们来明确业务的关键问题；接着，利用专家丰富的经验对业务数智化改造进行合理的规划，确保业务数智化改造的每一步都可以有条不紊地进行。

  如图 7-2 所示，专家的优势有 3 个：经验丰富，定位准确；效率优先，视角独特；专家效应，一呼百应。

图 7-2　专家的优势

- 经验丰富，定位准确。专家拥有丰富的经验，他们善于应对各种各样的问题，能给出有效的解决方案。
- 效率优先，视角独特。在面临复杂的问题时，专家总能以独到的眼光精准定位问题，并且总能以一些切实可行的方案去解决这些问题。
- 专家效应，一呼百应。专家是自带光环的人，一方面，他可以稳定人心，有时虽然问题还没开始解决，但是由业界的顶级专家负责解决，大部分人都会感到安心；另一方面，他可以汇聚很多人才，很多人会慕名而来，使项目的成功率变得更高。

以上就是要找专家的具体原因。紧接着，大家可能要问：如何找专家呢？

### 7.1.2　如何找专家

想要找到专家，我们就需要从多个维度对专家进行评估，如图 7-3 所示。

图 7-3　专家的评估维度

- 行业背景：是否具有在各种行业进行业务数智化改造的经验，是否能够针对一个行业进行完整的业务数智化改造规划。

- 思想沉淀：是否具有业务数智化思想，是否可以通过该思想指导业务数智化改造。
- 方法建设：是否具有完整、可靠、高效的业务数智化方法，并且该方法的可复用性很高。
- 落地能力：是否落地了至少一个完整的业务数智化改造，并且给业务带来显著的收益。
- 相关技能：是否可以产出业务数智化落地规划，并且熟练地运用业务数智化改造中涉及的相关工具。
- 影响力：是否在业界有一定的影响力。

根据以上 6 个维度，我们可以简单地将专家分为 3 类，分别是初级架构师、中级架构师、高级架构师。

### 1. 初级架构师

- 行业背景：针对同一行业有一次业务数智化改造经验，有 3 年以内的经验。
- 思想沉淀：暂无。
- 方法建设：拥有常见的业务数智化方法，主要用于及时发现业务问题；通过该方法可以解决较小规模企业的业务数智化落地问题。
- 落地能力：主要落地业务数智化初级的内容，建设初级的数智化应用，从而帮助业务人员快速发现问题所在；能独立完成单一的任务，能理解业务数智化改造过程的重点；能为所在项目的决策提供帮助。
- 相关技能：熟悉业务数智化产品设计的流程和方法；能比较独立地完成具有复杂功能的项目。
- 影响力：暂无。

### 2. 中级架构师

- 行业背景：针对同一行业有两三次业务数智化改造经验，有 3 ～ 5 年的经验。
- 思想沉淀：有粗浅的业务数智化改造思路，可以简单指导业务数智化落地。
- 方法建设：拥有有一定深度的业务数智化方法，通过该方法可以沉淀业务经验和大幅提升业务效率；该方法适用于中等规模企业的业务。
- 落地能力：主要落地业务数智化中级的内容，建设与数智分析相关的应用，从而帮助业务人员分析问题发生的原因，同时可以把好的业务经验进行抽象和落地。
- 相关技能：有完整的业务数智化产品设计的流程和方法；能够产出具有高可行性的产品方案，兼顾用户需求、业务需要、技术可行性等多方面的因素。
- 影响力：可以对初级架构师做出指导；能够将自己对业务数智化的想法进行分享。

### 3. 高级架构师

- 行业背景：针对至少两个行业有业务数智化改造经验，有 5 年以上的经验。

- 思想沉淀：有完整的业务数智化思想理论，可以指导大型业务进行数智化改造。
- 方法建设：拥有高级且完整的业务数智化方法，可以在短时间内发现业务的问题并进行解释说明，甚至可以全链路解决该问题；该方法适用于大规模企业的业务。
- 落地能力：主要落地业务数智化高级的内容，建设与数智诊断相关的应用，并且可以通过有效的策略解决问题；同时可以进行未来业务问题的预测。
- 相关技能：能够设计复杂体系的业务数智化产品的架构，游刃有余地把控多产品体系的推进节奏；对业务数智化领域的整体发展情况有深入的理解。
- 影响力：具备带领团队的能力，可以为团队的目标负责；能够参与招聘等工作；能够制定团队的日常制度，并且可以带领团队的成员共同成长。

### 7.1.3　整体盘的具体步骤

在找到专家后，我们就要真正进入业务数智化改造阶段了。这个阶段的重点是摸底现有阶段的状况。我们应该通过哪些方法和手段进行摸底调研呢？

如图 7-4 所示，整体盘的具体步骤是调研现状、整体分析、预估规模、进行节奏安排、确定所需的支持。

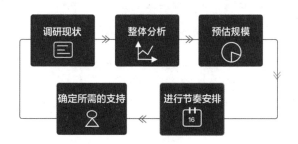

图 7-4　整体盘的具体步骤

#### 1. 调研现状

需要调研的问题：目前业务的盘面是怎样的？业务遇到哪些问题和瓶颈？进行业务数智化改造的目标是什么？数据源于哪里？数据的形式是什么？数据量有多少？谁负责这些口径？

首先，我们要和业务总负责人了解清楚他所希望实现的目标，了解他的诉求。

其次，我们要进行细致的调研摸底。需要摸底的内容有数据摸底、人员摸底、"痛点"摸底。

- 数据摸底：目前的数据存储方式、加工方式、使用方式分别是什么？
- 人员摸底：是谁在负责数据的存储和加工？数据的负责人和使用方分别是谁？使用方最关注哪些方面的数据？为什么需要关注这些数据？
- "痛点"摸底：目前业务的各个方面分别遇到的最大问题是什么？这些问题的关联方有哪些？对于这些"痛点"，业务人员的期望是什么？

由于不同业务人员的侧重点不同，因此在进行调研摸底时，我们需要将调研对象进行分类，可以将其分为利益相关者、核心人员、直接用户和间接用户 4 类。

- 利益相关者：业务数智化改造涉及的各类角色。
- 核心人员：每个部门的核心人员。
- 直接用户：使用业务数智化产品的一线人员。
- 间接用户：间接使用业务数智化产品的管理人员。

## 2. 整体分析

在对上述各类人群进行有针对性的调研后，我们需要根据调研结果和实际情况进行分析。在这里，我们根据业务数智化准备是否到位进行分析。

针对业务数智化准备不到位的企业，我们需要重点进行数据集成的工作，因为此时让数据干净且互通是工作的一个重点。我们可以从数据源整合、数据的分层和其他方面进行分析。

- 数据源整合：如何根据现状进行整合？例如，不同系统、线下 Excel 报表如何进行统一管理？在统一管理后，如何进行加工和处理才能确保数据可用？如何进行数据处理的设计与开发？
- 数据的分层：如何进行统一建模？选取三范式建模方法、维度建模方法还是混合建模方法？
- 其他方面：架构更新和迭代的周期是多久？是否需要考虑多端使用的情况？

针对业务数智化准备到位的企业，我们可以针对其目前的业务情况进行业务数智化分析和规划，需要关注业务的调研阶段和改造的落地阶段这两个大的方面。

- 业务的调研阶段：可以从业务的场景说明、核心的业务链路、链路的"痛点"问题、期望的改造结果这几个方面进行分析。
  - ⊙ 业务的场景说明：目前业务的主要场景有哪些？针对这些场景，具体的业务打法是怎样的？业务场景对应的收益是什么？这些收益占总体目标的百分比是多少？
  - ⊙ 核心的业务链路：每个业务场景下的业务链路是怎样的？每条业务链路需要花费多少时间、资源、人力？业务链路是否合理？如果不合理，那么不进行优化的原因是什么？
  - ⊙ 链路的"痛点"问题：每条业务链路中最大的难点在哪里？产生这些难点的原因是什么？之前是否尝试过进行优化？优化的效果如何？
  - ⊙ 期望的改造结果：需要借助业务数智化改造实现哪些目标？理想的改造结果是什么样的？理想的改造时间是什么时候？为什么选择这个时间？
- 改造的落地阶段：可以从改造的大致规划、改造的开发节奏、改造的投入使用 3 个方面进行分析。
  - ⊙ 改造的大致规划：针对业务现状，大致的业务数智化改造节奏是怎样的？
  - ⊙ 改造的开发节奏：开发节奏需要被大致拆分成哪些阶段？

⊙ 改造的投入使用：改造后的产品如何投入使用？相关的培训安排是怎样的？

通过回答上述问题，我们可以把目前业务的情况进行整体分析。

### 3. 预估规模

经过以上两步，我们对业务的现状和所需进行的改造有了一个大致的了解。接着，我们开始进行问题预估和改造预估。

- 问题预估：上述问题有哪些影响？所造成的损失大概有多少？这些损失是否会影响企业整体目标的实现？
- 改造预估：根据目标和现状进行整体预估，如果要实现预期的改造结果，就需要对时间、人力、物力、配合程度等进行预估。在预估过程中，我们需要把一些突发状况引起的各类资源消耗考虑进去。

在完成预估后，业务数智化改造的初步框架就搭建完毕了。

### 4. 进行节奏安排

根据上述分析结果，我们可以进行对应的节奏安排，拆分相应的节点。

针对业务数智化准备不到位的企业，我们需要进行的节奏安排是这样的：将数据源的整合和数据的分层作为一个节点，为每个节点分配对应的人力、物力，预估好时间节点及交付物。我们可以按照如表 7-1 所示的检查清单模板进行自检。

表 7-1  检查清单模板

| 阶段 | 阶段说明 | 具体内容 | 交付物 | 预计所需人力 | 预计所需时间 | 接口人 |
|---|---|---|---|---|---|---|
| 阶段一 | 阶段一的总目标 | 1.1 ×××× <br> 1.2 ×××× <br> 1.3 ×××× | 1.1 ×××× <br> 1.2 ×××× <br> 1.3 ×××× | 数据产品 N 人 <br> 数据开发 N 人 <br> 数据顾问 N 人 | 1.1 需要 N 个工作日 <br> 1.2 需要 N 个工作日 <br> 1.3 需要 N 个工作日 | 甲方接口人 <br> 乙方接口人 |
| 阶段二 | 阶段二的总目标 | | | | | |
| 阶段三 | 阶段三的总目标 | | | | | |

针对业务数智化准备到位的企业，我们需要进行的节奏是这样的：将业务的调研阶段和改造的落地阶段分别作为一个节点，为每个节点分配对应的人力、物力，预估好时间节点及交付物。检查清单示例如表 7-2 所示。

表 7-2  检查清单示例

| 阶段 | 阶段说明 | 具体内容 | 交付物 | 预计所需人力 | 预计所需时间 | 接口人 |
|---|---|---|---|---|---|---|
| 阶段一 | 业务的调研阶段 | 1.1 业务的场景说明 <br> 1.2 核心的业务链路 <br> 1.3 链路的"痛点"问题 <br> 1.4 期望的改造结果 | 1.1 场景调研报告 <br> 1.2 业务流程报告 <br> 1.3 业务需求文档 <br> 1.4 预期效果报告 | 数据产品人员 3 人 <br> 数据顾问 2 人 | 1.1 需要 14 个工作日 <br> 1.2 需要 8 个工作日 <br> 1.3 需要 5 个工作日 <br> 1.4 需要 8 个工作日 | 甲方接口人 <br> 乙方接口人 |

续表

| 阶段 | 阶段说明 | 具体内容 | 交付物 | 预计所需人力 | 预计所需时间 | 接口人 |
|---|---|---|---|---|---|---|
| 阶段二 | 改造的落地阶段 | 1.1 改造的大致规划<br>1.2 改造的开发节奏<br>1.3 改造的投入使用 | 1.1 需求产品方案、原型图、项目流程表<br>1.2 技术设计方案、排期表<br>1.3 测试用例 | 数据开发人员<br>5 人<br>前端和后端开发人员<br>10 人<br>测试人员<br>3 人 | 1.1 需要 14 个工作日<br>1.2 需要 30 个工作日<br>1.3 需要 5 个工作日 | 产品收口人<br>数据接口人<br>前端接口人<br>后端接口人<br>测试接口人 |

节奏安排的整体原则：小步快跑，快速交付，对改造过程中的每个步骤都进行拆分。

**5. 确定所需的支持**

所需的支持是指面向管理层面罗列出的需要的支持，如打通合作部门等。虽然这一步是"找专家，整体盘"的最后一步，但是其重要性是不言而喻的。因为整个企业的业务数智化改造一定会涉及与各个部门的沟通和合作，为了避免后续的很多麻烦，前期一定要把规则制定好并与相关方达成共识。

### 7.1.4　注意事项

本节主要从业务数智化改造的第一件事开始着手，首先讲解了如何找专家，然后详细说明了如何整体盘。下面再来说两个注意事项。

注意事项 1：找资深的专家，这样便于更好地解决问题；在找到专家后，需要给予专家相应的权责去进行全面的改造。

注意事项 2：在进行节奏安排时可能对交付时间产生争议，我们需要完整地讲清楚每个节点为什么需要那么多时间。

### 7.1.5　本节小结

经过智智的讲解，张总和小远对"找专家，整体盘"这一步有了充分的认识，并对专家进行了精挑细选。专家对 B 公司的运营部门、销售部门、市场部门等部门进行了整体的盘点和预估，并且产出了一个粗略的预估方案。张总脸上露出了满意的笑容，毕竟对一个新型项目而言，好的开始有稳定人心的作用。

### 7.1.6　本节思考题

（1）以下哪些步骤属于"找专家，整体盘"？（　　　　）

A. 调研现状　　　　B. 整体分析　　　　C. 预估规模

D. 进行节奏安排　　E. 确定所需的支持　　F. 进行实验

（2）"找专家，整体盘"的注意事项有哪些？（　　　　）

A. 找资深的专家                      B. 进行全面的规划

C. 给予专家相应的权责               D. 让专家先进行考察

## 7.2 树意识，引重视

在智智的引导下，B 公司完成了"找专家，整体盘"这一步，张总非常欣慰。此时，智智告诉张总，下一步要针对全员进行业务数智化意识树立。张总感到费解，因为他前期针对员工做了一些业务数智化的培训，虽然次数不多，但也能达到效果，现在不是应该抓紧时间进行业务数智化改造吗？为什么又要开始进行业务数智化思想建设了呢？

智智仿佛早就知道张总会有这样的疑问，于是和张总推心置腹地聊了起来："张总，我知道您想早点进行业务数智化改造，但是据我以往的相关经验来看，落地任何数智化项目的难度都远小于沟通的难度，即使这件事老板拍板要做，也并不是每个人都认可并且愿意配合的。为了避免后续的很多麻烦，我们需要加强各个业务方的业务数智化意识，花时间改变他们的观念。这部分工作可以理解为业务数智化思想的加强工作。如果这部分工作做到位，那么至少可以节约后续 60% 不必要的时间成本，而做这部分工作需要花费的时间很少，这其实是一桩非常划算的买卖。"

接着，智智向张总详细说明了树意识的好处。

### 7.2.1 为何还要树意识

- 既然都要进行改造了，为何还要花时间去做与树意识相关的事情？
- 已经进行了业务数智化思想建设，又进行意识树立，这样是不是浪费时间？
- 对于这部分的建设，无法直接看到收益，会不会是在做无用功？
- 将时间和精力都集中在落地上会不会更好一些？

......

想必读者和张总一样，也会有类似的疑问，但是笔者基于多年的从业经验想说，这一步是必要的且重要的。很多分歧的起因都是出发点不同，这些分歧会阻碍项目的进展，并且引发一系列的连锁反应。我们不妨来看以下几个场景。

**场景一**

李工每天定时上下班，一天工作 10 小时，几乎不加班。最近工厂要进行业务数智化改造，他不得不花费很多额外的时间来和业务数智化改造团队进行沟通。李工非常不乐意。

**场景二**

小王已经有 10 年的 MES（Manufacturing Execution System，生产执行系统）使用经验了，对 MES 的各个功能都烂熟于心。现在他需要配合业务数智化改造团队进行业务数智化改造，这会花费他很多的时间，他还要学会一个新平台的使用方式。小王很不高兴。

场景三

老张听说公司在搞一个业务数智化的大项目，他被委派为第一阶段生产部门改造的接口负责人，他表面上和和气气的，满嘴答应说可以，实际上很多细节内容和注意事项没有提供，导致第一阶段经常延迟。老张表示：我可没说不支持，细节需要慢慢补。

以上只罗列了 3 个场景，实际过程中的问题更是层出不穷，并且更加复杂。

大家发现以上问题的共同点是什么了吗？对，是大家的思想没有跟上业务数智化改造的变化，还在以陈旧的思想和不变的心态去应对即将发生的变化。

总结起来，这些问题可以分成两类：与我无关和徒增烦恼。

- 与我无关：业务数智化改造与个人有什么关系？业务数智化改造是够提升工作效率、减少工作时长，还是可以增加我的收入或者让我晋升？如果都不可以，那么我为什么要花时间来参与业务数智化改造？

- 徒增烦恼：参与业务数智化改造势必需要花费我很多时间，我只想平平稳稳地把工作做完、早点下班，我也不指望升职加薪，而且我年纪大了，不想学习更多的东西。

针对上述两类问题，我们要分别制定对应的策略。

- 针对与我无关类的问题，我们要向员工说明业务数智化改造可以给他带来的好处，使其明白业务数智化改造与其的相关性。例如，业务数智化改造可以使个人工作效率至少提升 70%，可以使企业营收增加 40%，从而使个人加薪。

- 针对徒增烦恼类的问题，我们可与员工进行反向沟通，进行反问："假如大家都因为业务数智化改造获利了，只有你因为没有参与业务数智化改造而没有获利，你是否能接受这样的结果？"

### 7.2.2　"树意识，引重视"的策略

在介绍完为什么要树意识之后，我们来看如何树意识。

与业务数智化思想建设不同的是，我们想要加强员工的意识，就必须让重要的人用有效的手段说明业务数智化改造可以带来的好处。

如图 7-5 所示，"树意识，引重视"的策略分为 3 类，分别是自上而下地推动、相互理解和共情、营造良好的氛围。

图 7-5　"树意识，引重视"的策略

#### 1. 策略 1：自上而下地推动

重要的人是指在企业中有较大话语权的人，如首席执行官等。让有较大话语权的人来说明业务数智化改造的重要性，有利于自上而下地推动业务数智化改造。

具体的措施如下：由老板和数智化专家一起举办相关的宣讲或者启动会，除了培养

每个人的业务数智化思维，还要重点宣传企业进行数智化改造的意义、整体的流程，以及业务数智化改造与每个人的利益关系。这样可以帮助所有人厘清业务数智化改造的来龙去脉，还可以增强每个人的数智化能力，从而避免后续的很多麻烦。

### 2. 策略 2：相互理解和共情

相互理解和共情的出发点是通过深入了解对方需求的难点，尽可能进行资源互换，帮助对方解决问题，同时让对方协助我们解决问题。

首先，我们需要深入了解对方的具体工作内容是什么，他们的"痛点"根源在哪里，他们的目标到底是什么，并抓住对方的核心"痛点"，达成共识，互惠互利，以便更好地促进整体业务数智化改造的推进。

其次，我们一定要告诉对方，我们能为他带来哪些好处，重点说明业务数智化改造后的新体验远好于旧体验。

最后，首个阶段的交付对合作双方而言是非常重要的，所以我们要尽可能按时交付，并且在有限的时间内让对方看到变化。这样形成正向循环，可以推进后续的持续交付和合作。

### 3. 策略 3：营造良好的氛围

要想把业务数智化思维更加深入地植入业务方的大脑中，就要打造出一个欣欣向荣的未来，使其有所期待，这非常考验数智化专家的协作和组织能力。好的数智化专家可以快速抓住业务方的诉求，并且在和业务方进行沟通的时候，快速进行热场，为大家营造良好的氛围。

## 7.2.3 注意事项

"树意识，引重视"的注意事项如下。

一是结合现状，让数智化专家给出有针对性的培训课程。例如，运营团队的留存做得很差，培训课程可以重点讲解如何利用业务数智化方法进行这方面的改造，在引起大家注意的同时，把业务数智化改造可以帮助大家解决的问题都讲出来。

二是在相互理解和共情的时候，需要深入对方的业务中，了解他们的问题在哪，并且明确自己是在帮助他们解决问题，而不是在"抢功"。这个度一定要把握好，因为对于一个新的改造项目，很多业务方是抱着怀疑的态度去合作的。

## 7.2.4 本节小结

智智的讲解让张总醍醐灌顶，因为长期不在一线工作，他很难切身体会到在一线推动工作的难点。但是经过智智的详细说明，张总非常赞同需要二次进行思想建设。张总和小远按照智智所提的 3 类策略进行思想建设的加强，并且较为顺利地完成了"树意识，引重视"这一步。

## 7.2.5　本节思考题

（1）以下哪些步骤属于"树意识，引重视"？（　　　）

A. 自上而下地推动　　　　　　　　　B. 相互理解和共情

C. 营造良好的氛围　　　　　　　　　D. 以上都不是

（2）"树意识，引重视"的注意事项有哪些？（　　　）

A. 让专家给出有针对性的培训课程

B. 深入对方的业务中，了解他们的问题在哪

C. 一定要和相关方共建 OKR（Objectives and Key Results，目标和关键成果）

D. 只对管理者树立意识就可以

# 7.3　拆目标，建团队

在完成"树意识，引重视"这一步之后，员工的士气很足，张总和小远都非常高兴。接下来就可以正式进入改造环节了。此时，智智和张总、小远商定改造的终极目标：将企业的利润至少增加 30%。

由于利润 = 收入 − 成本，因此增加利润要从增加收入和降低成本两个方面下手。尤其对初期的改造而言，先从降低成本开始，效果会比较显著。先别急着落地，我们先来详细说明为什么要"拆目标，建团队"，以及如何"拆目标，建团队"。

## 7.3.1　为什么要"拆目标，建团队"

企业是为满足客户需求、解决社会问题而存在的，并且会通过上述行为进行盈利、创造价值，所以企业一定会有一个或多个核心的目标。这些目标不可能由一个部门来实现，而是由多个部门一起实现的。企业在确定目标后，要根据实际情况向相关部门进行分配，也就是我们常说的把目标拆解到相关部门。每个一级部门又会将目标分配到对应的二级部门进行拆解。一级级分配下来，大家各司其职，通力合作，才能实现目标。

业务数智化改造也是如此，首先需要确定目标，如使企业的利润至少增加 30%，然后拆解和分配这个目标。拆解目标有如下好处。

- 共同分担，各司其职：通过拆解目标，可以使各一级部门、二级部门等明确自己的目标，从而各司其职，共同实现企业的目标。
- 目标明确，级别划分：根据目标拆解的情况，可以比较容易判断出子目标的优先级，这样可以很好地在落实过程中分清主次，针对核心子目标进行有重点的落实。

针对上述拆解的目标，企业可以较为精确地评估出要实现各目标所需花费的人力和时间，从而预估出业务数智化改造团队的规模。

同时，优秀的团队可以使业务数智化改造的结果更佳，优秀的团队有一致的目标，可以更高效地落地、更快捷地沟通、超前执行，并有相同的规范。

- 一致的目标：在一个优秀的团队中，大家有共同的明确的目标，这个目标像一面旗帜，指引大家前进。

- 更高效地落地：由于优秀的团队有更强的工作能力，因此通常可以看透问题的本质，加之丰富的经验，可以让业务数智化改造更高效地落地。
- 更快捷地沟通：优秀的团队办事效率高，在推进业务数智化改造方面有更好的沟通方式。
- 超前执行：优秀的团队经常能预测下一步的走势，从而可以在完成阶段性目标后，自发地进行下一步。
- 相同的规范：在优秀的团队中，大家有相同的价值观，从而产生了相同的约束规范，使整体工作效率更高。

优秀的团队是业务数智化改造高效落地的必要因素。

综上可以看出，拆解目标是为了清晰地进行分配，划清界限，让大家各司其职。在拆解目标的基础上，我们可以更好地组建团队，并且可以让每个人的能力都用在刀刃上。

那么，如何"拆目标，建团队"呢？

### 7.3.2 如何"拆目标，建团队"

"拆目标，建团队"需要分 3 个步骤进行，分别是拆解目标、设定职能、进行招聘。如图 7-6 所示。

图 7-6 "拆目标，建团队"的步骤

1. 拆解目标

拆解目标可以按照 4 个原则和 3 个步骤进行，如图 7-7 所示。

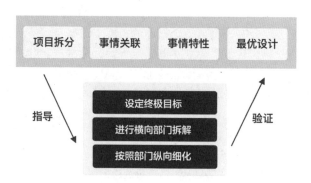

图 7-7 拆解目标的 4 个原则和 3 个步骤

我们先来学习拆解目标的 4 个原则。

- 项目拆分：这个项目可以被拆分成几个阶段？每个阶段都包含哪些事情？例如，针对"降低业务 A 线 30% 的成本"，我们将其拆分为两个阶段进行，第一阶段落地数智监控产品，第二阶段落地数智分析产品。
- 事情关联：事情和事情之间的关联是怎样的？是否有依赖关系？例如，数智诊断产品的落地依赖于数智分析产品的落地。

- 事情特性：哪些事情是必须做的？哪些是锦上添花的？例如，提升主干流程的数智化程度是必须实现的，UI（User Interface，用户界面）设计是锦上添花的。
- 最优设计：如何确定这些事情的优先级，使之成为实现目标的最优解？例如，在进行第一阶段的数智监控产品开发时，可以着手开展第二阶段的改造，而不要等第一阶段完全结束才开展。

在上述 4 个原则的指导下，我们用以下 3 个步骤拆解目标。

- 设定终极目标。这里的终极目标是指一个长期且宏观的目标，如对所有业务部门进行业务数智化改造，从而使利润增加 30%。
- 进行横向部门拆解。也就是说，把"使利润增加 30%"这个终极目标分配给几个部门来共同实现，如运营部门要实现 15% 的利润增加这个目标，销售部门要实现 10% 的利润增加这个目标，市场部门要实现 5% 的利润增加这个目标。
- 按照部门纵向细化。例如，运营部门会将自己分配到的目标进行拆解。细致的部门管理者可能会拆分出 10 个以上的优先事项，此时问题就产生了。正如吉姆·柯林斯所描述的那样，如果你有超过 3 个优先事项，你就没有任何优先事项。确定优先事项及如何衡量它们，是部门管理者的重要工作。部门管理者应抓住重点，有的放矢地进行拆解。

细化目标可以采用 OKR 方式。OKR 是几乎可以适用于所有类型业务的目标管理工具之一。例如，我们可以写这样的目标：我司的 App 成为最受用户欢迎的 App 之一，跻身用户下载榜的前 10 名。在制定完上述目标后，我们需要根据这个目标拆解出 3 ～ 5 个结果指标，如在半年内拉取 50 万个新用户；对下载过又卸载的用户进行召回，召回 30 万个用户；举办跨界联名大型活动 10 场，拉取 100 万个用户。这样可以使所有行动清晰、可量化和可操作。

针对业务数智化改造场景，我们可以制定这样的终极目标：完成运营部门的业务数智化改造。对应的结果指标可以这样制定：提升运营工作效率 70% 以上；沉淀运营方法论 20 套以上；提升策略 ROI，使平均 ROI 大于 2。

## 2. 设定职能

设定职能包括两个步骤，分别是粗略预估项目和定义项目角色。

### 1）粗略预估项目

如果目标拆得足够细致，就可以帮助我们更好地设定职能。

依据项目拆分的阶段和每个阶段所包含的事情，可以把每一个拆分细项中需要的人力和时间推算出来。

- 统计每个阶段每种职能的工时：阶段一需要数据开发 300 人日、数据产品 400 人日、测试 500 人日，阶段二需要……
- 统计每个职能所需的人力：按照每个节点的交付日期推算出每个阶段的工时，综合算出需要的人力。

注意：由于每个阶段的侧重点不同，很可能会出现前期需要较多的数据产品人员，后期需要较多的开发测试人员这样的情况，因此在预算和时间都有限的情况下可以采用如下方案。

- 方案一：多找资深的人员，如一个资深的数据产品人员的工作能力相当于 5 个初级的数据产品人员的工作能力。
- 方案二：找有复合能力的人员，如找同时具备产品能力和测试能力的人员。

2）定义项目角色

（1）改造智囊团队。

- 数智架构师：主导整个业务数智化改造项目的人，一般由数智化专家担任。数智架构师对业务进行完整解决方案和架构的设计，对业务数智化改造进行整体把控，对结果负责，并且会负责业务数智化思想建设、运用业务数智化方法进行业务数智化产品落地。数智架构师还需要进行整个团队的建设，是整个改造过程的灵魂人物。
- 数智产品经理：在数智架构师的带领下，进行专项的业务数智化改造，对自己负责的部分进行详细调研、产出方案、推动上线、进行推广和迭代等。数智产品经理还要负责项目规划、团队建设、人员分配等工作，对整个项目有绝对的把控权和规划权。

（2）改造监督团队。

由于业务数智化改造过程中的项目分支和节点非常多，因此项目管理者需要对项目进行整体监督和把控，厘清各节点之间的关系，并对关键节点的完成情况进行验收。此外，项目管理者还要负责一些风险管理方面的工作。

（3）改造落地团队。

- 各团队负责人：根据数智化专家的整体规划，各团队负责人负责制定属于本团队的规划、完成对应的任务、管理本团队的成员等。
- 团队成员：负责执行某部分工作，如数据产品人员、数据研发工程师、性能测试工程师等。

3. 进行招聘

根据所划分的职责进行招聘 JD（Job Description，职位描述）的制定。某大型企业数据产品经理（业务型）的招聘 JD 如图 7-8 所示。

1）招聘 JD 的制定

（1）关于工作的基本描述。

- 确保工作职责是工作的必要要求。
- 确定执行任务的频率或执行任务所花费的时间。
- 确定不履行工作职责的后果。
- 确定是否可以重新设计任务或以其他方式执行任务。
- 确定是否可以将任务重新分配给其他员工。

（2）关于候选人的要求。

- 年限——对于工作经验是否有年限的要求。
- 专业——是否有专业对口的要求。
- 技能——完成一项工作的现有的、可观察到的能力。
- 环境因素——工作条件（办公室内或办公室外）、是否需要出差等。
- 学历、证书和经验——该职位要求的最低教育水平、拥有的证书和经验。

**数据产品经理(业务型)**

北京-海淀区　　5～10年　　本科

**职位介绍**

工作职责：
数据产品经理是大数据赋能业务的灵魂和领军角色！
1. 负责面向业务线的数据产品规划、设计

2. 深入业务一线，结合业务场景，并联动数据中台各类资源，输出面向业务线的数据产品设计方案并落地实施；

3. 敏锐洞见行业及业务"痛点"，并结合××已有的数据能力，为业务线输出带行业特性的大数据解决方案，赋能业务快速发展；

4. 与业务团队紧密合作，积极协同产出产品方案，并通过产品的运营推广，让更多的用户从中受益；

5. 有极高的数据敏感度，能够利用数据工具随时跟进产品的运行分析、持续优化；保证所负责的产品能提供最优的用户体验。

任职要求：
1. 有强烈的主人翁意识，具有积极主动追求产品和帮助业务线成功的热情，爱好挑战；

2. 具有良好的产品规划、设计与落地能力，有数据驱动思维，并有定目标、拿结果的能力；

3. 拥有2年以上产品设计或分析经验，具备良好的数据敏感度、调研分析能力，能很好地产出MRD、DEMO和PRD；

4. 具有良好的项目落地与团队协作能力：能够组织跨团队协作、推动项目优质如期落地；能够制定数据产品的品牌推广及运营策略等；熟悉数据及数据技术，并能与技术人员很好地沟通与协作，进行技术风险预估等；

5. 有良好的逻辑思维；有很强的抗压能力、学习能力和动手能力；

6. 对数字极其敏感，具有较强的商业和数据结合思路，同时有行业数据解决方案背景；

7. 我们将优先考虑：有行业知识和业务经验者，有打造对外的商业型数据产品经验者。

图 7-8　某大型企业数据产品经理（业务型）的招聘 JD

2）职位投放的渠道

- 熟人推荐：这是一种比较常见的渠道，企业可以通过一定的激励手段让熟人进行推荐，如被推荐者通过面试，则给予推荐者一定的推介金等。
- 平台投递：企业可以去发布招聘信息的相关平台发布招聘信息。

3）如何更好地了解应聘者

- 了解应聘者的基本情况：询问应聘者想了解企业的哪些信息，为什么想在这里工作，希望在这个职位中遇到哪些挑战，并请其描述一下其正常工作周是什么样的。
- 了解应聘者的价值观：询问应聘者他在职业生涯中取得的最重要的成就是什么，有什么问题要问等。

4）招聘过程中的注意事项

- 营造一种轻松的氛围，尽可能激发应聘者的潜力。
- 关注应聘者的跨行业迁移能力，具有复合行业背景的应聘者能更好地应对变化。
- 将软实力纳入考察范围，认真、踏实等品质可以帮助项目更好地落地。
- 尽可能保持招聘流程清晰、透明，给应聘者留下良好的印象。

### 7.3.3 注意事项

"拆目标，建团队"的注意事项如下。

（1）目标制定和拆解的过程需要企业管理者参与并多次确认。一个新项目的长远目标要定高，阶段性目标要易于实现，这样既可以让大家有长远的计划，又可以让大家在短期内看到效果，从而提高积极性。

（2）组建团队、进行招聘的过程是比较困难的，但是为了项目的顺利推动，宁可多花时间反复评估应聘者，也不要为了招聘而招聘，招一个不合适的人对团队造成的影响一定是弊大于利的。

（3）在组建团队时需要预估两种情况：一种是只针对某个部门改造所需要的人力情况，另一种是针对所有部门改造所需要的人力情况。改造范围的大小会直接影响所需要的人力情况。为了应对企业管理者的想法临时改变，最好提前摸清两种情况所需要的人力情况。

### 7.3.4 本节小结

张总先针对业务进行了目标拆解，然后根据目标拆解的情况有针对性地进行团队组建。由于第一阶段的任务比较轻,团队的规模相对较小,张总计划分节奏地进行人员扩充,这样前期的人力成本可以相对可控。

### 7.3.5 本节思考题

（1）以下哪些步骤属于"拆目标，建团队"？（　　　）

A. 拆解目标　　　B. 设定职能　　　C. 进行招聘　　　D. 以上都不是

（2）"拆目标，建团队"的注意事项有哪些？（　　　）

A. 无论目标多么离谱，只要和老板确认好就行

B. 反复确认，合理制定长期和短期的目标

C. 招聘的原则是宁缺毋滥

D. 在组建团队时需要预估两种情况

## 7.4　建试点，纠偏错

在准备进行"建试点,纠偏错"之前,先让智智帮我们回顾一下前3步做了哪些事情。

第一步是"找专家，整体盘"。这一步是在摸底，让外部的专家对企业的情况进行了解并根据现有情况进行盘点。

第二步是"树意识，引重视"。大多数事情落地的难度远小于沟通的难度，即使是企业管理者要做事，也并不是每个人都认可并且愿意配合的，所以我们需要给合作方树立数据意识。

第三步是"拆目标，建团队"。一个好的团队对于企业业务数智化改造的成功与否至关重要。

总结起来，前 3 步为业务数智化改造进行了如下铺垫。

- 找到正确的人才。
- 树立正确的意识。
- 确立正确的方向。

智智和张总感叹道，前 3 步针对人才、意识、方向进行成功的建设，会对后续两步的开展产生很大影响。就像盖高楼一样，前期将地基打好，后期搭建楼层就可以顺利进行。

张总和小远摩拳擦掌，准备进行第四步"建试点，纠偏错"。此时，小远开始发问："为什么要先进行试点改造，而不是整个企业的改造呢？"我们一起来看智智是如何解释的。

### 7.4.1　为什么要先进行试点改造

企业级全面的业务数智化改造对很多企业而言是颇有难度的。企业不仅要花费各种人力、物力等实实在在的成本，还要花费很多隐形时间成本（调研、推倒、重造）。由于前期需要花费大量时间进行调研和打基础，因此在开始改造的前两个月内基本上是看不到效果的。

进行试点改造的原因及意义如图 7-9 所示。其中进行试点改造的原因有以下 3 类。

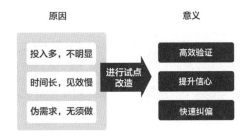

图 7-9　进行试点改造的原因及意义

- 投入多，不明显：花了这么多人力、物力，为什么没看出变化？这是企业管理者的质疑。
- 时间长，见效慢：已经改造了 3 个月了，为什么并没有享受到改造后的红利？这是来自员工的质疑。
- 伪需求，无须做：业务数智化改造是不是伪需求？是不是我们不需要进行业务数智化改造？这是大家共同的质疑。

以上只是描述了部分质疑，实际的业务数智化改造会面临更多的质疑。产生这些质疑的主要原因是绝大部分人无法完全理解业务数智化改造的过程和意义，而且他们也不想弄明白，只想瞬间拥有对业务、对自己有益的结果。

虽然我们强调了要"树意识，引重视"，但在落地过程中还是免不了会受到这样的质疑，因此除了持续树立业务数智化意识，我们还要快、狠、准地进行试点改造，以便拿到后续改造的"护身符"。

我们需要先选取合适的试点，然后以最为高效且合理的方式对试点进行改造，以便拿到我们所需的正向结果，让大家在短时间内看到利好的变化。

综上所述，进行试点改造的意义在于高效验证、提升信心及快速纠偏。

- 高效验证：通过进行试点改造，验证业务数智化改造的结果，这样可以快速验证业务数智化的价值，以及业务数智化对业务本身的影响。
- 提升信心：提升大家对业务数智化改造的信心，以便更好地推进业务数智化改造。
- 快速纠偏：通过复盘试点改造的情况进行纠偏，为后续改造做铺垫。通过进行试点改造，一方面可以快速看到结果，另一方面可以及时沉淀经验。

### 7.4.2 如何"建试点，纠偏错"

"建试点，纠偏错"分以下 4 个步骤进行。

#### 1. 选取试点

想要高效地建试点，尽快拿到结果，就要选取合适的试点。这一步就好比种苹果树，要选取一块条件良好的适合播种的土地，而要避开山地或者沙漠这样的地方，否则再好的种子也无法开花结果。

业务数智化改造试点的选取应遵循一定的原则，如图 7-10 所示。

图 7-10　业务数智化改造试点选取的原则

- 选取核心业务。核心业务的改造结果会引起大部分人的关注和重视。要判断一项业务是否是核心业务，只需要看该业务的盈利占比即可，比较容易。
- 选取效率低下的业务。有些业务是通过大量铺人力和物力去做的，这些业务改造起来会见效很快。
- 选取历史包袱轻的业务。有的业务的历史包袱很重，如数据来源于 8 种不同的渠道，这些业务改造起来是非常耗时耗力的，所以我们应选取历史包袱轻的业务进行改造。

以上 3 个原则，遵循其中之一即可。我们用几个案例来说明如何遵循以上原则来选取试点。

- 案例 1：某企业有 6 个业务部门，但部门 A 创造了企业 70% 以上的营收。
- 案例 2：某企业销售部门的人员非常多，但这个部门的人效不高、效率比较低，平均每人 15 天才可以出一单。
- 案例 3：某企业的新渠道运营部门在各业务部门中表现突出，虽然只成立了一年，但是历史包袱轻，运营方法稳定。

上述 3 个案例中的业务部门都可以作为试点。最优的选取原则是叠加 3 个原则，这样可以取得最好的改造结果。但是如果无法遵循上述所有原则，选择遵循其中的某个原则就可以，具体情况具体对待，具体问题具体分析。

### 2. 制定目标

在选好试点后，我们就要制定目标了。制定目标是一门学问，合理的目标更容易实现，也可以帮助我们获得更好的收益。在制定目标之前，我们必须反复思考 3 个问题。

- 这个目标是不是我们真正想要实现的目标？
- 这个目标是否值得我们花时间和精力？
- 这个目标的实现会带来哪些问题？

我们沿用上述案例 1。在选取部门 A 作为试点后，我们需要对部门 A 的核心业务流程进行梳理。

- 现状说明：说明实现营收的整个链条中的哪些环节是最消耗人力的、哪些环节是开销最大的。
- 理想预期：说明理想的盈利情况是怎样的、理想的人力配比是怎样的、需要提升多少效率。
- 差距：说明现状和预期的差距、差距主要在哪个节点、怎样改造可以更好地实现目标。

经过上述分析，首期目标的上下限就基本确定了。由于是首次改造，存在很多风险和不确定因素，因此目标的设定最好灵活一些。

在制定具体目标时，笔者推荐使用 SMART 原则。SMART 原则是管理大师彼得·德鲁克提出的，是目标管理中的一种方法。SMART 原则的含义如图 7-11 所示。

- Specific（具体的）。目标尽可能明确，避免使用一些模糊不清的词语（如大约、大概、应该等），而是要具体到哪个部门（如销售部门、运营部门、市场部门等）、具体到需要实现哪方面的目标（如效率类目标、营收类目标等），并说明为什么要实现这个目标（如对企业的业务总目标有帮助、对企业整体的提效目标有帮助等）、需要做哪些事情（如部门的数字化改造等）才能促使目标实现。
- Measurable（可衡量的）。目标一定要可以衡量，设定数据指标可以使目标可衡量。例如，通过对运营部门进行业务数智化改造，至少降低 40% 的运营成本。
- Attainable（可实现的）。目标要合理，有宏大的目标是好事，但是不能盲目地制定一些不合理的目标。企业在制定目标时需要参考行业情况和自身的现状等因素，综合进行考虑。例如，在预算增加 15% 的情况下，运营部门的业务数智化改造要降低 40% 的人力成本。

- Relevant（相关的）。目标的制定，向上需要考虑与企业总的战略目标的相关性，向下需要考虑与员工的相关性。例如，运营部门的业务数智化改造要减少 40% 的人力投入，符合企业降本增效的战略目标；同时要符合提拔优秀员工、提高增加优秀员工待遇的诉求。
- Time-bound（限定时间的）。目标的截止完成时间非常重要，要明确目标实现的时间节点，让大家有紧迫感，否则大家可能没有动力去实现目标。例如，运营部门的业务数智化改造需要在 2022 年 12 月前完成。在设定时间时，企业需要注意这个目标的实现是否有前置的依赖项。

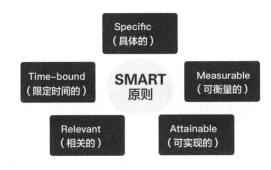

图 7-11　SMART 原则的含义

### 3. 确定落地节奏

在制定目标后，我们就需要确定落地节奏了。以种苹果树为例，是需要先施肥，还是需要先浇水？开花的时间预计是什么时候？每个环节需要多少人来完成？

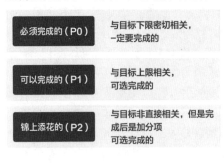

图 7-12　目标优先级的划分

在落地的过程中，我们需要对目标进行优先级划分。优先级可以分为必须完成的（P0）、可以完成的（P1）、锦上添花的（P2），如图 7-12 所示。

- 必须完成的（P0）：与目标下限密切相关，一定要完成的。
- 可以完成的（P1）：与目标上限密切相关，可选完成的。
- 锦上添花的（P2）：与目标非直接相关，但是完成后是加分项，可选完成的。

我们沿用上述案例 1，对部门 A 的目标进行优先级划分。

- 必须完成的（P0）：统一数据来源，集中处理。这个目标的实现需要 5 个人力、80

天，分 4 个阶段。

⊙ 阶段一：需要在第 20天的时候验收。

⊙ 阶段二：需要在第 50天的时候验收。

⊙ 阶段三：需要在第 70天的时候预验收。

⊙ 阶段四：需要在第 80天的时候交付。

- 可以完成的（P1）：定期发布可视化看板。这个目标的实现需要 $m$ 个人力、$M$ 天。
- 锦上添花的（P2）：可以让大家随意查找数据。这个目标的实现需要 $n$ 个人力、$N$ 天。

在项目开始后，不可避免地会发生很多意外情况。项目管理者一定要密切注意意外情况，最好可以在事前发现潜在的风险。如果事先没有制定任何兜底措施，在风险出现后就可能产生巨大的损失：时间、资源、人力等会付诸东流，甚至会导致项目失败。

风险管理的方法如图 7-13 所示。

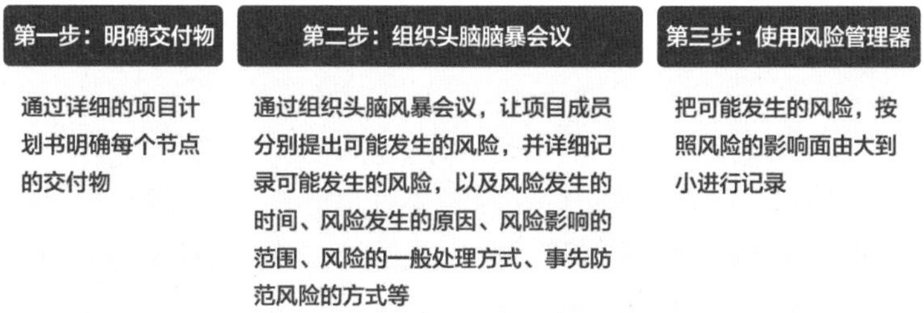

| 第一步：明确交付物 | 第二步：组织头脑脑暴会议 | 第三步：使用风险管理器 |
| --- | --- | --- |
| 通过详细的项目计划书明确每个节点的交付物 | 通过组织头脑风暴会议，让项目成员分别提出可能发生的风险，并详细记录可能发生的风险，以及风险发生的时间、风险发生的原因、风险影响的范围、风险的一般处理方式、事先防范风险的方式等 | 把可能发生的风险，按照风险的影响面由大到小进行记录 |

图 7-13　风险管理的方法

- 第一步：明确交付物。通过详细的项目计划书明确每个节点的交付物，尽可能把交付物写得详细、明确，不要用模棱两可的词语进行叙述，如好像、大概、可能等。
- 第二步：组织头脑风暴会议。通过组织头脑风暴会议，让项目成员分别提出可能发生的风险，并详细记录可能发生的风险，以及风险发生的时间、风险发生的原因、风险影响的范围、风险的一般处理方式、事先防范风险的方式等。让大家群策群力，找出更多可能的风险。对于一些频繁被大家提出的及影响范围较大的风险，一定要重视起来。
- 第三步：使用风险管理器。把可能发生的风险，按照风险的影响面由大到小进行记录。后续每当进行到某个节点时，都要查看一遍可能发生的风险，从而更好地进行防控和应对。

在落地过程中，项目管理者可以通过以下方式及时把控进度，互通各方信息，及时发现问题，快速解决问题。

- 每日站立会：形式以非正式会议为主；及时同步前一天的进展，简单说明问题和需要的支持；主要针对项目成员。
- 每周进展会：形式以普通会议为主；总结本周的进度，查看是否符合预期、各方是否有问题、是否有需要调整的地方；针对项目所有相关者和各团队负责人。

- 每月复盘会：形式以较为正式的会议为主；复盘一个月以来的改造进度，主要说明进度情况、最新进展、需要的支持、遇到的问题；因为其中很多内容需要企业管理者进行决策，所以每月复盘会主要针对企业管理者。

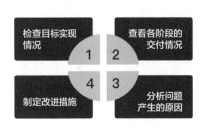

图 7-14　评估试点的步骤

#### 4. 评估试点

在完成试点改造后，我们要对整体结果进行复盘：苹果树是否结了果子？结了多少果子？果子的质量如何？

如图 7-14 所示，评估试点大体上分为 4 个步骤：检查目标实现情况、查看各阶段的交付情况、分析问题产生的原因、制定改进措施。

- 检查目标实现情况：检查是否实现预定的目标。
- 查看各阶段的交付情况：详细查看每个阶段的交付情况，以及是否有异常。
- 分析问题产生的原因：分析问题产生的原因，并说明相关方和影响。
- 制定改进措施：总结本次的试点改造结果，找出下次需要注意的地方并制定改进措施。

### 7.4.3　注意事项

"建试点，纠偏错"的注意事项如下。

#### 1. 正确风险评估很重要

在制定目标时，一定要预先评估好风险及可能出现的异常情况，预留出时间来处理这些异常情况，如人员突然发生变动、业务部门整体调整等。也就是说，要把最坏的情况都考虑到，并且给出预置的处理措施。

#### 2. 落地的阶段划分很重要

如果所需的落地时间很长，项目就非常容易出现问题，业务数智化改造也是一样的。为了减少业务数智化改造过程中可能出现的各种问题，我们需要把整体的落地进度进行分阶段的拆解，分别对每个阶段进行验收和把控，以便更好地推进业务数智化改造，做到"小步快跑，快速落地"。

### 7.4.4　本节小结

B 公司在进行试点改造的过程，选取了国内电商线的部分品类进行改造，并选取了效率低下的核心业务。智智对业务进行了充分的摸底，设定了一个较为合理的目标。虽然 B 公司在整个过程中遇到很多问题，但是由于风险管理到位，很多大坑都被避免掉。张总对于智智给出的试点改造方法非常满意。

接下来，B 公司就要进行全面的业务数智化改造了，大家都干劲十足。

### 7.4.5　本节思考题

（1）以下哪些步骤属于"建试点，纠偏错"？（　　　）

A. 选取试点　　　　　B. 制定目标　　　　　C. 确定落地节奏

D. 拆解目标　　　　　E. 评估试点　　　　　F. 纠正流程

（2）"建试点，纠偏错"的注意事项有哪些？（　　　）

A. 试点的选择以企业管理者的决策为主就行

B. 目标拆解的过程很重要

C. 正确评估风险很重要

D. 落地的阶段划分很重要

## 7.5　设目标，全量推

进入业务数智化改造的最后一步，大家都开始着手盘点哪些业务团队可以进行业务数智化改造。张总想在各业务线进行全量的推进。无论是从量级还是从难度上说，全量改造和试点改造都不同，这使得张总和小远非常谨慎。但是谨慎之余，他们想快速实现全公司业务数智化改造的目标。

智智发现了他们的困惑，所以开始为他们讲解"设目标，全量推"这一步。

"设目标，全量推"分为 3 个步骤：设定全局目标、实施流程、定点复盘，如图 7-15 所示。

图 7-15　"设目标，全量推"的步骤

### 7.5.1　设定全局目标

设定全局目标涉及设定前的准备、全局目标的设定及注意事项两个方面的内容，如图 7-16 所示。

图 7-16　设定全局目标涉及的内容

#### 1. 设定前的准备

我们在设定全局目标之前，需要确定业务的类型。为什么要这样做呢？这是因为不同类型业务的全量改造的难度不同。举个例子，我们在进行"建试点，纠偏错"这一步时，针对 B 公司的国内外卖（普通业务线）运营部门进行试点改造，改造后获得了良好的结果，现在需要针对国内外卖（高级业务线）运营部门和国内外卖（黄金业务线）运营部门进行全量改造。此时，我们发现无论是试点改造还是全量改造，业务大类都是国内外卖，从业务的商业模式、形态、流程来看，都非常类似。这时，改造的难度会大幅下降。

此时，我们可以发现业务数智化改造的一个优点：针对同类型业务的复制性非常强，无须重复建设，可以基于试点的结构进行其他同类业务线的扩展，取得事倍功半的效果。

我们再来看另一种情况，试点改造选择的是国内外卖（普通业务线）运营部门，但在进行全量改造时，选择了国内外卖（普通业务线）市场部门和销售部门。此时的改造难度大幅上升。这时，我们需要回到试点改造，先进行试点改造，再全量推广。

### 2. 全局目标的设定方法及注意事项

关于全局目标的设定方法，我们可以参考 SMART 原则。这里重点阐述设定全局目标的注意事项。

从整体视角出发，除了数智架构师给出的规划方案，我们还需要清晰地了解企业管理者有怎样的诉求。因为当设定宏观的全局目标时，如何选择会让企业管理者感到不知所措：是选择目标 A，还是选择目标 B？或者目标 A、B 都要选择？为了避免出现这样的情况，数智架构师需要从大局出发，对企业管理者进行引导，让他们通过回答以下问题来得到一个合乎本心的答案。

- 创建企业的初衷是什么？这个问题的目的让企业管理者找到创建企业的本心，也就是最初的目标，回顾一下创业时期的方向。
- 从长期视角来看，在 10 年甚至更长的时间后，企业需要达到什么程度？这个问题的目的是让企业管理者展望未来，设想自己希望把企业的业务打造成什么样的。
- 企业业务的存在象征什么？这个问题的目的是让企业管理者想清楚业务的内在价值，这样设定的全局目标才能更加准确。

数智架构师用上述 3 个问题引导企业管理者以"向前看、向后看、向里看"的方式，深度解读企业的业务，从而帮助企业管理者更加准确、合理地设定全局目标。

只要方向正确，无论后续遇到多少困难险阻，都不是问题，因为业务一直在正确的道路上前进。

### 7.5.2 实施流程

实施流程的具体操作包括 3 个步骤：准备项目启动会、调研摸底、规划上线，如图 7-17 所示。

图 7-17　实施流程的具体操作

### 1. 准备项目启动会

好的项目启动会可确保相关者意见一致、对项目目标有共同的理解，还可以鼓舞他们的士气，从而帮助他们更好地作为一个团队开展工作。因此，在进行企业级的业务数智化改造之前，我们需要举办一个项目启动会。在项目启动会上，我们通常需要给业务数智化改造的所有相关者进行如下说明。

- 业务数智化改造的意义：说明企业为什么要进行业务数智化改造，以及业务数智化改造和业务目标的关联是什么；用试点改造的结果作为佐证，说明业务数智化改造可以带来的好处。
- 业务数智化改造的目标：说明企业要进行怎样的业务数智化改造，以及是否分阶段实现目标。
- 业务数智化改造与个人的关联：说明业务数智化改造能给个人带来的好处，如增强个人的竞争力等。
- 后续的安排等事宜：说明后续的安排、涉及的部门和人员、具体的节奏、相关章程等。

### 2. 调研摸底

在项目启动会结束之后，我们就要把精力投入到改造中了。要想取得好的业务数智化改造结果，就需要进行合理且细致的调研。因为在进行企业级业务数智化改造时，摆在我们面前的工作量是非常大的。此时，我们很可能不知道要从哪里开始。详细的调研可以帮助我们锁定业务最重要的问题。同时，调研过程会让我们发现真实存在的业务问题，通过锁定一个个的问题，有针对性地进行改造。调研过程也可以帮我们同一线业务人员建立良好的信任，这样有利于后续工作的推动。

调研分为以下 3 个部分。

- 业务调研。业务调研的目的是深入了解业务的场景和业务的问题所在，清晰地了解业务的运作方式。
- 数据调研。数据调研可以帮助我们了解业务数据的当前存在形态，便于评估业务数智化改造的难度和所需的成本。
- 流程摸底。流程摸底的目的是清晰地了解业务的整个链条，以及整个链条中最大的难点和问题出现在哪个环节，从而帮助我们了解业务的流程。

### 3. 规划上线

在多次沟通和调研摸底后，我们就要准备规划上线的工作了。规划上线即把调研结果进行抽象，并真正落地到工具产品上。可能有人会问为什么要通过工具产品的形式来展示业务数智化改造的结果，因为工具产品有可交付、可沉淀、可进化这 3 个优势。

- 可交付：以产品作为根据地，通过这种比较明确和显著的方式对业务数智化改造的结果进行承接。

- 可沉淀：通过产品进行落地，可以将已有的成型的业务方法论进行积累，并且可以将业务精华更好地进行传承。
- 可进化：当业务发生变化时，我们可以通过较为稳健的平台进行承接。

规划上线的步骤包括规划方案、研发测试、上线推广。

- 规划方案。这个步骤可以说是非常重要的一个步骤。规划方案一方面是对调研结果进行功能化和模块化、抽象和升华；另一方面是从全局视角对项目进行整体设计，分阶段进行各业务难点的突破。方案文档要注意说明落地的价值，同时完善方案的细节，避免引起歧义。
- 研发测试。在方案开发的过程中，数智化专家和研发工程师需要反复进行方案细节的确认，数据产品经理在这个过程中要和研发工程师进行密切交流。很多时候受限于时间和资源，理想的形态会被其他形态代替，所以数据产品经理需要非常专业。
- 上线推广。到了这一步，业务数智化改造将要见到曙光了。上线推广可以通过海报、说明手册、宣讲会、专项培训等形式进行，具体形式视业务人员的规模而定，目的是让所有业务人员都知道产品是什么样的，以及如何操作。

### 7.5.3 定点复盘

定点复盘可以帮助我们对业务数智化改造不断进行修正和完善，从而取得更好的结果。良好的复盘可以帮助我们减少错误、沉淀经验及规避风险。

- 减少错误：通过进行定点复盘，及时纠正错误。例如，在调研阶段发现运营部门的部分数据是通过线下进行收集的，在方案设计过程中特别注意留了一个上传入口，这样各类数据都可以进行汇聚。
- 沉淀经验：对已经发生的问题详细进行盘点，把问题的解决方法沉淀为可以沿用的经验。例如，我们发现在开发过程中由于技术方案不完善，导致部分功能没有正常上线，可以对这件事进行归纳总结：前期在哪个阶段没有发现这个问题，后期又是通过哪种方式进行补齐的。
- 规避风险：通过及时组织复盘会，可以快速发现一些潜在的风险，从而规避更大的危险。例如，在刚开始进行开发时，我们发现一些数据并不像调研结果说的那样可以次日产出，我们可以通过及时排查数据来源来重新优化数据开发链路。

定点复盘的注意事项如图 7-18 所示。

图 7-18　定点复盘的注意事项

- 选取时间：可以以月为周期进行复盘，周期也可以更长，目的是对项目进行定期查漏补缺。
- 资料准备：资料主要以文档、PPT 等形式进行呈现，说明各方的问题、所需的支持、预计的解决方法、需要决策的点等。
- 复盘形式：以会议形式为主，说明和解决问题即可，时间不要过长，以免过度消耗大家的精力。
- 会后待办：在复盘会后，我们需要把得出的相关结论、待办事项、对应的人、预计完成的时间进行公示，并且传递到人。

### 7.5.4　注意事项

"设目标，全量推"的注意事项如下。

- 在设定目标的过程中需要综合考虑人力、资源、交付时间等硬性限制条件。为了实现主要目标，一定要舍得进行合理投入。
- 复盘会需要企业管理者参与，因为很多事情较难决策或者较难判定问题的解决方法，需要企业管理者定夺，这也是企业管理者的职责所在。

### 7.5.5　本节小结

在智智的专业指导、张总的全力配合、小远及团队成员的整体响应下，历时近一年，B 公司的业务数智化改造终于开始见成效。在进行业务数智化改造后，B 公司实现了创新商业模式、精细运营业务、简化人员结构及辅助目标决策的目标。B 公司成功的业务数智化改造使其在业界的影响力增大，而一些没有进行业务数智化改造的公司早已被 B 公司远远地甩在后面。

那么，B 公司究竟落地了哪些业务数智化产品呢？从事不同类电商业务的 C 公司特别想学习和借鉴。接下来，我们来看第 8 章的内容吧。

### 7.5.6　本节思考题

（1）以下哪些步骤属于"设目标，全量推"？（　　　）

A．确定落地节奏　　　B．设定全局目标　　　　C．实施流程　　　　　　D．定点复盘

2．"设目标，全量推"的注意事项有哪些？（　　　）

（A）在设定目标的过程中需要综合考虑人力、资源等硬性限制条件

B．复盘会需要企业管理者参与

C．在设定全局目标之前需要确定业务的类型

D．复盘的好处只有规避风险

## 本章小结

本章介绍了业务数智化落地的五步法。

- 第一步是"找专家，盘整体"。
- 第二步是"树意识，引重视"。
- 第三步是"拆目标，建团队"。
- 第四步是"建试点，纠偏错"。
- 第五步是"设目标，全量推"。

用上述方法进行业务数智化落地，可以高效、科学、合理拿到落地结果。因为每个步骤都可以帮助解决业务数智化改造的问题，并且 5 个步骤环环相扣、紧密相关。

- "找专家，盘整体"：意在找人解决，通过对的人解决难的点。
- "树意识，引重视"：意在影响心智，通过树立意识打消顾虑。
- "拆目标，建团队"：意在以目标为导向，通过拆目标来组建团队。
- "建试点，纠偏错"：意在摸底和验证，通过试点改造的成功来证明业务数智化改造可行。
- "设目标，全量推"：意在整体拓展，通过复制试点改造的成功经验进行全量改造。

## 本章思考题答案

7.1 节思考题答案

（1）A、B、C、D、E　　　　（2）A、C

7.2 节思考题答案

（1）A、B、C　　　　（2）A、B

7.3 节思考题答案

（1）A、B、C　　　　（2）B、C、D

7.4 节思考题答案

（1）A、B、C、E　　　　（2）C、D

7.5 节思考题答案

（1）B、C、D　　　　（2）A、B

# 第8章　业务数智化落地的产品

本章导读

C 公司是一家电商公司，并且已经进行了数字化改造。C 公司的杨总看到 B 公司的业务数智化改造给 B 公司带来了实际的收益，便抱着学习的态度，向张总请教究竟落地了哪些业务数智化应用。

"授人以鱼，不如授人以渔"，所以张总并没有直接回答落地形态的问题，而是问了杨总两个问题。

第一个问题：你的业务数智化产品面向的用户是谁？

哪些人是该产品的最终使用者？他们具有怎样的特点？在考虑清楚这个问题后，我们就要考虑第二个问题。

第二个问题：该产品可以满足用户的哪些需求？

该产品究竟能解决什么问题？这些问题被解决后，对用户有什么好处？也可以反向思考，我们不解决这些问题行不行？

现在回到实际的业务场景中，来看上述两个问题的答案。

第一个问题的答案：用户分为两类，即管理者和一线业务人员。

第二个问题的答案：管理者需要好的"神器"去快速发现业务问题，并且给出大致的原因；一线业务人员需要好的"武器"去最大化业务价值。

针对这两类用户的需求，我们应该提供什么样的产品？

根据管理者和一线业务人员所处的位置和需求，我们需要抽象出 3 个层级的业务数智化产品：数智监控产品、数智分析产品、数智诊断产品，如图 8-1 所示。

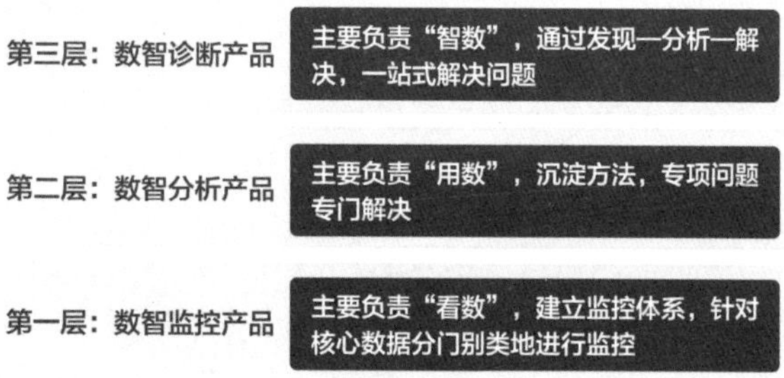

**第三层：数智诊断产品**　主要负责"智数"，通过发现—分析—解决，一站式解决问题

**第二层：数智分析产品**　主要负责"用数"，沉淀方法，专项问题专门解决

**第一层：数智监控产品**　主要负责"看数"，建立监控体系，针对核心数据分门别类地进行监控

图 8-1　3 个层级的业务数智化产品

## 8.1 第一层：数智监控产品

由于想尽快推进业务数智化的落地，杨总和张总热情地谈了起来。

杨总："你们在落地业务数智化时，是从哪方面着手的呢？"

张总："我们是从数智监控开始的。"

杨总有些费解地说道："数智监控？这和我想象中的不太一样。业务数智化应该是'高大上'的应用，为什么要从监控这种普通的事情开始呢？我想要更加智能的落地。"

张总笑道："杨总莫急，我们的目的都是要做更加智能的产品，以便帮助业务进行各方面提升，所以更加需要按部就班才能得到理想的结果。我一开始也很奇怪，数智监控说到底还是监控，为什么需要投入时间和精力去做这件事？在智智的引导下，我终于明白了这一步的重要性！"

杨总着急地问道："那数智监控产品为什么如此重要呢？"

图 8-2　数智监控产品的作用

### 8.1.1　为什么要打造数智监控产品

数智监控产品是第一层业务数智化产品，它承担了打地基的作用。数智监控产品可以帮助我们及时观测、快速定位问题。数智监控产品有 4 个方面的作用：快速发现问题、及时调整策略、定期复盘活动、监控目标实现情况，如图 8-2 所示。

#### 1. 快速发现问题

通过数智监控产品，我们可以快速发现问题。针对所发现的问题，我们可以采取相应的手段去解决。例如，上海市青浦区的外卖订单应答率很高，表明骑手很多，但是徐汇区的外卖订单应答率非常低，我们需要调配骑手去解决徐汇区的问题。

#### 2. 及时调整策略

通过数智监控产品，我们可以发现业务的特点，从而快速调整策略。例如，天津市蓟州区连续两天在 10:00—15:00，外卖订单量激增，同比高出 300%，呈现供不应求的情况。经过探查发现，天津市蓟州区在举办为期 10 天的有当地特色的大型展览，游客持续涌入，导致外卖需求激增。当地的运营人员及时调整策略，针对骑手搞了一个蓟州区展览冲单活动，调配更多的骑手去解决问题。

#### 3. 定期复盘活动

通过数智监控产品，我们可以复盘活动的效果，根据监控的数据了解活动效果是否达到预期。例如，为了更好地应对国庆假期，用户运营部门的业务人员准备了大型的节假日活动进行用户拉新。在国庆假期结束后，业务人员需要复盘活动的效果，查看是否实现了拉新的目标、投入产出比是否达到了预期。

#### 4. 监控目标实现情况

通过数智监控产品，我们及时监控业务的发展情况，并及时查看与目标的差距。

无论是管理者还是一线业务人员，都希望能够尽快实现业务目标。如何能够快速监督业务进展情况？如何能够及时了解差距？这就需要用到数智监控产品。

综上，数智监控是一种及时发现业务问题的有效手段。我们必须针对业务进行完善的数智监控，才能及时发现问题并调整策略，从而获得更大的收益。

那么，数智监控一定要落地产品吗？ Excel 报表和通用报表是不是也能解决监控的问题呢？

- Excel 报表：以表格为主。
- 通用报表：以 Tableau、Fine BI 等提供的报表为主，可以快速分析数据。
- 数智监控产品：根据业务情况进行产品定制开发，个性化实现业务所需的监控。

3 种落地方式的对比如表 8-1 所示。

表 8-1　3 种落地方式的对比

| 落地方式 | Excel 报表 | 通用报表 | 数智监控产品 |
| --- | --- | --- | --- |
| 优点 | 数据获取灵活<br>自由度大 | 数据全面<br>使用简单 | 数据全面<br>功能强大<br>贴近业务<br>支持多种时间粒度、可视化效果好<br>数据产出稳定 |
| 缺点 | 自写 SQL（Structured Query Language，结构化查询语言）难度大<br>数据口径难保证<br>全面性差<br>可视化效果差<br>连续性差 | 功能单一<br>查询性能差<br>无法添加个性化功能 | 需要进行定制开发 |

综上可以看出，数智监控产品在功能层面和性能层面等都是更好的落地方式，唯一的缺点就是需要进行定制开发。

那么，如何打造数智监控产品呢？通过以下 3 个步骤就可以高效地打造出数智监控产品。

- 第一步：搭建指标体系。
- 第二步：搭建标签体系。
- 第三步：落地数智监控。

### 8.1.2　第一步：搭建指标体系

一方面，指标体系可以用于企业中的组织管理、业务反馈、战略调整等方面；另一方面，指标体系作为业务数智化的基础，可以加快业务数智化转型。

指标体系可以帮助企业更好地进行管理、更优地打造业务、更早地构建壁垒。

- 更好地进行管理：通过搭建指标体系可以自上而下地进行组织和管理，以及对每个部门进行更加合理的目标设定和管理。

- **更优地打造业务**：通过搭建指标体系可以从产品、生产、采购等各业务领域进行规范化和一体化，真正做到数据相通；还可以快速找到关键点，明确各环节的问题，提升人和资金的效能。
- **更早地构建壁垒**：AI、元宇宙等技术都建立在数据积累的基础上，若把指标体系搭建好，且长期地维护下去，则这些数据本身也能成为企业的重要资产及竞争的核心壁垒。

那么，如何搭建一个完整的指标体系呢？我们可以分 4 个步骤进行：确定商业模式、抽象业务模型、分层搭建指标体系、选择数据仓库建模方法。

### 1. 确定商业模式

第 3 章已经讲过，我们可以按照是否节省时间和是否直接提供价值把商业模式分为 4 类：自研＋流量模式、流量模式、佣金模式、免费模式。每一类商业模型的利润计算公式都不一样，以佣金模式为例，其利润计算公式如下：

$$利润 = 单笔应收金额 \times （1-分账比例） \times 订单量$$

从上述公式可以看出，如果要将利润最大化，需要做的就是提高单笔应收金额和订单量，或者降低分账比例。

### 2. 抽象业务模型

在确定好商业模式及对应的利润计算公式后，就可以抽象业务模型了。

由于佣金模式涉及 B、C 两端的人（卖家和买家），因此需要促成更多的交易，企业才能获得更多的利润。所以，业务模型的第一层拆解是区分 B、C 两端，如图 8-3 所示。

业务模型的第二层拆解如图 8-4 所示，突出平台在 B、C 两端充当的角色。平台相当于在管理天平的两端，要保持平衡，并在这个基础上不断扩大两端的规模。此时，平台可以通过一些策略来扩大规模，如举办购物节等活动，或者给予买卖双方一些优惠券，刺激消费。

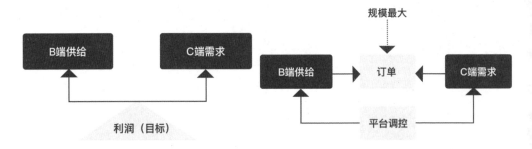

图 8-3　业务模型的第一层拆解　　　图 8-4　业务模型的第二层拆解

上述针对业务模型的抽象相对比较简单，根据不同的业务形态，我们可以进行更多层级的拆解。

## 3. 分层搭建指标体系

随着业务的扩大，数据会变得越来越多，我们就需要对数据进行分层管理。对数据进行分层管理可以帮助我们更清晰地把指标进行归纳和汇总，方便管理和维护。我们可以把指标分为 3 层：战略层、管理层、业务层，如图 8-5 所示。

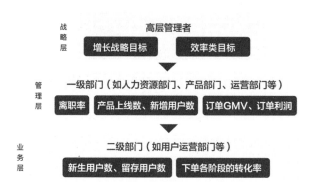

图 8-5　3 层指标拆解

（1）战略层：企业的核心指标，主要面向高层管理者，因为通常企业的大方向和大目标是由高层管理者负责制定的。

相关指标：增长战略目标、效率类目标等。

（2）管理层：各部门的核心指标（注意横向拆解），主要面向一级部门，如人力资源部门、产品部门、运营部门等。这些部门根据战略层的目标进行对应的认领。

相关指标：离职率（人力资源部门），产品上线数、新增用户数（产品部门），订单GMV（Gross Merchange Volume，成交总额）、订单利润（运营部门）等。

（3）业务层：各部门核心指标向各二级部门的拆解（注意纵向深入），主要面向二级部门，如用户运营部门等。我们以运营部门的订单利润指标为例，其计算公式如下：

订单利润 =[ 活跃用户数 × 转化率 ]×[ 客单价 ×（1－ 分账比例）]

其中，活跃用户数可以被拆解为新生用户数、留存用户数等，转化率可以被拆解为下单各阶段的转化率等。

注意：很多指标光靠一个部门其实是无法完成的，所以在给各部门定指标时，要注意各相关部门的联动，设置一些主背指标和共背指标。

在搭建指标体系方面，阿里巴巴算是业界的标杆。《大数据之路：阿里巴巴大数据实践》一书详细介绍了 OneData 方法论，感兴趣的读者可以查阅这本书。

## 4. 选择数据仓库建模方法

在梳理清楚业务模型后开始选择数据仓库建模方法，每种数据仓库建模方法都有各自的特点，并且适用于不同的环境。具体选择哪种数据仓库建模方法，取决于组织的业务目标、业务特性、时间、成本等。

常用的数据仓库建模方法有 3 种。

- Inmon 建模方法：自上而下或数据驱动的方法，从数据仓库开始，将其分解为数据集市，根据需要进行专门化，以满足企业内不同部门的需求。
- Kimball 建模方法：自下向上或用户驱动的方法，以最终任务为导向，将数据按照目标拆分出不同的表需求，数据会被抽取为事实 – 维度模型。
- Inmon+Kimball 混合建模方法：按照实际需要将 Inmon 建模方法和 Kimball 建模方法结合使用的数据模型建设方法。

在典型的数据仓库中，数据源可以是 Excel 表格、ERP（Enterprise Resource Planning，企业资源计划）系统、文件等。在将数据存储在目标环境后，使用 ETL（Extract-Transform-Load，抽取、转换、加载）工具对数据进行处理和转换，将其送入数据仓库。Inmon 建模方法认为数据应该在 ETL 过程之后被直接送入数据仓库。Kimball 建模方法则认为，在 ETL 过程之后，数据应该被加载到数据集市中，利用所有数据集市的联合创建一个概念性的数据仓库。Inmon 和 Kimball 建模方法的整体建设链路如图 8-6 所示。

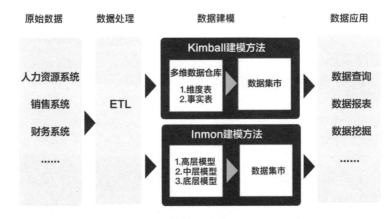

图 8-6 Inmon 和 Kimball 建模方法的整体建设链路

Kimball 建模方法更加适合快速激进的业务，我们可以拿两个例子来解释说明一下。

- 营销方面：这是一个专业领域，我们不需要为了分析的目的考虑营销的每个方面，因此我们不需要企业仓库，有几个数据集市就足够了，也就是适用 Kimball 建模方法。
- 制造方面：会涉及多个组织单元，且预算比较充裕。由于这种情况下没有系统依赖性，因此需要企业模型，这时 Inmon 建模方法比较适合。

### 8.1.3 第二步：搭建标签体系

#### 1. 标签体系的定义

标签体系是服务于精细化运营的重要手段，是实现千人千面精细化运营的重要支撑。那么，一个完善的标签体系到底是什么样的？

标签体系以数据为手段，结构化、体系化地形容物理世界的人、物、关系。为了更好地理解标签体系，我们可以从手段、形式、对象这 3 个方面入手。

- 手段：数据化手段，通过数据化的手段把信息进行沉淀。
- 形式：结构化、体系化，把数据以结构化形式体系化地进行表达。
- 对象：人、物、关系，这 3 个部分简称为标签三元素（见图 8-7）；以人、物、关系（人人、人物、物物三类关系）为研究对象。

图 8-7　标签三元素

### 2. 标签体系的搭建——四步法

在明确了标签体系的定义后，我们通过四步法进行标签体系的搭建。四步法分别是调研与标签三元素相关的业务、识别标签三元素的相关内容、设定标签三元素的具体类目、搭建标签三元素标签体系。

1）调研与标签三元素相关的业务

这一步常常会被大家忽略，但是这一步是标签体系搭建的重中之重，只有透彻了解业务情况，才能清晰地进行后续标签体系的搭建。如图 8-8 所示，调研需要区分管理者和一线业务人员。

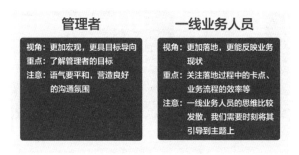

图 8-8　调研的相关事项

（1）面向管理者。

- 视角：更加宏观，更具目标导向。管理者关注的点更加全面，比较关注各业务的整体表现，而对于细节的关注较少。
- 重点：了解管理者的目标。了解管理者的目标有助于我们开展后续的改造。
- 注意：语气要平和，营造良好的沟通氛围，这样有助于获得更好的调研结果。

（2）面向一线业务人员。

- 视角：更加落地，更能反映业务现状。一线业务人员通常会关注业务细节，并且所需要的标签更加能够还原业务本质。

- 重点：关注落地过程中的卡点、业务流程的效率等。也就是说，我们需要关注如何可以帮助一线业务人员。
- 注意：一线业务人员的思维比较发散，我们需要时刻将其引导到主题上，避免因跑题而造成时间浪费。

2）识别标签三元素的相关内容

标签三元素的相关内容如下。

- 人：实际存在的形态，有思想且可以按照思想开展行动的主体，可以参与并且主导社会活动。以电商业务为例，涉及的人有买家、生产商、仓库管理员、出货人员、运输员、快递员等。
- 物：实际存在的形态，没有思想且无法主动开展行动的物体，被动去融入社会活动，如产品、虚拟服务等。
- 关系：看不见、摸不着的，发生在人和人、人和物、物和物之间。

3）设定标签三元素的具体类目

类目可以被理解为元素的一级抽象内容。如何抽象一级大类，来对标签三元素进行归纳？我们以人的类目为例进行介绍。

人的具体类目可以按照静态类目、动态类目、挖掘类目进行划分，如图8-9所示。

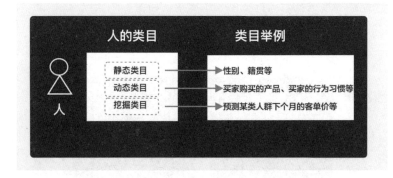

图 8-9 人的具体类目

- 人的静态类目，是指相对不易变化的属性。这些属性一般是固定的，不容易发生变化，如性别、籍贯等。
- 人的动态类目，是指一些相对经常变化的属性，是统计值，如买家购买的产品、买家的行为习惯等。
- 人的挖掘类目，是指一些通过历史数据再结合模型得到的推测类目。这些类目中的属性有一定的准确率，并非100%准确，如预测某类人群下个月的客单价等。

由于需要对人、物、关系分别进行细致类目的抽象，因此这个过程会有一定的难度。遵循"先整体描述，再逐步拆分"的原则，可以做到类目划分不重不漏。

4）搭建标签三元素标签体系

在设定好标签三元素的具体类目之后，如何细化类目下的标签呢？我们以买家为例，分别细化静态类目、动态类目、挖掘类目，如图 8-10 所示。

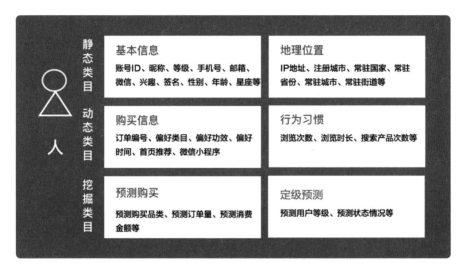

图 8-10　买家标签体系构建样例

（1）基本信息，包含与账号相关的信息、与通信相关的信息、与爱好相关的信息、与个体属性相关的信息。

- 与账号相关的信息：账号 ID（Identity Document，身份标识号）、昵称、等级等。
- 与通信相关的信息：手机号、邮箱、微信等。
- 与爱好相关的信息：兴趣、签名等。
- 与个体属性相关的信息：性别、年龄、星座等。

（2）地理位置，包含基本地理信息和常驻地理信息。

- 基本地理信息：IP（Internet Protocol，互联网协议）地址、注册城市等。
- 常驻地理信息：常驻国家、常驻省份、常驻城市、常驻街道等。

（3）购买信息，包含购买订单、购买偏好、购买渠道。

- 购买订单：订单编号、下单时间。
- 购买偏好：偏好类目、偏好功效、偏好时间等。
- 购买渠道：首页推荐、微信小程序等。

（4）行为习惯，包含浏览情况和搜索情况。

- 浏览情况：浏览次数、浏览时长等。
- 搜索情况：搜索产品次数等。

（5）预测购买，包含预测购买品类、预测订单量、预测消费金额等。

（6）定级预测，包含预测用户等级、预测状态情况等。

### 3. 标签体系的搭建问题

问题一：标签是不是越多越好？

答：当然不是。很多时候我们都觉得标签越丰富，越能立体地将对象（人、物、关系）进行描述。但是，当我们把十几类标签都展示给用户时，用户只有一个感受——无从下手，他们不知道该用哪类标签进行人群分析、该用哪类标签进行潜力人群挖掘等。

真实的用户很"懒"，他们常用的标签可能只占我们所有标签的 25%，所以我们把核心标签做好，比花费大量时间和精力去做剩下 75% 的标签要划算得多。

问题二：标签的框架是不是一次性就能完成？

答：不是。这要从上述四步法的第一步来说，即调研与标签三元素相关的业务。标签是业务参与者和参与关系的结构化、体系化表示方式，所以如果这些内容发生了变化，标签体系就要跟着调整。一般来看，人和物的静态属性相对而言是固定的，关系的变动相对人和物要大一些。

## 8.1.4 第三步：落地数智监控

以上两步主要是针对数智化前期准备不足的企业所进行的补充说明。只有搭建了完整的指标体系和标签体系，我们才可以正式进入真正的数智监控落地阶段。

为什么要通过产品形式进行落地？因为相对于 Excel 报表、通用报表，它具有数据全面、贴近业务、时间粒度丰富、数据稳定 4 个优势。

- 数据全面：定制数智监控产品可以全面提供各指标的表现情况，帮助一线业务人员看到全面的数据。
- 贴近业务：根据业务现状可以进行个性化的调整，从而使大部分需求得以满足。
- 时间粒度丰富：可以根据需求按照分钟、小时、日、周、月、年为时间粒度进行数据聚合，从而满足多种看数周期需求。
- 数据稳定：由于数据经过特殊方式加工，因此数据产出相比 Excel 报表、通用报表会更加稳定。

在落地的过程中，除了常规的业务调研，我们可以按照如图 8-11 所示的步骤依次进行。

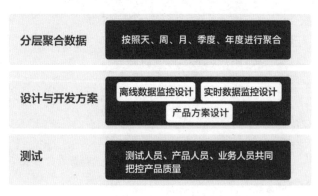

图 8-11 数智监控落地的步骤

1. 分层聚合数据

我们可以根据业务实际需求把数据进行聚合，如按照天、周、月、季度、年度进行聚合。在聚合的过程中也可以进行额外的加工，得到日环比、周同比等数据。无论是用于帮管理者进行目标判断和方向调整，还是用于帮一线业务人员进行目标跟踪，这些波动的数据都如同一把标尺，可以随时发现业务的问题，并快速帮助管理者和一线业务人员进行判断。

2. 设计与开发方案

在设计与开发方案时，我们需要考虑 3 个方面的内容：离线数据监控设计、实时数据监控设计和产品方案设计。

1）离线数据监控设计

离线数据表示 $T-1$ 以前的数据，如今天是 2022 年 1 月 2 日，$T-1$ 表示的是 2022 年 1 月 1 日。离线数据常用的处理方式是批处理。批处理是这样进行的：首先，收集数据，收集到一定阶段后将数据存到数据库中；然后，进行分析处理。常见的方式是利用离线批处理技术 Hadoop 进行批处理。

2）实时数据监控设计

实时数据表示较小延迟的数据，如 1 小时以前、5 分钟以前的数据。实时数据常用的处理方式是流式处理。流式处理是这样进行的：数据就像在一条流水线上被进行加工，数据来一批就被按照工序加工一批，而无须等待所有数据都到位。因此，流式处理有低延迟、高吞吐、可容错的优势，可以帮助我们进行实时数据的监控。

- 低延迟：近实时的数据处理能力。
- 高吞吐：能处理大批量的数据。
- 可容错：在数据计算有误的情况下，可容忍错误。

常见的流式处理方式是利用 Apache Flink。它是一个框架和分布式处理引擎，用于对无界和有界数据流进行状态计算。

3）产品方案设计

数智监控产品有很多展示形态，我们按照离线数据的展示和实时数据的展示分别进行说明。

针对离线数据，我们可以使用折线图的方式进行展示，因为折线图可以帮助我们快速发现数据的趋势。图 8-12 即用折线图展示出每日完成订单量。

针对实时数据，展示的方式有很多种。除了折线图，针对一些 LBS 场景下的业务数据，我们还可以利用地图方式进行展示。

在整体设计过程中，我们除了需要注意展示具体使用的图表，还需要注意以下部分的设计：筛选器、图例和图标、功能设计及权限设计。

- 筛选器：筛选器的具体设定，如时间选框、指标选框、业务线选框等。
- 图例和图标：图例和图标要统一，保证整体展示更加清晰。
- 功能设计：数据的导出、订阅功能等。

- 权限设计：是否需要对数据进行分层定级展示。

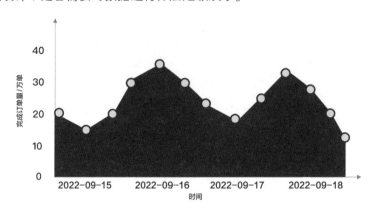

图 8-12　每日完成订单量

### 3. 测试

在完成开发后，除了测试人员要进行测试，还要让真正的用户即一线业务人员进行测试和把控，这样可以得到一线业务人员的一些反馈，帮助我们在上线之前及时发现问题。

经过上述步骤，我们会得到各类数智监控产品。

### 4. 相关问题说明

问题一：打造数智监控产品涉及搭建指标体系、搭建标签体系和落地数智监控这 3 个步骤，这 3 个步骤必须全部从 0 到 1 开始吗？

答：不是的。这 3 个步骤是完整的过程，如果企业中已经有了成熟的指标体系和标签体系，就可以直接进行第三步。

问题二：在分层聚合数据时，一定要按照日、周、月、季度、年这样的时间粒度去聚合吗？

答：具体问题具体分析。我们应在调研阶段尽可能多地了解一线业务人员的目标和日常监控数据的习惯，有的业务可能需要看周日均、月日均等这样的数据。

### 8.1.5　本节小结

张总讲得非常深入，杨总和小伟不仅理解了数智监控产品在整个业务数智化落地中的重要性，还了解到原来数智监控落地的过程是这样进行的：分层聚合数据→设计与开发方案→测试，这个落地过程既全面又细致。

### 8.1.6　本节思考题

（1）以下哪些步骤属于打造数智监控产品的步骤？（　　　）

A. 搭建指标体系　　　　　　　　B. 搭建标签体系

C. 落地数智监控　　　　　　　　D. 以上都不是

（2）在产品方案设计阶段，除了需要考虑数据的展示形态，还需要针对哪些方面进行设计？（　　　）

A. 筛选器　　　　　　　　　　　B. 图例和图标
C. 功能设计　　　　　　　　　　D. 权限设计

## 8.2　第二层：数智分析产品

经过张总的建议和智智的协助，C 公司顺利落地了第一层数智监控产品。产品上线后，得到了业务方的认可。这个产品已经成为管理者和一线业务人员每天必用的"神器"。

- 管理者：可以便捷、快速地把控业务目标的进展，及时进行方向调整。
- 一线业务人员：可以通过实时数智监控进行盯盘，及时发现问题。

此时，杨总第一次尝到了业务数智化改造的甜头。

由于张总最近比较忙，并且在后续详细的落地方面不如智智专业，因此把智智引荐给杨总，让其帮助 C 公司进行后续的业务数智化落地。但是杨总还是执着于诊断方面的应用，因为这个"高大上"。

智智："杨总一定想要一个可用性高的稳定的数智诊断产品吧？"

杨总："那是一定的！"

智智："数智诊断产品的链路长、难度大，需要一个好的地基。如果要打造出一个稳定的诊断产品，我们就需要打造出好的数智分析产品，只有具备了这个基础，才能更加顺利地打造出数智诊断产品。"

杨总若有所思，问道："那么应该如何打造数智分析产品呢？"

智智向杨总娓娓道来。我们要根据实际需求，从各类业务视角打造数智分析产品。数智分析产品可以分为 3 种：短/中期视角分析产品、长期视角分析产品、特殊视角分析产品，如图 8-13 所示。

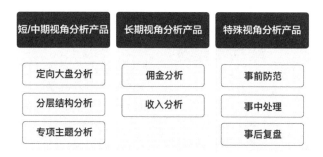

图 8-13　数智分析产品的类型

（1）短/中期视角分析产品：解决常规的短/中期（天、周、双周）业务问题。

- 定向大盘分析：针对每个业务专项进行大盘分析，帮助定位问题。

- 分层结构分析：针对定向大盘分析中的异动点进行分结构的拆解，定位大致原因。
- 专项主题分析：针对不同的业务场景进行具体主题分析，定位到人。

（2）长期视角分析产品：解决长周期（月、季度、半年）的业务问题。

- 佣金分析：针对佣金调整的策略和方法进行全面分析。
- 收入分析：确保人群收入的合理和健康。

（3）特殊视角分析产品：针对舆情等情况进行专项分析。

- 事前防范：舆情发生前是如何监控和分析的？
- 事中处理：舆情发生后是如何进行处理和应对的？
- 事后复盘：处理和应对的结果如何？有没有解决问题？

### 8.2.1　短/中期视角分析产品

短/中期视角分析产品包括定向大盘分析、分层结构分析、专项主题分析这 3 个部分。

#### 1. 定向大盘分析

定向大盘分析是一个特定视角的分析，这个特定视角与业务细分部门有关。例如，用户运营部门是电商业务的细分部门，主要关注用户下单的情况、用户体验的情况等。

此时细心的读者可能会问：定向大盘分析和数智监控有什么区别呢？

数智监控面向管理者和一线业务人员，所以产品的打造视角以宏观和全面为主，不会针对某一类型的业务；产品的形态较为通用，能解决大家共同的问题，如通用监控和实时盯盘等。

定向大盘分析面向某类细分业务人员，所以产品的打造更加精细和垂直，针对某类业务，如对买家业务进行专门且细致的大盘分析。产品还会增加各种专项的维度，如用户生命周期、用户价值类型等，可以帮助细分业务人员更加精确地解决问题。

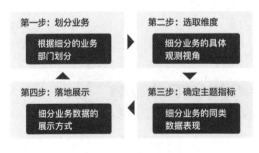

图 8-14　定向大盘的搭建步骤

定向大盘的搭建包括划分业务、选取维度、确定主题指标、落地展示 4 个步骤，如图 8-14 所示。

1）划分业务

经过深入调研，我们了解到首先要进行业务的划分，以电商运营业务为例，它可以被划分为商家运营业务、用户运营业务、产品运营业务等细分业务。需要注意的是，我们在划分时，需要选取常设细分业务。也就是说，无论组织如何调整，这些细分业务都不会消失。相对而言，不建议加入一些阶段性的细分业务，因为开发是需要成本的，开发一些阶段性的细分业务可能会造成浪费。

2）选取维度

在选取维度之前，可能好奇的读者会问维度是什么。维度是一个视角，是观察和分析事实的一个角度。以商家细分业务为例，需要分析的维度有以下几个。

- 商家所处的生命周期，如新生期、成长期、成熟期、衰退期、沉默期等。
- 商家的价值阶段，如高价值商家、中价值商家、低价值商家。
- 商家的时间分析视角，可以根据具体情况按日、周、月、季、年进行分析。

3）确定主题指标

通过搭建数智监控产品的指标体系，我们可以很容易地将属于特定细分业务的指标都集中在一起；通过选取维度，我们可以更好地分析这个细分业务。例如，商家的细分业务中包含商家的基本表现、商家的收入情况、店铺表现、产品转化、商家的信用情况等几个主题，每个主题下都有相应的指标。

4）落地展示

在前 3 步的准备工作做好后，我们就可以进行落地展示了。如何通过各种各样的图表来展示呢？我们需要辨别展示的目的是什么。由于定向大盘主要以趋势观测和监控为主，因此我们可以用折线图来进行展示。

折线图适用于以趋势观测为主的数据监控需求，可以清晰地表示业务的某个或多个表现如何随时间的变化而变化。

为了更好地表现出业务数据的波动程度，我们通常会在定向大盘分析中增加一些日环比、周同比等这样的数据。展示形式可以分以下两种。

形式一：单一指标及其波动情况，此时除了需要展示某个业务指标的趋势，还需要展示该业务指标的日环比、周同比情况，目的在于发现该业务指标是否异常。例如，每日完成订单量的大盘趋势及其周同比如图 8-15 所示。

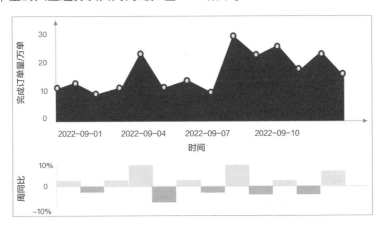

图 8-15　每日完成订单量的大盘趋势及其周同比

形式二：同类型多指标组合展示，此时需要展示关于目标人群各类业务指标的表现情况，目的在于通过一组业务指标找到这些指标之间的关联，从而更好地进行判断。例如，GMV 涨了，是否是因为完成订单量增加？完成订单量减少，是否是因为投诉率过高？

如图 8-16 所示，为了判断用户 GMV 的涨幅和哪些指标有关，我们将用户 GMV、用户完成订单量、用户人均订单量这 3 个指标放在一起查看。

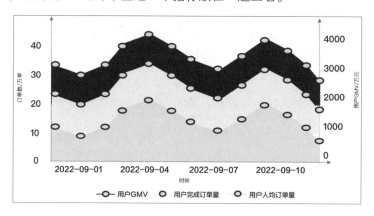

图 8-16　同类型多指标组合展示示例

### 2. 分层结构分析

定向大盘分析主要解决的问题是监控细分业务的情况。当大盘发生异动时，我们应该从某个维度进行拆分，看看究竟是哪个具体的维度引起了大盘中指标的变化。

如何进行分层结构分析呢？我们需要进行分层定义和可视化展示，如图 8-17 所示。

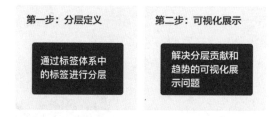

图 8-17　分层结构分析的步骤

#### 1）分层定义

在进行分层结构分析之前，我们需要做一些准备工作。8.1.3 节中提到的标签体系的搭建是在为分层结构分析做铺垫。我们以商家的生命周期标签为例，进行划分和定义。

我们可以把商家划分为新生期商家、成长期商家、成熟期商家、衰退期商家、沉默期商家，其定义分别如下。

- 新生期商家：主要是指刚满足入驻门槛并且入驻的商家。例如，通过各种渠道首次注册成为平台商家的人。
- 成长期商家：已经开始初步活跃的商家。例如，首次完成订单量达到 10 单以上的商家。
- 成熟期商家：非常活跃的商家。例如，近 30 天内，完成订单量达到 1000 单以上的商家。

- 衰退期商家：活跃行为有所减弱的商家。例如，对比 30 天以前，完成订单量减少 30% 的商家。
- 沉默期商家：没有活跃行为的商家。例如，近 30 天内，完成订单量为 0、上架产品数为 0 的商家。

通过商家生命周期标签，我们便可以把商家人群分为 5 类。在拿到定义好的商家人群标签后，我们便可以轻松地进行分层结构分析了。例如，通过对比近 1 个月内各人群的完成订单量情况，可以找到问题的原因。

2）可视化展示

在进行可视化展示之前，我们先看分层结构需要解决哪些问题。

问题一：单独视角下，各分层类型的贡献对比。

问题二：单独视角下，各分层类型的趋势对比。

针对问题一，我们用饼图进行可视化展示。饼图是一个圆形的统计图形，它被分割成多个切片来说明数字的比例。在饼图中，每个切片的弧长（以及它的中心角和面积）与其表示的数量成正比。虽然它是因为类似于一个被切分的蛋糕而得名，但它的呈现方式有所不同。

针对问题二，我们可以用柱状图进行可视化展示。在统计学中，柱状图是一种对数据分布情况的图形表示，是一种二维统计图表，它的两个坐标分别是统计样本和该样本对应的某个属性的度量，采用长条图的表现形式。为了进行长周期、多类型的业务数据分析对比，我们需要使用柱状图。

柱状图的展示形式可以分以下两种。

形式一：基础结构展示，通过分层柱状图展示某个视角下业务的趋势变化和各自的贡献情况。如图 8-18 所示，我们通过分层柱状图来展示处于不同生命周期商家的完成订单量。

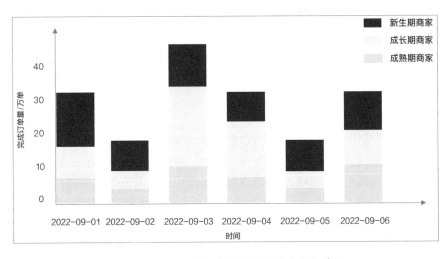

图 8-18　处于不同生命周期商家的完成订单量

形式二：加强结构展示，通过组合图的方式更加清晰地展示结构的总分关系，即在形式一的基础上增加饼图，通过饼图来说明一段时间范围内每个分层的贡献情况。如图 8-19 所示，饼图用来展示处于不同生命周期商家所占的比例，分层柱状图用来展示处于不同生命周期商家的订单量。

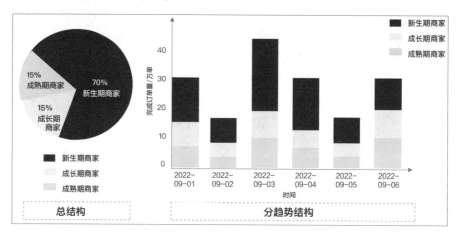

图 8-19　商家业务结构分析

### 3. 专项主题分析

专项主题分析的类型有很多，受文章篇幅所限，这部分只讲解 3 类典型的专项主题分析：转化分析、流转分析和留存分析，如图 8-20 所示。

图 8-20　3 类典型的专项主题分析

### 1）转化分析

转化是一个行动的流程。在一些重要的业务流程中，我们需要把握每一个动作，并且尽可能让用户走向该链路中转化的终点。例如，对于购物 App，最核心的链路就是用户下单的流程。我们可以把用户下单的流程进行梳理和抽象：搜索产品→查看产品→下单→支付。如果在其中某个环节出现较大问题，就会严重影响下单转化，如在支付的过程中 App 出了故障或者网络不通，导致无法正常下单。

以此为例，如何分析上述转化呢？我们可以通过转化过程中涉及的每个节点，以及节点之间的变化进行分析。

- 节点：每个节点对应的人数。
- 节点之间：节点之间的转化率、流失率、转化人群、流失人群。

如图 8-21 所示，以用户下单为例，通过对核心转化链路进行分析，重点定位节点及节点之间的表现。

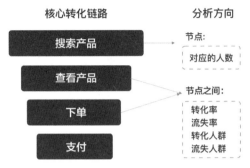

图 8-21 转化分析示例

转化分析的好处在于便于业务环节定位和项目汇报讨论。

- 业务环节定位：转化分析可以准确、形象地展示每个节点的数量，并且可以清晰地展示每个节点的状态，突出显示节点之间的转化情况，如哪些人流失了、哪些潜在的操作阻碍了他们进行下一步操作。
- 项目汇报讨论：转化专项分析适用于帮助定向业务人员进行定期汇报和复盘，可以帮助定向业务人员向管理者展示问题或者工作成果，如哪个阶段的转化率需要提升，需要投入多少资源；哪个阶段的转化率有显著提升，是因为做了哪些事。

对转化专项分析来说，最适合的可视化展示形式是漏斗图。漏斗图是一种图表，通常用于展示销售过程中的各阶段并显示每个阶段的潜在收入。漏斗图还可用于识别销售流程中的潜在问题区域。漏斗图非常适用于上述提到的转化专项分析，它可以清晰地展示流程，并且能够帮助发现问题。

- 清晰地展示流程。漏斗图的可视化展示非常强调过程。漏斗图可以展示不同流程，如招聘流程、订单履行流程、销售转化流程。
- 帮助发现问题。漏斗图有助于可视化流程中所遇到的问题。假如在销售流程中的某个环节客户数量急剧减少，我们通过漏斗图就可以清晰地发现这个问题。

我们仍以用户下单为例，用漏斗图分析核心转化链路，如图 8-22 所示。为了帮助大家了解如何将漏斗运用在实际的转化分析中，我们只采用了一个较为简单的转化来说明。在实际情况中，漏斗中的节点数量可能随着业务链路的复杂而大大增加。

2）流转分析

流转分析是一种常用的业务分析手段。业务人员经常将两个时间节点的情况进行对比，找到问题所在，从而有针对性地进行策略的调整。流转分析就是查看同一人群在不同时间节点（从时间节点 1 到时间节点 2）发生的变化，如图 8-23 所示。

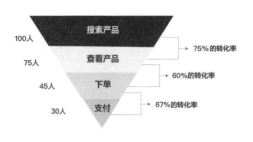

图 8-22　用户下单的核心转化链路

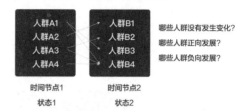

图 8-23　流转分析的定义

以处于不同生命周期的商家为例，对比两个时间节点人群的变化。

通常来说，我们可以根据两个时间节点的人群变化把人群分为3类：没有变化的人群、正向发展的人群、负向发展的人群。

- 没有变化的人群：两个时间节点相比，状态没有发生变化，如成长期商家→成长期商家，成熟期商家→成熟期商家。
- 正向发展的人群：两个时间节点相比，状态呈现正向变化，如新生期商家→成长期商家，成长期商家→成熟期商家。
- 负向发展的人群：两个时间节点相比，状态呈现负向变化，如成长期商家→沉默期商家，成熟期商家→衰退期商家。

通过两个时间节点的人群变化，我们可以看出人群的流动趋势，从而给出更好的策略。

- 针对没有变化的人群：在预算有限的情况下可以不做干预。
- 针对正向发展的人群：可以给予各种非实质性的激励方式，如提升等级、增加成长鼓励提示等。
- 针对负向发展的人群：针对不同程度的减弱，给予定向的激励，如订单达成奖励等。

通过进行流转分析，我们不仅可以快速发现人群的变化，还可以进行精细化运营。

- 快速发现人群的变化：通过对比发现人群的变化，从而更好地分析和评估目前的策略。
- 进行精细化运营：根据变化情况调整和制定后续的策略。

流转分析的展示形式有升级版二维表格和桑基图。

形式一：升级版二维表格。

通过二维表格进行展示，除了可以清晰地展示人群的变化，还便于进行导出等有针对性的操作——在发现人群的变化后，业务人员会对负向发展的人群进行干预。如图 8-24 所示，我们通过两个时间节点商家处于各生命周期数量的情况，来查看商家变化的情况，迅速分辨出没有变化的人群、正向发展的人群、负向发展的人群。

形式二：桑基图。

桑基图是一种流程图，其中箭头的宽度与流速成比例。它有助于找到对流程贡献最大的部分。桑基图常常用于表现流量分布和结构对比。

通过桑基图，我们可以直观地看到某一部分的变化，如商家从新生期到成长期的变化。比起升级版二维表格，桑基图可以更加明显地展示出变化最明显的部分，但对于部分细微的变化，展示效果一般。如图 8-25 所示，我们用桑基图展示两个时间节点处于不同生命周期商家的变化。

| 时间节点1 ＼ 时间节点2 | 新生期 | 成长期 | 成熟期 | 衰退期 | 沉默期 |
|---|---|---|---|---|---|
| 新生期 | 50% | 20% | 10% | 10% | 10% |
| 成长期 | 20% | 30% | 10% | 30% | 10% |
| 成熟期 | 5% | 10% | 60% | 5% | 20% |
| 衰退期 | 20% | 50% | 10% | 10% | 10% |
| 沉默期 | 40% | 10% | 10% | 10% | 30% |

■ 没有变化的人群　　　■ 正向发展的人群　　　■ 负向发展的人群

图 8-24　升级版二维表格示例

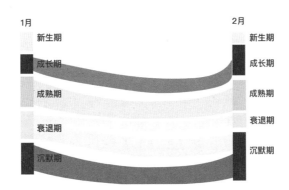

图 8-25　桑基图示例

3）留存分析

留存分析最重要的目的是解决用户黏性问题。一般来说，我们希望重要的用户持久使用我们提供的服务或者养成经常消费的习惯。为了更好地追踪人群留存的情况，我们通常需要进行专门的分析和调整。

留存分析是一种行为分析，其中大量复杂的数据被分解为相关的群组，以便进行分析。这些群组倾向于在特定的时间跨度内分享共同的特征或经验。此过程使组织能够通过群组识别用户生命周期中的重要趋势和模式，而不是访问每个单独的用户。

（1）留存分析的方法论。

留存分析的方法论如图 8-26 所示。

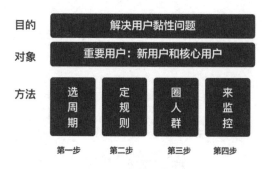

图 8-26　留存分析的方法论

留存分析的目的：主要用于解决用户黏性问题。用户在平台待得越久，就越可能为平台带来更多的收益。

留存分析的对象：我们通常会重点关注新用户和核心用户。

- 新用户：通过各种渠道转化而来的用户。新用户的留存率高，说明我们在引入新用户后实施的一系列策略是比较合理的。由于拉取新用户需要一定的成本，因此我们希望新用户能带来更多的收益。
- 核心用户：我们最关注的高价值用户，能为平台不断创造价值和利润。我们希望核心用户能保持一定的活跃度，以便使业务的收益情况得到保证。

以电商行业的商家运营部门为例，新用户通常是指刚刚被拉新转化，处于新生期的商家；核心用户通常是指不断在平台上有订单的商家，处于成长期、成熟期的商家都可以算作核心用户。

留存分析的方法分为 4 步：选周期、定规则、圈人群、来监控。

- 选周期：选取一段较长且连续的周期。例如，选取近 4 周、近 6 个月，甚至近 5 年这样较长的周期。
- 定规则：充分定义留存的规则公式，主要是定义多少人反复进行了同一个动作。例如，我们可以把每周上架产品数大于 3 个的商家定义为目标人群。
- 圈人群：选取所需进行监控的人群。首先，我们要选取一个视角下的大类，如商家人群等；其次，在这个基础上，我们把这一大类人群进行切分，如商家人群中的新生期人群、成熟期人群等。
- 来监控：选取合适的可视化形式进行跟踪监控。

（2）留存分析的展示形式。

对于留存分析的可视化展示，我们一般选取折线图和特殊的二维表格两种形式。

形式一：折线图。

折线图可以清晰地展示留存率的波动情况。图 8-27 展示了次周留存率、两周后留存率、3 周后留存率的变化。

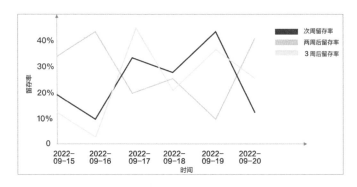

图 8-27　留存率的变化

形式二：特殊的二维表格。

我们来看图 8-28 中的留存率（第二行数据）是如何计算出来的。

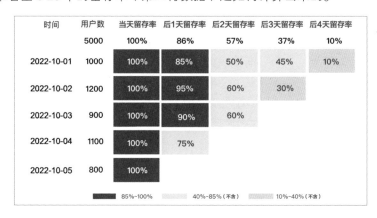

图 8-28　留存率的二维表格

- 用户数：将 2022 年 10 月 1—5 日这 5 天的用户数进行相加。
- 当天留存率：因为是以 2022 年 10 月 1 日作为基准的，所以一定是 100%。
- 后 1 天留存率：先算留存人数，再算留存率。
  - 首先，按行分别计算出 2022 年 10 月 1—4 日的留存人数 =1000×85%+1200×95%+ 900×90%+1100×75%=3625。
  - 然后，用上述留存人数 3625 除以 10 月 1—4 日这几天的总人数 4200（1000+1200+ 900+1100），得到留存率 86%。

以此类推，计算出后 2 天留存率、后 3 天留存率、后 4 天留存率。

如果需要针对各类人群和时间段进行精细留存分析，那么可以细分出对应的人群并使用时间筛选器。

## 8.2.2　长期视角分析产品

如图 8-29 所示，长期视角分析产品包括两个部分：佣金分析和收入分析。

图 8-29 长期视角分析产品

1. 佣金分析

佣金调整是一个长期的策略，调整次数较少。因为这种策略影响范围比较大，一旦进行佣金调整，就会影响整个平台的生态。

将佣金设置得太高，虽然可以让企业的单笔订单获利很多，但可能会吓跑潜在价值商家；将佣金设置得太低，虽然商家的黏性很大，但是从平台的业务收益角度来看是吃亏的，所以我们需要找到一个平衡点。因此，我们要合理地制定佣金策略，确保企业、商家等都处于一个平衡点上，同时确保企业有一定的竞争力，从而使企业的利润最大化。佣金的调整可以达到增加市场份额和监控市场定位两个目的。

- 增加市场份额：合理的定价可以使企业从竞争中脱颖而出，增加企业的市场份额。
- 监控市场定位：随着市场变化，佣金也应随之进行调整。企业设置的佣金范围可以更好地反映企业业务的市场定位，如是采用大单量低佣金的模式，还是采用小单量高佣金的模式。

佣金调整的方法有成本加成法、市场基础法、价值定价法、动态定价法。接下来，我们一一进行介绍。

1）成本加成法

成本加成法是一种比较简单的定价方法，制定的规则是在决定一个产品的价格时收取多少超出成本的额外费用。例如，我们制作一个面包的成本是 10 元，以比制作成本高 20% 的价格进行出售，即 12 元。

成本定价法的计算公式如下：

$$价格 = 成本 + 成本 \times N\%$$

成本加成法的优点如下。

- 制定的规则简单，理解难度不大。
- 无须进行额外的调研，不受竞争对手价格的牵制。
- 可以较好地保证利润。

成本定价法的缺点如下。

- 当成本频繁调整时，容易引发销量的不稳定。

- 需要花费一定的时间和精力针对涨价进行解释。
- 没有考虑外部竞争、用户接受度的因素，仅单方面考虑内部因素。

以商家端的佣金为例，假设我们为每笔订单付出了 5 元的运营、宣传、人力等各种成本，使用成本加价法，我们统一取成本的 10% 作为我们的利润，每成交一单我们就可以获利 0.5 元，所以每一单我们要收取 5.5 元（5 元的成本加 0.5 元的利润）的佣金。大家会发现，这种方法有非常明显的缺陷：即使在不计成本的情况下，单笔订单价格不足 5.5 元，商家也会赔钱。

2）市场基础法

市场基础法是基于市场的定价方法，也称基于竞争的定价方法。在这种定价方法中，业务人员需要评估市场上同类产品的价格，有针对性地找一些产品功效、目标用户重合度较高的竞品。根据产品是否具有比竞品更多或更少的功能差异，将价格设置得高于或低于竞品的价格。例如，一条商业街上有 5 家面包店，吐司的价格区间为 10 ～ 15 元，我们的吐司价格需要参考这个区间，因为定价低了容易引起恶性竞争，定价高了就会影响销量。

市场基础法的计算公式如下：

价格 = 同类型产品的定价区间（在区间范围内浮动，浮动不要超过 5%）

市场基础法的优点如下。

- 对在市场上有成本优势的企业来说，市场基础法非常有优势。
- 利用市场基础法可以较容易地进行价格调整等操作。

市场基础法的缺点如下。

- 与成本加成法一样，市场基础法没有考虑用户的价格承受区间。
- 竞品的价格比较难打探到。

仍以商家端的佣金为例，假设我们打探到同类型企业的佣金区间为每笔订单成交额的 5% ～ 10%，我们就可以依据这个区间确定自己的佣金。如果一笔订单的成交额为 100 元，那么我们获取的佣金可在 5 ～ 10 元这个区间内。

3）价值定价法

价值定价法的原理是这样的：企业以用户所感知的价格或者估计的同类产品的价格为基础，决定自己的产品的价格。它是一种以用户为中心的定价方法。产品的价格不是由其生产成本决定的，而是由用户眼中的价值决定的。

例如，经过对附近居民的调研，我们发现大家觉得吐司的价格在 7 ～ 10 元可以接受，所以我们可以在 7 ～ 10 元的区间进行定价。

价值定价法的计算公式如下：

价格 = 用户可以接受的价格区间

价值定价法的优点如下。

- 增加企业的利润：由于价值定价法的核心是用户可以接受的价格区间，因此针对看重产品某些特点的用户，如看重产品品牌价值的用户，我们可以提高定价，以便获取更多的利润。

- 提高用户的忠诚度：当我们能够提供符合用户预期的产品时，他们也会对产品产生依赖和忠诚。优质的产品不仅可以让我们获得用户的忠诚，还会让忠实用户进行口口相传的推荐。

价值定价法的缺点如下。

业务较为定向：由于我们是基于特定用户可接受的价格区间进行定价的，而这类用户的数量相对是比较固定的，因此当我们需要扩大产品的受众面时，是比较困难的。

仍以商家端的佣金为例，假设我们以需要保姆级服务的高端商家为服务对象，这类商家从整体上看资金充裕、在细分领域的产品占有率较高，需要更多的开店指导和额外服务（如活动策划等）。针对这类商家，我们的佣金可以定得更高，如佣金翻倍。

4）动态定价法

动态定价法是指及时根据市场需求的动态变化及客户的购买力对产品进行定价的方法。酒店和航空公司等通过考虑竞争对手的定价、市场需求和其他因素，使用动态定价法进行定价。动态定价法的价格会随着时间、地点、供需关系等的变化而发生变化。例如，春节期间的机票价格比普通工作日高很多。

动态定价法的优点如下。

- 使企业的利润最大化：通过综合考虑时间、地点、供需关系等多种因素制定价格，可以最优化价格策略，使企业获得更多的收益。
- 深入了解用户的需求：在落实动态定价之前，我们需要花大量精力评估和跟进用户的行为，从而深入了解用户的需求。

动态定价法的缺点如下。

引起用户的反感：如果不加限制地进行动态定价，就可能引起用户的反感。例如，2016 年 1 月 1 日，美国人民正处于新年假期，Uber 的价格比平时增长了近 10 倍，很多忠诚的 Uber 用户开始反感使用 Uber。

仍以商家端的佣金为例，如果使用动态定价法，就会发生如下情况：在大型活动期间（如"双十一"等），由于订单量激增，因此可以适度提高佣金；在平时，可以适当降低佣金，从而刺激需求，使得成交率更高。

2. 收入分析

在电商业务场景下，我们想要保持商家的稳定，就需要对商家的收入进行细致的监控和分析，否则就可能出现以下情况。

情况一：头部商家持续获得平台的投入，收入越来越多，而其他商家没有获得应有的投入，收入逐步减少，因此持续流失。

情况二：尾部商家通过"薅羊毛"的方式不断获得平台的补贴，导致应该被分配补贴的商家迟迟得不到补贴，这些较为有潜力的商家持续流失。

针对情况一，我们需要通过一定的监控方式合理调配投入，确保不同类型商家收入的合理性。

针对情况二，我们需要及时剔除作弊商家，确保平台的健康发展。

针对以上两种情况下的问题，我们可以采取分布分析的方法进行解决。

分布分析的可视化展示可以使用双轴直方图，通过查看各收入区间人群的数量，可以精准地监控和定位人群。一般情况下，收入分布是符合长尾分布的。什么是长尾分布呢？长尾分布是一种具有长"尾"的分布，它在分布的末端逐渐变细。长尾分布分析图如图 8-30 所示，随着收入逐渐变多，对应的人数在减少。对于收入分析的展示，我们常用双轴直方图，图中各部分的说明如下。

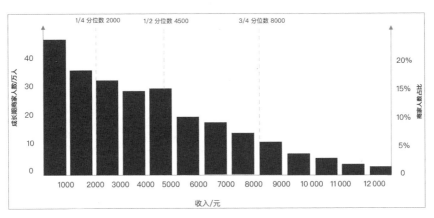

图 8-30 长尾分布分析图

- 横轴：各收入区间。
- 纵轴（主轴）：商家人数。
- 纵轴（次轴）：商家人数占比。
- 辅助说明：配合 1/4 分位数、1/2 分位数、3/4 分位数分别进行说明，可以对商家的收入情况进行把控。

### 8.2.3 特殊视角分析产品

随着互联网的高速发展，我们可以快速了解到世界各地的信息。但是，我们在接收有用的正面信息时，也会接收一些负面信息，这些负面信息可能会形成负面舆情。负面舆情的传播对企业的影响是巨大的，尤其是对一些行业翘楚来说，负面舆情很可能使其一蹶不振。在业务发展的过程中，一些重大事件会给企业造成不可挽回的损失。如果可以在第一时间检测到对应的负面舆情，并且能够及时进行分析和评估，就可以有效地化解危机。如果想对这种情况进行有效防控，就必须对企业相关的舆情进行监控和分析，做到事前防范、事中处理、事后复盘。

#### 1. 事前防范

通过多种手段进行企业相关热点情况的监控。

重点关注：事件的热度、浏览量、评论量、来源、发生时间。

由于舆情发生的特点是不定时、频次不高，因此我们针对事前防范可以通过预警方式来"上闹钟"，做到及时提醒、快速出击。

例如，设定"C公司""C公司产品"为关键字，当热度值大于60时进行提醒，提醒的方式可以是手机短信、微信、邮件同步提醒。这样在有相关事件发生时，我们就可以被及时告知。如图8-31所示，我们可以按分钟粒度针对上述关键词进行热度值的实时监控。

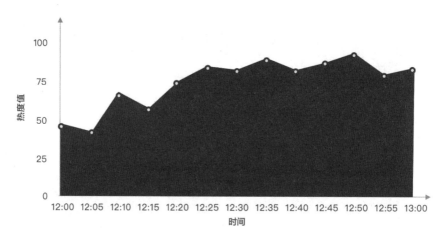

图 8-31　舆情监控

## 2. 事中处理

当一个事件被判定为一个舆情时，我们就需要把该事件进行记录，将事件的起因、结果都记录下来。针对不同等级和情况的舆情，业务部门、公关部门等需要进行协商，决定对该舆情进行怎样的判定和处理。

例如，有商家投诉C公司的佣金过高，导致店铺一直处于亏损状态。由于该商家是一个知名商家，拥有大量流量，导致该事件一发生就快速引爆，仅用两天就冲上热搜前10名。针对该事件，C公司首先记录该事件的来源、类型、等级等相关信息；然后，进行分析判定，将其判定为一个五级舆情，影响面超过100万人，会影响C公司近两天的成交量；最后，根据以上分析结果给出处理措施——向该商家赔礼道歉，并调整对该商家收取的佣金。

## 3. 事后复盘

对经过处置的舆情，我们需要进行持续的监控，以防二次发酵，造成更加不好的影响。例如，C公司需要监控自己的口碑是否恢复、成交量是否有回升等。此外，我们还需要对该舆情进行全方位的复盘：舆情发生的原因、舆情的处理结果、舆情的影响范围、后续如何进行防控。

针对事前防范、事中处理和事后复盘，我们可以开发相应的数智舆情产品。

### 8.2.4　本节小结

杨总和小伟一边听着智智讲解，一边记笔记，同时盘算着 C 公司的数智分析产品的改造工作。数智分析产品涉及的应用特别多、范围也非常广，所以杨总需要好好消化和吸收。杨总针对数智分析整理出一些自己的理解，和智智一起探讨，内容如下。

数智分析以专项业务问题为主，通过合理的方法进行问题分析，定位大致原因。

由于业务有很多定期高频的运营场景，针对这些场景产生了短期视角的运营策略。对于这类运营策略，反推问题发现到问题分析的过程：定向大盘分析→分层结构分析→专项主题分析，逐一定位和分析问题的原因，帮助快速分析和定位该业务问题的情况。

把整个业务运营链路放长去看，在一些特定场景下产生了影响范围较大的运营策略。针对这些运营策略，利用数智分析产品产生一套较为完整的解决方案，如佣金调整方案，并解释清楚为什么调整、怎样调整、调整后的结果如何。

还有一些零星的业务场景，它们不定期不定时发生，但是发生后会对业务目标和企业声誉造成巨大的影响，因此也需要通过数智分析产品进行分析，如全链路舆情分析。

智智看着杨总总结的笔记，不禁对杨总竖起大拇指。如果企业管理者都像杨总一样勤学好问，那么每家企业的业务数智化都可以顺利落地，并且为企业带来更多的收益。

### 8.2.5　本节思考题

本节主要针对数智分析产品进行了详细的介绍和说明，你能像杨总一样用自己的话总结一下数智分析产品的内容吗？（字数不限）

## 8.3　第三层：数智诊断产品

虽然在落地过程中遇到各种各样的问题，但是杨总给予了大力支持，大家也齐心协力，因此 C 公司成功上线了一系列数智分析产品。这些数智分析产品包括但不限于以下几个。

- 短期视角下：商家/用户的定向大盘、商家/用户分层结构、用户流转分析、商家留存分析。
- 长期视角：商家佣金分析、商家收入分析。
- 特殊视角下：舆情监控、舆情分析。

相较于以前的落后工具，以上数智分析产品使 C 公司的整体业务效率至少提升了70%，同时使利润至少增加了 25%。

杨总乐开了花，赶紧和智智商讨如何打造数智诊断产品。

杨总说："智智，我们终于可以进行数智诊断产品的打造了吧！"

智智笑道："是的，杨总，前期的底子已经足够坚实了，并且也验证了业务数智化改造结果，咱们现在就可以规划后续的进程了。"

杨总不好意思地挠挠头，说："说实在的，不怕你笑话，我一直吵着要数智诊断产品，只是因为它听起来非常智能，其实数智诊断产品的真面目我并不了解。你能先给我介绍一下吗？"

智智高兴地回复道："有杨总这样认真探求业务数智化的精神，我相信您的 C 公司以后一定会越来越强！那我就开始为您介绍数智诊断产品的作用、定义、类型、落地条件及落地方法。"

### 8.3.1 数智诊断产品的作用

数智诊断产品有哪些作用？针对不同的人群，数智诊断产品发挥的作用不同。由于我们主要以管理者和一线业务人员为重点服务对象，因此主要针对这两类人群说明数智诊断产品的作用（见图 8-32）。

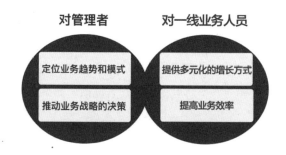

图 8-32　数智诊断产品的作用

#### 1. 对管理者

管理者通常关注目标指标的变化情况，以结果为导向关注发生了什么事和这些事是如何发生的。因此，他们常常会有如下问题：指标为什么涨了或跌了？做哪些事情可以让目标指标涨起来？有没有新的业务模式可以拓展利润渠道？

针对管理者，数智诊断产品可以发挥以下作用。

1）定位业务趋势和模式

数智诊断产品能够基于数据做出最佳的选择，这样一方面可以很好地定位业务趋势，而这些业务趋势可以更好地帮助业务进行流程优化；另一方面可以深入挖掘和分析业务的新模式。

杨总通过数智诊断产品进行两个周期的对比，发现目标周期的完成订单量增加了20%，数智诊断产品给出的结论是对成熟期商家进行私域流量运营，可以增加商家的完成订单量。杨总看到这个结论，觉得运营私域流量可以给业务带来持续的订单量增加。作为新的业务模式，杨总把商家的私域流量运营作为一个创新项目进行推进。

2）推动业务战略的决策

数智诊断产品的一个显著的作用是可以推动业务战略的决策，摒弃日常"拍脑袋"

的决策方式。由于"拍脑袋"的决策方式没有任何实际的依据，全凭直觉进行决策，因此很可能造成不好的结果。尤其对关键的业务决策而言，这种方式可能会为企业带来灾难。数智诊断产品通过科学的诊断方法和丰富的数据，全方位对业务问题进行评估和分析。因此，数智诊断产品可以提供全方位的决策依据和产出诊断结果。

- 提供全方位的决策依据：数智诊断产品利用来自内部业务部门和外部行业的全面数据，为决策提供支撑。
- 产出诊断结果：数智诊断产品可以使企业花费更少的时间拿到结果，并专注于分析结果，以便做出正确的决策。

例如，杨总每天可以通过 GMV 数智诊断产品在 3 分钟之内快速定位问题，而不是挨个向部门进行询问。依据诊断结果，杨总可以对业务的方向进行及时把控。

### 2. 对一线业务人员

一线业务人员平常忙于落实具体的业务，同时要回答老板的问题并给出合理的解决方法。一线业务人员有如下问题：哪个环节造成目标指标的变化？我需要做哪些策略调整才可以把目标指标拉起来？我如何快速回答老板的各种问题？我如何给出一些较为合理的方案？

针对一线业务人员，数智诊断产品可以发挥如下作用：提供多元化的增长方式和提高业务效率。

#### 1）提供多元化的增长方式

数智诊断产品可以帮助一线业务人员识别潜在的增长方式，同时制定合理的策略，从而使企业从众多竞争者中脱颖而出。借助全方位的数据，一线业务人员可以快速识别市场趋势并帮助提高企业的利润率。通过全方位的数据和先进的分析方法，一线业务人员可以识别新的销售趋势。

- 识别潜在的增长方式：通过诊断方法，可以用最短的时间识别潜在的增长方式。
- 制定合理的策略：以科学的数据作为依据，可以根据变化情况制定出合理的策略。

例如，通过商家完成订单量数智诊断产品，一线业务人员可以快速找到完成订单量增加的原因，从而可以识别出潜在的增长方式。

#### 2）提高业务效率

由于数智诊断产品是一套完整的解决方案，因此它可以使一线业务人员能够快速思考并制定细分业务决策、实施流程；还可以帮助一线业务人员在发现问题后，改善运营策略,增加销售额。通过合理的诊断方式，一线业务人员可以快速定位细分业务中的波动，从而大幅减少无效的工作。

例如，运营团队的一线人员经常被问 GMV 为什么涨了、完成订单量为什么减少了，通过数智诊断产品，他们可以快速找到原因。

### 8.3.2 数智诊断产品的定义及类型

#### 1. 数智诊断产品的定义

仅从字面来看，数智诊断产品的定义不够明确，到底什么是数智诊断产品呢？

在回答这个问题之前，我们先来看以人机结合方式解决业务问题的过程涉及的 3 个阶段。

第一个阶段：业务人员先通过数智监控产品发现问题，然后人工进行大量的分析定位和问题解决。在该阶段，解决一个问题所花费的人机时间配比是 8∶2。此时，人力解决问题的时间占了 80%。

第二个阶段：业务人员先通过数智分析产品发现和分析问题，然后通过部分人工方式解决问题。在该阶段，解决一个问题所花费的人机时间配比是 6∶4。此时，人力解决问题的时间占了 60%。

第三个阶段：业务人员通过数智诊断产品发现和深度分析问题，甚至可以做到一键解决问题。在该阶段，解决一个问题所花费的人机时间配比是 2∶8。此时，人力解决问题的时间占了 20%，极大地提升了效率。

数智诊断产品的特点如下。

- 解决问题更彻底：以数智分析中的留存问题为例，数智分析产品只能告诉我们哪些人有问题，不能深入地告诉我们这些人为什么流失了，而数智诊断产品会告诉我们这些人为什么流失了、流失影响的范围，并针对流失问题提供解决方案。
- 问题的解决路径更完整：一个问题的解决要经历发现问题、分析问题（粗浅）、分析问题（深入）、解决问题、复盘问题这几个阶段，数智诊断产品可以把这几个阶段全面连接，让问题的解决路径更完整。

#### 2. 数智诊断产品的类型

按照问题解决的程度，我们可以把数智诊断产品分为基础型数智诊断产品和增强型数智诊断产品。

##### 1）基础型数智诊断产品

基础型数智诊断产品要深入分析核心问题，尽可能定位到问题发生的本质原因。例如，当 GMV 发生变化的时候，我们可以通过数智诊断产品完整地提供分析问题的整体过程，给出 GMV 发生变化的具体原因。

##### 2）增强型数智诊断产品

增强型数智诊断产品可以在基础型数智诊断产品的基础上提供解决问题的策略及策略实施后的复盘结果，重点在于解决问题。仍以 GMV 发生变化的问题为例，在基础型数智诊断产品给出具体问题后，增强型数智诊断产品可以给出通过哪些策略可以精确地解决这个问题，并且提供用这些策略解决问题后的复盘情况。

### 8.3.3  数智诊断产品的落地条件

由于数智诊断产品是最高层次的业务数智化应用，因此在落地前需要一定的条件作为支持。数智诊断产品的落地需要良好的数据基座、全面的业务支持、良好的耐心和信心 3 个条件，如图 8-33 所示。

#### 1. 良好的数据基座

由于数智诊断产品能提供解决问题的完整分析过程，因此它需要更加完整的数据建设。这些数据从哪里产出呢？其实大部分数据是通过数智监控产品和数智分析产品得到的，这也

图 8-33  数智诊断产品的落地条件

是数智诊断产品位于金字塔顶层的原因。数智诊断产品的落地依赖于数智分析产品和数智监控产品。

#### 2. 全局的业务支持

由于数智诊断产品的落地难度大，涉及问题的探查、分析与展示、策略实施等，因此其落地是一个非常艰辛的过程：首先，我们需要进行不断的分析、实验、纠偏、复盘，确保可以获得最好的结果；其次，我们需要和各平台打通，需要获得各方的支持。

#### 3. 良好的耐心和信心

由于数智诊断产品的落地难度比较大，需要较长的时间（一般需要两三个季度），因此我们一定要有良好的耐心和信心。由于所需投入的时间和人力比较多，因此数智诊断产品的落地适合采用自上而下的方式。如果半途而废，就会损伤团队的士气，所以我们在落地之初需要仔细考虑和评估。

### 8.3.4  基础型数智诊断产品的落地方法

基础型数智诊断产品的落地方法如图 8-34 所示。

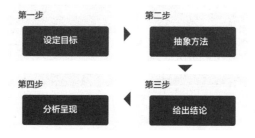

图 8-34  基础型数智诊断产品的落地方法

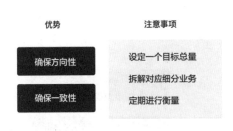

图 8-35　设定目标的优势和注意事项

## 1. 设定目标

设定目标的优势和注意事项如图 8-35 所示。

1）设定目标的优势

- 确保方向性：通过设定目标，确保业务人员都在为实现同一个目标而努力。
- 确保一致性：把目标与业务人员正在进行的工作联系起来，确保二者具有一致性，这样可以使业务人员清楚地了解他们需要做什么才能实现目标。

2）设定目标的注意事项

由于业务的发展变化较快，因此我们以设定短期目标为主。设定目标的注意事项如下。

- 设定一个目标总量：针对核心指标，如完成订单量、GMV、利润等指标，设定一个目标总量。
- 拆解对应细分业务：如将 GMV 指标的完成任务分配给拉新团队、留存团队、衰退团队的业务人员。
- 定期进行衡量：定期衡量目标的进展情况，以确保目标能够在设定的时间范围内得以实现。

针对电商业务，重要的目标莫过于 GMV、完成订单量。我们可以很轻松地在历年"双十一"实时大屏上看到这两个指标。

## 2. 抽象方法

在设定目标后，我们要对该目标进行抽象分析。如图 8-36 所示，我们可以利用设定目标基本公式、分解内部因素和分解外部因素这 3 个步骤进行方法抽象。

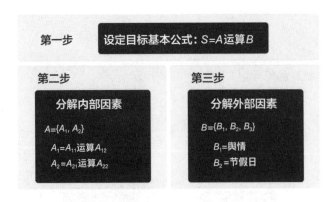

图 8-36　抽象方法的步骤

1）设定目标基本公式

在设定目标后，我们便可以对目标进行简单的公式设定。例如，GMV=完成订单量 ×

单均成交额。

2）分解内部因素

这个过程就是把上述公式中的完成订单量和单均成交额进行分解。分解每个因素的过程是很好地正视业务各环节的过程，也可以帮助管理者反思下列问题。

- 每个因素（细分业务）设置得是否合理？
- 对于单个因素，是否需要单独拿出一个来促进整体业务的发展？
- 每个因素的资源分配是否合理？

反思这些问题可以帮助管理者重新审视业务，对业务进行把控和纠偏，所以管理者一定要重视这一步骤。

在分解的过程中，我们可以利用标签管理中的各类标签，如完成订单量可以叠加处于不同生命周期的商家人群。

- 完成订单量（$A_1$）：按照各商家人群的贡献进行分解，如我们可以把完成订单量分解为新生期商家完成订单量、成长期商家完成订单量、成熟期商家完成订单量等。
- 单均成交额（$A_2$）：按照不同品类的贡献进行分解，如我们可以把单均成交额分解为数码类订单单均成交额、女装类订单单均成交额、视频类订单单均成交额等。

3）分解外部因素

外部因素很多，我们需要根据实际的业务情况总结几类和业务相关的外部因素。

- 舆情（$B_1$）：对一些大型企业或者品牌导向很强的企业而言，舆情是必须考虑的。如果无法及时监控和处理舆情，就可能对这类企业造成无法挽回的损失。
- 节假日（$B_2$）：对消费导向的业务而言，节假日是一个非常好的节点，很多商家都会通过搞大促活动来促进消费，从而快速实现目标。

对于外部因素，我们需要通过合理的手段进行监控和获取信息，从而使诊断结果更加合理、更加完善。

## 3. 给出结论

经过第二步抽象方法，我们可以得到核心指标变化的原因及具体的数据表现，那么这些数据表现是否属于正常的范围呢？我们是否需要对各细分业务进行大范围的调整呢？

要解决上述问题，我们就需要用一把"尺子"对上述结果进行丈量。那么，如何寻找合适的"尺子"就成为一个问题。

针对大盘整体业务，我们经常采用的方法是自己和自己比，也就是通过不同时间节点进行对比，按照日对比日、周对比周、月对比月、年对比年这样的时间维度进行对比。例如，将 8 月的 GMV 和 7 月的 GMV 进行对比，看看 GMV 发生了怎样的变化。

针对单一细分业务，除了采用时间对比方式，我们还可以和大盘或者某个同类型业务进行对比。例如，将电商业务的美妆线和整体电商大盘进行对比。不过，要注意的是，由于此时的量级差异比较大，因此通常使用率值对比，而非数值对比。

综上，在结论方面，我们要体现出以下 4 个部分的内容。

- 核心目标指标的变化：如与上周相比，GMV 总量为 100 万元，上涨了 50%。
- 基本公式因素的变化：如完成订单量为 10 万单，增加了 15%；单均成交额为 10 元，上涨了 35%。
- 正向/负向表现的业务：如成熟期商家的完成订单量占比最大。
- 外部情况的补充说明：如本周包含五一假期，无重大舆情。

关于如何给出结论，我们需要注意以下几点。

- 选择所需的对比方式：如同类型业务在不同时间的对比、单一业务和大盘的对比等。
- 说明核心因素的变化：重点突出变化，变化率和变化数量都要展示出来。

### 4. 分析呈现

针对诊断分析，我们应该用哪种可视化方式进行呈现呢？我们回到第二步抽象方法，可以发现抽象方法的流程其实是对指标进行拆解，而对指标进行拆解，其实是要把各相关数据进行分解呈现。此时，我们可以用树状图进行呈现。

树状图展示了实现目标所需的任务和子任务的层次结构。树状图从一个节点开始，向下分解为两个或者多个节点，类似一棵树，有一个树干和多个分支，可以更好地表示我们需要分解的一些因素和维度，也可以更加清晰地呈现指标的异动。

我们以电商业务的商家 B 端为例，将核心指标 GMV 进行拆解，对应的诊断结论和分析部分的呈现如图 8-37 所示。

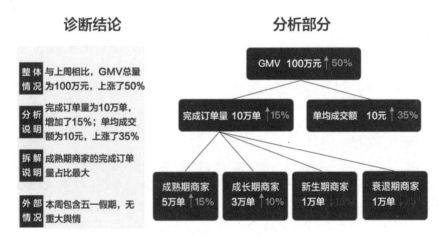

图 8-37 电商业务商家 B 端 GMV 的数智诊断

### 8.3.5 增强型数智诊断产品的落地方法

增强型数智诊断产品是在基础型数智诊断产品的基础上进行深入的。利用基础型数智诊断产品可以发现问题，但是并没有解决问题，如没有定位到问题人群，也没有告诉我们应该通过怎样的策略和手段去解决这个问题。

　　例如，我们发现 8 月和 7 月相比，GMV 下降了 30%，是因为成熟期商家大量流失。我们的核心目标是将 GMV 拉至原先的水平，但是要做到这一点就必须对流失的商家进行召回，提升他们在平台上的活跃度。那么，如何找到和验证这些商家流失的原因，并且提升他们的活跃度呢？

　　增强型数智诊断产品的落地方法如图 8-38 所示。

图 8-38　增强型数智诊断产品的落地方法

1.　给问题定级别

　　小伟管理了电子产品、服饰、美妆等 5 条业务线上的商家，通过数智诊断产品发现每条业务线上的商家都有不同程度的流失，但是小伟手中的资源是有限的，不可能将所有业务线上的流失商家都覆盖到。那么，小伟应该怎么办呢？

　　小伟需要给问题定级别，即对每条业务线上的流失商家进行定级：是严重流失、中等流失，还是轻度流失，并根据不同的流失程度，给予一定的解决方法。

　　那么，如何定义不同的流失级别呢？我们可以根据目标指标的损失程度或根据目标的潜在缺口进行定义。

1）根据目标的损失程度

　　损失程度大、占比大的商家需要得到更多的资源倾斜。将过去一段时间商家的活跃度或者 GMV，和当期的活跃度或者 GMV 相减，可以得到活跃度或者 GMV 损失的程度。

　　在按照 GMV 损失程度进行定级时，还需要考虑的一个问题是，这些损失是否处于合理范围内。例如，小伟发现 9 月和 8 月相比，女装中的夏装销量减少了 65%，这是因为季节交替，夏装销量减少是正常的周期下降。

2）根据目标的潜在缺口

　　根据目标的潜在缺口进行定义，需要提前预测潜在的 GMV 损失。例如，10 月的美妆和服饰品类的完成订单量减少了 40%，是否就代表 11 月不需要扶持及运营美妆和服饰品类了呢？答案肯定是不，因为 11 月有"双十一"这样的大型节日，美妆和服饰是重点运营品类，这两个品类的完成订单量会占全部完成订单量的约 50%。

此处，我们还可以选择根据活跃度损失程度来给问题定级别，按照活跃度损失程度将品类进行排序，从高到低分别是美妆、女装、电子产品。

### 2. 给出策略方案

针对目标指标活跃度波动发生的原因，我们需要给出具体的策略方案。

#### 1）定义目标

这一步是定义我们做实验要实现的目标。我们可以从定数量和定比例这两个方面来定义。

定数量：目标指标的数量情况，如提升多少 GMV。

定比例：目标指标的比例情况，如使 GMV 提升几个百分点。

假设我们的实验是为了召回流失商家，使流失商家的活跃度提升 30%。

#### 2）做出假设

做出假设主要用于说明调控变量和目标之间的关系，也就是进一步确定实验中变量的类型。做出假设的方式有两种：粗放型和精细型。

方式一：粗放型。比较粗放的逻辑是对所有流失商家都用同一个手段。例如，通过无差别发钱的方式把流失商家进行召回，此时调控变量为钱，目标变量是流失商家的活跃度。

方式二：精细型。精细化的运营手段则是根据流失商家的具体情况实施有针对性的策略。通过完整的分析论证，我们找到了商家流失的可能原因。

- A 类型流失商家是因为平台没有给予曝光而流失的。
- B 类型流失商家是因为平台没有给钱而流失的。
- C 类型流失商家是因为在平台上没有得到好的体验而流失的，他们不会正确地在商家端进行上架操作。
- D 类型流失商家是因为被客户投诉过多而流失的。

如果预算非常有限，并且急需最大化收益，就应采用方式二。

#### 3）设计实验

我们根据上述假设及假设对应的策略设计实验。我们一般会采取 AB 实验，也就是我们常说的对照实验。AB 实验的概念来自生物医学的双盲测试。在双盲测试中，病人被随机分成两组，在不知情的情况下被分别给予安慰剂和测试用药。经过一段时间的实验，通过比较两组病人的表现是否具有显著的差异，从而确定测试用药是否有效。2000年，Google 的工程师将这种方法应用在互联网产品测试中，此后 AB 实验变得越来越重要，逐渐成为互联网产品迭代科学化、数据驱动增长的重要手段。

在 AB 实验中，科学的实验一次只能测量一个变量。如果使用了多个变量，就无法确定导致最终结果的原因，从而可能使实验变得无效。科学实验的相关设置条件必须保持不变，即使我们所得到的实验结果无法支持原始假设，在实验开始后也不能改变，否则整个实验的目的就改变了，必须重新开始，这样会造成资源浪费。我们通过以下 6 个问题来了解如何设计实验。

第一个问题：有多少组对照实验？

以"做出假设"的方式二为例，分别进行 4 类假设，所以我们可以相应地设置 4 组对照实验。对照实验的组数与假设的数量相关。

第二个问题：实验中的观察指标是什么？

我们需要明确通过哪些指标来衡量实验的效果。因为我们的目的是验证如何让流失商家再次活跃，所以对应的观测指标有以下几种。

- 基础行为观测指标：每周登录商家端次数。
- 高级行为观测指标：每周产品上架次数。

第三个问题：实验中的分流如何进行？

在企业发展到一定的体量之后，业务模块会变得更多，组织架构也变得更复杂。此时，我们需要大量地进行实验，因此需要实验平台能够实现更精细化的实验流量管理，能够帮助我们精准调配平台上的流量。分流实验势在必行，具体方法如下。

第一步：设定对照实验的人群体量。

每个对照实验都需要选取一定体量的人群，样本人群越多越容易验证效果，但是随着样本的变多，我们所需要耗费的资源也会变多。统计学中有最小样本量的计算公式，我们可以以此为依据进行计算。样本量的计算公式如下：

$$n = \frac{\sigma^2}{\Delta^2} (Z_{\alpha/2} + Z_{\beta})^2$$

其中，$n$ 是每组实验所需的样本量，因为 AB 实验一般至少有 2 组，所以实验所需的样本量为 $2n$；$\alpha$ 和 $\beta$ 分别为第一类错误概率和第二类错误概率，一般分别取 0.05 和 0.2；$Z$ 为正态分布的分位数函数；$\Delta$ 为两组数值的差异，如点击率为 1% 和 1.5%，那么 $\Delta$ 就是 0.5%；$\sigma$ 为标准差，用于衡量数值的波动性，$\sigma$ 越大，表示数值波动越厉害。

注意：实验组和对照组的流量不存在固定比例，给予充分的流量即可。

第二步：将每个商家映射到对应的实验组中。我们需要进行分桶操作。所谓分桶，是指实验中最小的粒度，主要用于均匀分布人群，避免数据倾斜，从而保证实验结果的有效性。具体的分桶方法如下。

- 把流量分成 $N$ 个桶。
- 将每个用户的流量通过 Hash 函数映射[①] 到某个桶中。
- 给每个模型一定的配额，也就是使每个模型都分配到对应比例的流量。
- 使所有模型的流量配额总和为 100%。
- 当流量和模型落到同一个桶中时，该模型拥有该流量。

注意：每个桶中只能放一种类型的人群，即实验组人群或者对照组人群。

第四个问题：如何进行分层操作？

分桶可以理解为纵向切分流量，桶与桶之间互不重叠；分层则是横向切分流量，层

---

① 它通过计算出一个键值的函数，将所需查询的数据映射到表中一个位置来让人访问。

与层之间相互正交，一个用户同时属于多个不同层。分层流量正交表示复用用户流量，如果实验 1 和实验 2 使用不同的分层，那么实验 1 和实验 2 均可分配最多 100% 的流量。在此情况下，同一个用户将会同时进入实验 1 和实验 2。如图 8-39 所示，层 1 给实验 A 分配 50% 的流量，给实验 B 分配 50% 的流量；层 2 给实验 A 分配 30% 的流量，给实验 B 分配 70% 的流量。层 1 和层 2 复用了同一批用户，两个层分别作为一个独立实验层存在，流量在穿越每层实验时，都会被随机打散再重组，但是每层流量的数量始终是相同的。

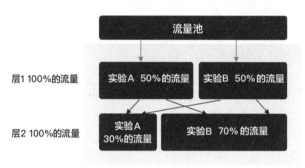

图 8-39　分层流量正交

第五个问题：每组对照实验的周期定多久合适？

针对与钱相关的策略，我们可以在相对较短的周期内拿到结果，如两周、一个月等。体验方面、用户投诉方面的改进需要较长的时间，所以我们需要经过较长时间才能看到结果，如一个季度。

第六个问题：是否已经埋点？

为了更好地评估和分析实验结果，我们需要进行相关行为的埋点，埋点对于后续的分析至关重要。因此，我们一定要进行检查，查看对所涉及的用户行为是否已经进行埋点。

在对照实验中，我们需要注意以下几点。

- 系统和精确地操纵自变量。
- 精确测量因变量。
- 控制任何潜在的混杂变量。

### 3. 分析和复盘

在完成实验后，我们需要对实验结果进行分析和复盘。例如，商家流失是由哪个因素导致的？是流量曝光少、补贴减少、商家体验变差，还是商家被用户投诉过多？ AB 实验的结果如何？如何通过实验数据进行验证？

通常，我们会通过各类统计检验方法对 AB 实验的结果进行分析和复盘。在此之前，我们需要进行一些知识储备。

（1）$p$ 值的定义。通俗地说，$p$ 值是实验结果为巧合的概率。实验做得越好，$p$ 值越小。在一般的科学研究中，通常设置 $p$ 值为 0.05。如果 $p$ 值小于 0.05，就说明实验结果为巧合的概率很小。

（2）数据包括定性的数据和定量的数据，现在我们把流量曝光程度、补贴、商家体验情况、商家被用户投诉情况、商家流失情况这几个因素分别用对应的数据进行定义。

- 流量曝光程度：用流量曝光程度（定性的数据）这个指标进行描述，分别有高流量曝光、低流量曝光。
- 补贴：用补贴率等级（定性的数据）这个指标进行描述，分别有高补贴率、低补贴率。
- 商家体验情况：用商家 NPS（定量的数据）这个指标进行描述。
- 商家被用户投诉情况：用商家被进线数（定量的数据）这个指标进行描述。
- 商家流失情况：可以用商家是否流失（定性的数据）这个指标进行描述。

针对上述不同类型数据的组合（我们可以从实验数据中观察到），我们所用到的统计检验方法不同，主要有以下 5 种情况。

- 单个定性的数据作为变量的情况：适用单样本比例检验。例如，假设低曝光的商家流失严重，我们称该假设为 H1 假设；H0 假设表示低曝光的商家流失不严重。我们只需要证明 H0 假设出现的概率 z 很小就可以。我们选择显著性系数 p 值为 0.05。z 值大于临界值（通过自由度和 p 值查表定位）就可以证明 H0 假设是错误的。z 值的计算公式如下：

$$z = \frac{\hat{p} - p_0}{\sqrt{\dfrac{p_0\,(1-p_0)}{n}}}$$

其中，$\hat{p}$ 是观察到的某一特定结果发生的概率；$p_0$ 是假设概率；$n$ 是实验次数。

- 两个定性的数据作为变量的情况：适用卡方检验。也就是说，卡方检验适用于检测观察到的类别变量的分布与期望的不同。我们以卡方拟合检验为例，它表示一个分类变量的预期频率与观察到的频率是否存在显著差异。例如，H1 假设表示不同曝光程度的商家的流失程度不同；H0 假设表示不同曝光程度的商家流失的程度相同。我们只需要证明 H0 这个假设出现的概率很小就可以。我们选择显著性系数 alpha 值（p 值）为 0.05。卡方值 $\chi^2$ 大于临界值（通过自由度和 p 值查表定位）就可以证明 H0 假设是错误的。卡方值可以通过卡方拟合公式计算：

$$\chi^2 = \sum \frac{(f_o - f_e)^2}{f_e}$$

其中，$f_o$ 是观察到的频率；$f_e$ 是期望的频率。

- 只有一个定量的数据作为变量的情况：T 检验。T 检验主要用来检验两个组的均值是否存在显著差异。例如，H1 假设是各类商家的流失程度和商家的 NPS 相关；H0 假设是各类商家的流失程度和商家的 NPS 不相关，这种情况出现的概率为 t 值。我们假设 p 值为 0.05，如果 t 值小于 p 值，就说明 H0 假设发生的概率很小，可以证明 H0 假设为错误的。t 值的计算公式如下（注意：T 检验只可检验两组）：

$$t = \frac{|\overline{x}_1 - \overline{x}_2|}{\sqrt{\dfrac{s_1^2}{n_1} + \dfrac{s_2^2}{n_2}}}$$

其中，$\overline{x}_1 - \overline{x}_2$ 表示组间差异；$\dfrac{s_1^2}{n_1} + \dfrac{s_2^2}{n_2}$ 表示组内差异。

- 一个定量的数据＋一个定性的数据作为变量的情况：适用 $T$ 检验或者方差检验。我们重点介绍一下方差检验。方差检验主要用来比较不同组之间的均值是否存在显著的差异。$F$ 值的计算公式如下：

$$F = \frac{MS_{bet}}{MS_w}$$

其中，$MS_{bet}$ 表示组间均方差，表示由因素自身产生的变异；$MS_w$ 表示组内均方差，表示出误差产生的变异。

- 两个定量的数据作为变量的情况：适用相关性检验。相关性检验通常用于检验两个变量的线性关系。

在对照实验中，我们会计算两组指标的差异值。如果计算得出的差异值的置信区间不含 0，就可以拒绝 H0 假设，认为两组结果差异显著；反之则接受 H0 假设，认为两组结果差异不显著。

### 8.3.6　本节小结

杨总在智智的帮助下终于理解了他最期望打造的业务数智化产品——数智诊断产品。杨总感叹道，原来数智诊断产品如此复杂和严谨：首先，需要针对不同的用户（管理者和一线业务人员）分别定义对他们而言最核心的问题；然后，需要看是否具备数智诊断产品的落地条件，即良好的数据基座、全局的业务支持、良好的耐心和信心；最后，需要确定数智诊断产品的类型，即基础型数智诊断产品、增强型数智诊断产品。杨总也终于理解了为什么说数智诊断产品是业务数智化产品中最高层级的产品，正如智智和张总所说，数智诊断产品的打造千万不能操之过急。

### 8.3.7　本节思考题

（1）以下哪些选项属于基础型数智诊断产品的落地方法？（　　　）

A. 设定目标　　　　B. 抽象方法　　　　C. 给出结论　　　　D. 分析呈现

（2）以下哪些选项属于增强型数智诊断产品的落地方法？（　　　）

A. 设计分桶实验　B. 给问题定级别　　C. 给出策略方案　　D. 分析和复盘

## 8.4 支撑类产品

支撑类产品不具备直接解决业务问题的功能，但是它在整个产品体系中是不可或缺的。以下列举了一些常见的支撑类产品。

标签管理：呈现所有标签的分类、定义、适用范围等。业务人员可以从中选取所需的标签进行分析和人群定位。

打标工具：内容行业常常用到打标工具，在定义好规则的情况下，通过人工判断方式对创作者和内容进行标注，从而更好地进行分类和分析。例如，对创作者进行标注：科普类创作者、人格化创作者、测评类创作者等，业务人员在拿到这些标注结果后就可以进行进一步的业务探查——是重点运营特定标签的人群，还是挖掘一些新的品类？

下发工具：通过下发工具可以直接在平台内部触达用户，如通过发私信等方式触达用户。

## 本章小结

本章主要介绍了业务数智化落地的产品，以解决实际业务问题为核心，通过不同的人机时间配比划分出 3 个层级的产品：数智监控产品、数智分析产品、数智诊断产品。3 个层级产品的打造都是层层相扣的，在解决问题越来越彻底的同时，产品打造的难度也越来越大。

本章思考题答案

8.1 节思考题答案
（1）A、B、C　　（2）A、B、C、D
8.2 节思考题答案略。
8.3 节思考题答案
（1）A、B、C、D　　（2）B、C、D

# 实践篇

# 第 9 章　内容行业的数智化实践

本章导读

背景设定：D 公司（内容行业），已进行数字化改造，业务遇到了问题。

人物设定：钱总、小强。

D 公司是一家负责做内容的公司，目前已经成立 10 余年。由于产出的内容具备无法复制的稀缺性，爆款内容源源不断地"破圈"，原本只是主打某一品类内容的 D 公司，现在有多个品类的内容都稳居行业的 Top 榜，因此 D 公司的股价相比 3 年前涨了 10 倍。但是，由于近些年 D 公司的增长基本封顶，互联网的整体发展也趋于平缓，因此不再有源源不断的资金涌入 D 公司。钱总意识到以前"赔本赚吆喝"的模式已经行不通了，如果不在 2 ～ 3 年内进行大刀阔斧的商业化改革和降本增效，D 公司就岌岌可危。

那么，钱总究竟该怎么做呢？无论是从他自身，还是从整个内容行业来看，都没有相关的经验可以借鉴。在朋友的推荐下，钱总看了一本讲数智化落地内容的书，书中讲到电商行业的业务数智化改造对企业产生了巨大的影响，帮助企业转危为安。钱总非常激动，虽然行业不同，但是大家遇到的问题和瓶颈是相同的。经过不断打听，钱总终于见到了帮助多家企业进行业务数智化改造的专家——智智。

钱总和智智热火朝天地交谈起来。

本章主要以 D 公司所在的内容行业为切入点，介绍智智是如何利用 3M 业务数智化体系对 D 公司进行业务数智化改造的。

## 9.1　业务场景说明

深入了解 D 公司的情况可以帮助我们获得更好的业务数智化改造结果，我们先来了解 D 公司的整体情况和重要的业务场景。

### 9.1.1　D 公司的整体情况

如图 9-1 所示，我们分别从 D 公司的基本情况、优势、劣势 3 个角度分析 D 公司的整体情况。

图 9-1　D 公司的整体情况

（1）基本情况。

D 公司成立 10 余年，从主打一个品类的内容发展到目前有多个品类的内容都稳居行业 Top 榜。D 公司近 5 年的增长尤为显著，主要服务于年轻群体和从平台一路成长起来参加工作 10 年内的人群。D 公司有一批"铁杆粉丝"，用户黏性大。随着业务的发展，越来越多的中老年人成为创作者和消费者。

（2）优势。

- 内容具有稀缺性：由于原始的用户群体都是以兴趣为出发点，而非以盈利为出发点的，创作者基本上抱着专注、有趣、宽松的心态进行创作，因此创作的内容品质非常高。D 公司的内容平台产出的内容较能打动人心，在行业内独树一帜。
- 爆款内容频出圈：由于为创作者提供了较好的创作氛围，因此创作者创作的很多内容容易成为爆款。这些内容不仅在 D 公司的内容平台内部是热门，还常常破圈，影响其他平台和领域。

（3）劣势。

- 目标用户增长见顶：随着业务的扩张，目标用户中的年轻群体占有率已高达 90%，年轻群体的增长见顶，中老年群体也成为需要服务的对象。
- 内部组织效率低下：由于近几年业务经历了快速扩张，人员的数量也大幅增加，但是内部组织没有跟上，虽然人员多了不少，工作效率却不高，人效较低。
- 流量难变现：虽拥有大量流量，但是变现很难。D 公司想了很多方法仍然没有把重要的流量变现，而其他两个竞争对手凭借电商、广告等赚得盆满钵满。

钱总想做的就是在保证 D 公司优势的情况下，全力补齐短板，并且分 3 个阶段去解决问题。

- 阶段一：提升内部效率，大大降低内部成本。
- 阶段二：快速发现问题，让管理者及时了解内部问题。
- 阶段三：发现变现密码，用科学的手段打造新的商业模式。

由于篇幅的限制，我们主要解决阶段一和阶段二的问题。针对阶段一和阶段二，我们先梳理其业务场景。

### 9.1.2　业务场景一：针对一线业务人员的场景

（1）如何更好地管理"创作者的一生"，从而更好地管理供给侧？

对 D 公司的内容平台而言，创作者的各生命周期的运营都是至关重要的，创作者对于内容供给、品牌价值等非常重要。如何更好地管理创作者，是业务环节中的一个核心问题。

创作者的问题涉及很多方面，如图 9-2 所示。

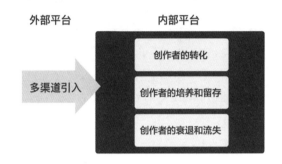

图 9-2　创作者的问题

- 创作者的引入和转化：从哪些渠道引入创作者？这些人具备怎样的特征才可以被纳入拉新池中？如何通过有效的手段挖掘潜力创作者？
- 创作者的培养：如何培养新人创作者，并快速让新人创作者向成熟创作者转变？
- 创作者的留存：如何防止创作者流失到其他平台、防止创作者降频？
- 创作者的衰退：当发现核心创作者有衰退迹象时，我们需要做什么去留住他们？
- 创作者的流失：创作者即将流失，我们可以通过哪些手段进行挽留？如何运用创作者的流失进行复盘？

（2）如何更好地发现和分析潜力内容，从而更好地分析消费侧？

内容是一个非常重要的业务实体，内容可以将平台、创作者、用户紧密联系在一起。由于 D 公司的内容具有稀缺性，并且容易出爆款，因此业务人员对于内容的监控发现→分析归纳→复刻爆款等一系列的运营链路变得非常重要。

- 如何通过多种手段快速、高效地发现高潜作品和破圈作品？快速、高效地发现高潜作品和破圈作品可以避免爆款内容被人搬运到别的平台上，使别的平台收割这个果实。
- 如何归纳和总结优质内容的特点？归纳和总结优质内容的特点有助于对内提高运营人员对优质内容的敏感度，对外对初级潜力创作者进行指导。
- 如何抽象内容的"优质套路"，制成相关的模板，从而降低优质内容的创作门槛？

（3）如何利用科学的手段挖掘新的品类，从而更好地进行品类扩充？

如今，人们的喜好逐渐多元化，内容平台作为一个反映生活百态的生态圈，必须时刻关注用户的消费情况，挖掘新的品类，从而增强自己的竞争力。

- 如何定向监控内容风向，从而通过各类作品的内容挖掘新的内容品类？

- 如何挖掘有特定品类偏好的品类人群，从而更好地为之匹配对应的变现手段，实现平台和创作者双赢？
- 如何进行灵活的品类标注评估，从而进行内容横向对比、内容标准评估、内容交叉分析？

### 9.1.3　业务场景二：针对管理者的场景

D 公司的管理者面临 3 类问题，分别涉及公司成本、决策支持、原因定位，如图 9-3 所示。

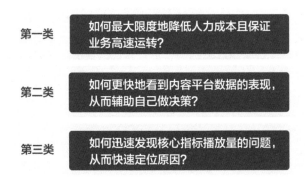

第一类　　如何最大限度地降低人力成本且保证业务高速运转？

第二类　　如何更快地看到内容平台数据的表现，从而辅助自己做决策？

第三类　　如何迅速发现核心指标播放量的问题，从而快速定位原因？

图 9-3　D 公司的管理者面临的 3 类问题

（1）如何最大限度地降低人力成本且保证业务高速运转？

D 公司的业务人员规模已经在 5 年内翻了几番，由于前期没有想好具体的业务打法，因此通过铺人力的方式实现业务目标。在扩张后的 3 年内，业务蓬勃发展，很多问题被掩盖了，如人力成本问题、ROI 问题等。近几年，这些问题越发严重，D 公司不得不进行大刀阔斧的裁员。

钱总以前没有认真思考过业务扩张的速度是否要和人力扩张的速度成正比。以前铺人力去解决问题的根源是内部业务流程的基建差，D 公司不得不用大量人力。现在的情况说明这并非可持续发展的战略，而业务数智化改造可以科学地降低人力成本。

此时，智智提醒钱总，业务数智化改造关系到 D 公司的命脉，想让业务数智化改造顺利地进行，组织的变革就一定要跟得上。钱总点了点头。

（2）如何更快地看到内容平台数据的表现，从而辅助自己做决策？

每次钱总想了解内部的业务数据总要等很久，尤其是周粒度和月粒度的数据，查询速度慢、体验差，导致钱总无法及时通过业务数据的表现发现问题所在。

（3）如何迅速发现核心指标播放量的问题，从而快速定位原因？

当发现核心指标播放量波动大的问题时，钱总总会对下属进行质问：为什么播放量连续 3 天都在下跌？钱总一问，员工就忙成一团，由于部门多，定位问题需要消耗很多时间，这样的效率使得钱总几次险些做出错误的决策。

在智智帮钱总厘清现在 D 公司的业务场景后，钱总非常苦恼，他认为这些问题给 D

公司造成了一定的损失。那么，如何根据上述业务场景进一步抽象我们所需要解决的问题呢？

### 9.1.4 本节小结

经过专业调研，智智摸清了 D 公司的基本情况和重要的业务场景，并对针对一线业务人员的场景和针对管理者的场景分别进行分析。智智针对以上两种大的业务场景理出 6 类细分业务场景的问题。

- 创作者的管理：如何更好地管理"创作者的一生"，从而更好地管理供给侧？
- 挖掘潜力内容：如何更好地发现和分析潜力内容，从而更好地分析消费侧？
- 定义新的品类：如何利用科学的手段挖掘新的品类，从而更好地进行品类扩充？
- 降低人力成本：如何最大限度地降低人力成本且保证业务高速运转？
- 辅助宏观决策：如何更快地看到内容平台数据的表现，从而辅助自己做决策？
- 定位核心原因：如何迅速发现核心指标播放量的问题，从而快速定位原因？

在与钱总多次确认上述场景的问题后，智智开始进行下一步——抽象业务问题。

### 9.1.5 本节思考题

如果你是智智，遇到针对一线业务人员的场景中的问题，那么你会如何解决呢？

## 9.2 抽象业务问题

我们在抽象业务问题时，需要抽象以下 3 个方面的问题。

（1）我们要解决谁的问题？

经过对业务场景的抽象，我们已经很明确地知道需要解决两类人的问题，他们分别是一线业务人员及管理者。这两类人有着非常明确的区分，一线业务人员重视落地拿结果；而管理者需要及时把控方向并进行纠偏，同时需要制定合理的业务目标。前者就像一个行驶在路上的车轮，后者就像方向盘，二者的目的地是一致的。

（2）我们要解决什么情况下谁的问题？

在 9.1.1 节中，钱总总结了解决问题的 3 个阶段，在不同的阶段，解决的问题侧重点不同，我们来分析一下这 3 个阶段。

- 阶段一：打基础——聚焦于业务效率和成本，面向的对象是一线业务人员。
- 阶段二：提全局——侧重于管理者的视角，通过事无巨细地呈现业务问题，帮助管理者更好地进行目标制定和纠偏。
- 阶段三：促营收——以前两个阶段为基础，发现更多的业务增长点，通过商业诊断产品辅助完成营收指标。

（3）我们要解决什么情况下谁的什么问题？

我们在第二个问题的基础上分别对 3 个阶段的问题进行细化。

阶段一的细化问题如下。

- 问题 1：如何通过灵活的方式对创作者进行多方位的精确圈定和分析，从而进行精细化运营？
- 问题 2：如何及时把握作品的变化？（可以通过监控和分析对作品进行归纳总结，从而对潜力创作者进行定向培训，帮助其突破创作瓶颈；也可以针对品类进行分析监控；还可以对优秀作品的特征进行提炼和复制等。）
- 问题 3：如何针对用户的喜好进行分析，动态分析消费情况，反向推导用户喜欢的内容，帮助进行新品类的挖掘？

阶段二的细化问题如下。

- 问题 1：如何通过科学的方式改善业务流程，减少一线业务的卡点和不必要的扯皮及沟通？
- 问题 2：如何快速、灵活地监控业务数据的变化？
- 问题 3：通过哪种手段可以快速定位目标指标播放量和作者粉丝数量波动的原因？

阶段三的细化问题如下。

- 问题 1：先赚钱，如何让创作者赚到钱？哪些创作者有赚钱的资格？用户为什么要为创作者的变现手段进行买单？平台如何撮合有赚钱能力的创作者和有特定目标的用户？
- 问题 2：再调控，如何进行合理调控，让创作者赚到钱的同时 D 公司也赚钱？

### 9.2.1　本节小结

通过对业务问题进行合理抽象，D 公司进一步明确了需要解决的问题，并通过 3 个阶段进行解决。

- 阶段一：打基础——聚焦于业务效率和成本，面向的对象是一线业务人员。
- 阶段二：提全局——侧重于管理者的视角，通过事无巨细地呈现业务问题，帮助管理者更好地进行目标制定和纠偏。
- 阶段三：促营收——以前两个阶段为基础，发现更多的业务增长点，通过商业诊断产品辅助完成营收指标。

对每个阶段的问题进行细分，可以使问题的解决更加明确。下面我们进入正题——如何通过 3M 业务数智化体系进行业务数智化改造。

### 9.2.2　本节思考题

哪 3 个方面的问题可以用于抽象业务问题？

## 9.3　建设业务数智化思想——Mind

思想的传播需要因地制宜。在得到钱总的许可后，智智对 D 公司进行了两周的业务摸底，发现 D 公司存在如下问题。

- 背景复杂。由于 D 公司不拘一格降人才，因此除了 20% 的老员工，80% 的新员工都来自各个领域，有的来自传统行业（如出版行业），有的来自互联网行业，员工的背景和经历相差甚大，彼此听不懂对方的"语言"，导致业务流程不顺畅。
- 目标不清。D 公司在成立初期就想把有趣的好内容传播到世界各地，所以 D 公司的目标制定方法比较笼统，无法很好地量化目标，导致目标无法很好地实现。
- 流程残缺。一个完整的业务流程涉及多个步骤，大大增加了业务推进的难度，并且 D 公司没有对整个业务流程进行规范和监控，导致大家相互推诿责任。

针对 D 公司的问题，智智给钱总提供了 3 种切实可行的解决方法，如图 9-4 所示。

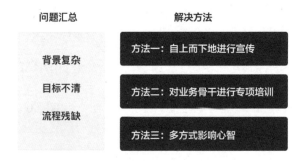

图 9-4　针对 D 公司问题的解决方法

### 9.3.1　方法一：自上而下地进行宣传

由于一线业务人员对业务数智化的了解程度不同，因此智智需要让他们知道业务数智化是什么、对他们有什么好处、对 D 公司有什么好处。智智需要让全员参与业务数智化思想建设，并且需要在前期进行多次培训，以便让一线业务人员都了解进行业务数智化改造的目的。这需要钱总这样层级的管理者进行推动，因为员工的自驱性不够，管理者进行加压可以更好地约束员工的行为，帮助业务数智化改造更好地推进。

### 9.3.2　方法二：对业务骨干进行专项培训

D 公司需要对业务骨干进行专项培训，以便让他们作为中转站更好地下发业务数智化的分解任务。对业务骨干进行培训的注意事项如下。

- 说明业务骨干为什么要来参加培训。
- 重点阐明业务数智化改造能给业务带来的好处。
- 说明业务数智化改造对个人的发展有何正向作用。

业务骨干作为重要的业务人员，可以起到承上启下的作用，对上可以给老板献计献策；对下可以带动很多一线业务人员投入业务数智化改造中。

### 9.3.3 方法三：多方式影响心智

方法一和方法二都是通过较为正式的方法进行行业业务数智化思想建设的，方法三相对比较灵活，也是非正式的。D 公司可以通过在工作区域等地方张贴业务数智化标语等形式影响相关人员的心智。标语要让大家随时随地都可以清晰地看见，从而起到加深其业务数智化思想的作用。

### 9.3.4 本节小结

经过一个月的思想建设，智智明显感受到 D 公司的一线业务人员对业务数智化改造有了很多期待，甚至还有很多被培训过的一线业务人员给智智发了邮件，针对即将开启的业务数智化改造献计献策。可以说，D 公司的业务数智化思想建设非常成功。接下来，我们进入业务数智化方法的推行阶段。

### 9.3.5 本节思考题

除了 D 公司采用的业务数智化思想建设方法，你还有哪些方法进行业务数智化思想建设呢？

## 9.4 推行业务数智化方法——Method

### 9.4.1 找专家，整体盘

俗话说，好的开始就是成功的一半。让资深的数智化专家进行业务数智化改造可以获得事半功倍的效果，他们可以帮企业快速、清晰地定位问题。

钱总请智智帮 D 公司进行业务数智化改造。智智拥有多年的跨行业业务数智化改造经验，并且在业务数智化领域有一定的影响力，因此 D 公司在进行业务数智化改造的初期比较顺利。

因为钱总定了 3 个较为长远的业务目标，担心后续智智的精力有限，所以想找一些相关专家，以备不时之需。钱总向智智请教如何可以识别数智化专家，智智告诉钱总需要看以下 3 个方面的能力。

- 资历方面：是否在业务数智化领域从业 5 年以上。
- 行业方面：是专注于一个领域还是具备多行业交叉经验。前者更专注，但是灵活性会受限；后者更懂得变通，拥有跨行业的成功经验，具备行业迁移能力。
- 成果方面：是否通过业务数智化改造帮助企业实现了开源和节流的目标，如是否降低了运营成本、是否增加了利润。

总之，我们要从多个方面去评估数智化专家，找对人，业务数智化改造的进行会更加顺畅。

### 9.4.2 树意识，引重视

由于 D 公司的业务数智化思想基础较差，因此还需要针对不同业务部门进行更多的思想建设。身体跟着大脑走，只有具备了业务数智化思想，才可以确保后续的改造能够较为顺利地进行。

#### 1. 自上而下地推动

D 公司的现状导致自下而上的思想影响比较困难，此时需要钱总这样的核心人物来推动。除了全员启动会，钱总还需要与核心员工多次召开关于业务数智化的头脑风暴会议，让大家在理解业务数智化的同时贡献出自己的想法。

#### 2. 相互理解和共情

除了管理者的强力推进，企业还需要深入了解一线业务人员需要什么、业务数智化改造对业务有什么帮助，以便形成大家互惠互利，而不是你争我夺的状态。这部分工作主要依靠数智化专家"走基层，深摸底"来完成。

#### 3. 营造良好的氛围

智智经常举办业务数智化茶话会，让所有相关者都参与进来。企业在初期一定要长期倾听一线业务人员的声音，了解问题究竟出在哪里。

### 9.4.3 拆目标，建团队

钱总和智智经过讨论，决定目前主要集中力量解决 3 个阶段中阶段一的问题，换句话说，就是实现阶段一的目标：提升内部效率，大大降低内部成本，即使业务运营效率提升 60%，使运营成本降低 65%。

对 D 公司而言，运营部门是最重要的业务部门，而且运营人员的体量也很大。因此，D 公司需要抓主要矛盾，集中对运营部门进行业务数智化改造。阶段一的目标可以被拆解为 3 个小目标。

- 运营流程提效：针对每个品类的运营部门梳理整体的运营流程，并且找到问题点，一网打尽。
- 核心业务专项：针对核心的品类和 D 公司未来大力发展的品类进行专项建设，沉淀核心的方法论，从而为核心业务的业绩突破添砖加瓦。
- 通用工具建设：在运营流程中衍生出一些通用工具，帮助运营人员更好地管理创作者。

通过拆解目标锁定所需人力，如图 9-5 所示。

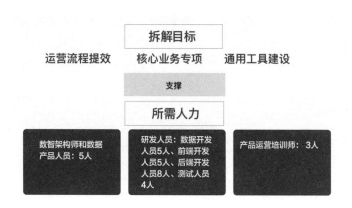

图 9-5 通过拆解目标锁定所需人力

目前,D 公司的业务运营规模是 3000 人,有 25 个品类,3 个阶段的搭建周期分别为 5 个月、3 个月、4 个月,所需的人力规模为 30 人,分别如下。

- 数智架构师和数据产品人员:5 人。
- 研发人员情况:数据开发人员 5 人、前端开发人员 5 人、后端开发人员 8 人、测试人员 4 人。
- 产品运营培训师:3 人。

需要注意的是,这些人员并非全部到位才可以开始进行业务数智化改造,因为我们接下来会从试点开始摸底,在试点摸底之前把团队组建完毕就可以。在试点改造阶段,我们需要保证的是团队的完整性,也就是说使每个角色都有人扮演,这样才能保证试点改造可以正常地进行。

### 9.4.4 建试点,纠偏错

如图 9-6 所示,我们可以按照 4 个步骤进行"建试点,纠偏错"。

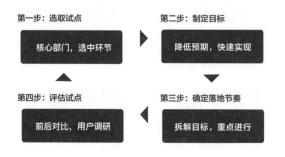

图 9-6 "建试点,纠偏错"的步骤

#### 1. 选取试点

针对 D 公司的业务,我们选取时尚、美食、运动子运营部门作为试点,原因如下。

第一，这 3 个部门是 D 公司的核心运营部门，50% 以上的流量都是由这 3 个部门提供的。

第二，这 3 个部门的业务运营效率非常低，人员数量占了运营人员总数的 85%，但是人效不高。

### 2. 制定目标

在制定目标的过程中，我们需要权衡现状和预期之间的差距。

- 整体目标：使业务运营效率提升 60%，使运营成本降低 65%。
- 现状摸底：在这 3 个部门中，整体的运营流程是怎样的？每个环节消耗多少人力？消耗大量人力的原因是什么？

如果发现业务部门存在很多历史包袱，那么在试点改造阶段可以相应地降低目标，如将目标改为使业务运营效率提升 40%，这样是为了确保试点改造的成功，因为试点会作为标杆，为后续其他业务部门的业务数智化改造提供参考。所以，试点改造的目标既要合理，又要有效。

### 3. 确定落地节奏

在试点改造的目标制定好后，我们就要开始拆解目标了，并且为拆解的目标设定优先级。

- 必须完成的（P0）：梳理时尚、美食、运动 3 个品类的关键运营流程（至少 3 条），找到问题点，并且保证在改造后可以使业务运营效率提升 40%。
- 可以完成的（P1）：把运营的优秀方法论（至少 3 个）沉淀到模块中，便于新员工快速上手和老员工经常复盘。
- 锦上添花的（P2）：建设相关的渠道，帮助运营人员更好地进行反馈和需求收集。

因为钱总只给了 4 个月的时间进行试点改造，所以我们需要很好地利用这有限的 4 个月，拿出结果来给钱总和一线业务人员看，这就需要小步快跑、快速前进。

（1）子阶段一：对 3 个品类（时尚、美食、运动）的集中调研。

这个子阶段大约需要用两周的时间完成。

集中调研的目的是深入了解时尚、美食、运动这 3 个品类的业务流程等内容，所需要关注的问题涉及创作者的日常工作、创作者的临时工作、创作者的长期工作 3 个方面。

- 创作者的日常工作：平常主要会做哪些方面的运营工作？做这些运营工作的目的是什么？这些运营工作的流程是怎样的？运营工作的流程涉及哪些相关方和工具？在推进这些流程时有哪些不便利的地方？
- 创作者的临时工作：不定期但是较为重要的临时工作有哪些？这些工作为什么很重要？这些工作处理的难点是什么？如果不处理会引发什么结果？
- 创作者的长期工作：哪些工作是需要以一个月、一个季度、半年、一年为周期进行的？做这些工作需要达到什么样的目的？在做这类工作时经常会遇到哪些问题？

在调研完毕后，我们需要整理好调研文档，并且和业务骨干进行确认。

（2）子阶段二：业务数智化改造规划。

由于时间的限制，笔者建议这个子阶段用两周的时间完成。

经过分析和总结，我们需要对时尚、美食、运动这 3 个品类进行业务效率提升，即实现业务效率智能化。通过优化低效业务节点中人力利用、时间利用、资源利用的方式，实现业务效率智能化。例如，对创作者的收入进行监控和分析是非常重要的事，对于收入不合理（如通过作弊手段获取收入）的创作者，需要及时干预和管控；对于收入合理且在正向增长的创作者，需要进行鼓励和归纳总结。每次进行收入分析都需要花费至少 3 天的时间去获取原始数据，而且数据来自不同部门，数据口径不一致，导致数据经常对不上，这是第一个问题。很多负责创作者收入的运营人员没有良好的分析思路，经常会给出与业务结果不一致的分析结论，这是第二个问题。

针对上述情况制作业务数智化改造规划书，并由规划评审会和业务相关方进行探讨。

（3）子阶段三：试点第一阶段落地。

这个子阶段建议用 4 周的时间完成（可以根据实际情况进行调整）。

在这个子阶段，我们主要把上一子阶段产出的业务数智化改造规划书进行落地（如落地创作者收入数智分析产品等），从而解决时尚、美食、运动这 3 个品类业务运营效率低下的问题。

我们在测试过程中要尽可能让运营人员参与测试，这样就可以在测试环节听到他们的建议，并且可以及时进行修正。

（4）子阶段四：试点第二阶段落地。

这个子阶段建议用 6 周的时间完成。

在试点第一阶段落地后，我们可以从中总结一些经验：哪些事情需要提前准备？当发生问题时怎样解决才能拿到最佳结果？这些经验在被认真复盘和总结后，可用于帮助试点第二阶段更快、更好地落地。

4. 评估试点

评估试点会为试点改造画上一个句号，但是经常被大家忽略。其实，这一步才可以真正验证业务数智化改造的结果。我们通过收集用后体验和反馈，将完成的结果和目标进行比对，从而评估出是否实现了原定目标。例如，通过落地创作者收入数智分析产品，使业务运营效率提升了 70%，超额实现目标；业务人员对这个产品的评价非常好，NPS 分数[①] 为 60%。

9.4.5　设目标，全量推

经过对时尚、美食、运动这 3 个品类的试点改造，不仅实现了原定目标，还超额实现。

- 原定目标：使 3 个品类的业务运营效率提升 40%。
- 实际情况：使 3 个品类的业务运营效率提升了 70%，沉淀了 3 个方法论。

---

① NPS 分数 =（推荐者人数 – 批评者人数）/ 总人数。例如，20 个人是推荐者（9～10 分），50 个人是中立者（7～8 分），30 个人是批评者（0～6 分），那么 NPS 分数就是 –10%。

大家都为这样的结果感到开心，尤其是钱总，试点改造的成功充分验证了钱总的想法，也为钱总所设定目标的实现做了很好的数据佐证。试点改造的成功也鼓舞了一线业务人员，大家从开始的怀疑到半信半疑，到现在都一致相信业务数智化改造的价值。

随着大家的士气大涨，钱总决定乘胜追击，把原定目标做一些提升，如原定目标是使业务运营效率提升 60%，使运营成本降低 65%，现在改为使业务运营效率提升 70%，使运营成本降低 70%。

在调整好目标后，我们就可以开始向各业务线推动，进行全面的业务数智化改造了。

### 9.4.6　本节小结

虽然 D 公司的业务数智化改造前期的准备工作和基础不好，但是试点改造着实为业务解决了不少难题。例如，以前低效的运营方式导致 D 公司浪费了大量人力在很多琐碎且不重要的事情上，试点改造有效地解决了时尚、美食、运动这 3 个品类人效较低的问题，使业务运营效率提升了 70%。接着，D 公司趁热打铁进行全面的业务数智化改造，同样获得了良好的结果。

### 9.4.7　本节思考题

对于试点改造，你还有哪些好方法可以快速推进吗？

## 9.5　落地业务数智化产品——Manufacture

经过建设业务数智化思想和推行业务数智化方法，D 公司实现了阶段一的目标。此时，读者一定很关注 D 公司业务数智化的落地形态是什么，以及 D 公司落地了哪些产品来使其运营流程得到巨大的改善。本节重点介绍 D 公司落地的业务数智化产品。

第 8 章介绍过业务数智化产品包括 3 个层级的产品，由于 D 公司阶段一的改造主要涉及前两个层级的产品，因此本节重点介绍前两个层级的业务数智化产品。

### 9.5.1　落地前的铺垫

在落地业务数智化产品之前，我们要先确保指标体系完善、标签体系基本可用。

确保指标体系完善是为了确保数字化改造的结果，有了这个基础，我们才可以进行上层应用的搭建，并且要确保核心业务的数据有 65% 以上都落在指标体系中。

标签体系基本可用是指 D 公司的运营人员对某些定义达成共识，如创作者生命周期的定义、用户 RFM 模型（Recency、Frequency、Monetary，最近一次消费、消费频率、消费金额）的定义等。这是为后续进行各类视角的分析做准备。

### 9.5.2　数智监控产品

针对 D 公司的数智监控产品，我们从以下两个角度进行打造。

- 离线角度：更关注业务指标的全面性、趋势性。
- 实时角度：更关注关键指标的波动性、特殊性。

1. 数智监控产品（离线）

从离线角度打造数智监控产品更加聚焦于业务数据的全面性，如创作者的监控、作品的监控、用户的监控等，并且可以给出多种时间粒度（如天、周、月等）。

D 公司的业务模型如图 9-7 所示。

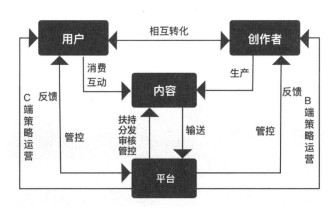

图 9-7　D公司的业务模型

首先，根据 D 公司的业务模型，我们可以抽象出 D 公司的业务实体和业务实体之间的关系。

- 创作者方面：一切和创作者相关的数据，如基本表现、粉丝情况、创作情况、粉丝画像、商业化表现等。
- 内容方面：一切和内容相关的数据，如基本表现、互动表现、营收表现、负向表现等。
- 用户方面：一切和用户相关的数据，如用户喜好、用户画像等。
- 平台方面：一切和平台（D 公司）相关的数据，如产品功能上线情况、内容审核情况、活动情况等。

我们通过几个例子来分析以上业务实体之间的关系。

平台和其他业务实体的关系如下。

- 与创作者的关系：对创作者进行宏观调控、定向培育、管理管控等操作。
- 与内容的关系：对内容进行扶持（流量扶持、资金扶持）、分发、审核、管控等操作。
- 与用户的关系：对用户投放 C 端策略，进行触达、促活等。

用户和其他业务实体的关系如下。

- 与创作者的关系：与创作者进行互动、转化为创作者。
- 与内容的关系：消费内容、与内容进行互动等。
- 与平台的关系：通过进线等手段向平台反馈问题。

然后，我们要与运营人员一起制定每个业务实体需要展示的数据。以创作者为例，我们需要展示以下数据。

- 基本表现：是否为原创创作者、创作等级、创作者排名。
- 粉丝情况：累计粉丝量、新增粉丝量、掉粉量。
- 创作情况：投稿量、创作周期、作品平均时长。
- 粉丝画像：男粉比例、女粉比例、粉丝年龄段。
- 商业化表现：GMV、商业内容数量、单均商业作品播放量。

D公司的数智监控产品（离线）如图9-8所示。

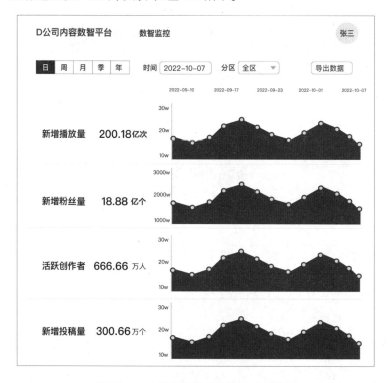

图9-8　D公司的数智监控产品（离线）

D公司的数智监控产品（离线）的好处在于产出稳定、可查可追、资产沉淀。

- 产出稳定：可以设定在每天09:00前产出数据任务，超出这个时间就在产品层面给予提示，如"下游数据产出延迟导致无法正常产出，预计11:00回复"。
- 可查可追：提供全面的大盘数据，可以帮助业务人员及时进行查询和追溯，获取去年同期或者周同比等数据，如8月的播放量同比去年8月涨了10%。
- 资产沉淀：数据是D公司的核心竞争力，沉淀越多越具备优势，可以帮助业务人员更好地进行业务判断。

2. 数智监控产品（实时）

由于D公司所在的是内容行业，因此及时把控内容的波动和风向是十分必要的，至少要做到小时级别的实时，这样可以帮助品类人员进行盯盘。对于内容的实时监控有如下使用场景。

- 正向跟踪：热门内容发酵很快，因此我们需要从实时角度及时挖掘优质内容。
- 负向管控：及时管控劣质内容高速传播，很多时候，如果我们过一天再去管控，可能就控制不住了。例如，针对关于虚假的金融产品的内容，我们需要进行限流等打压。

由于数智监控产品（实时）的打造成本比较高，技术方案和数智监控产品（离线）的完全不同，因此我们要选取核心指标进行监控，如新增播放量、新增稿件量、新增粉丝量、新增点赞量等。D 公司的数智监控产品（实时）如图 9-9 所示。

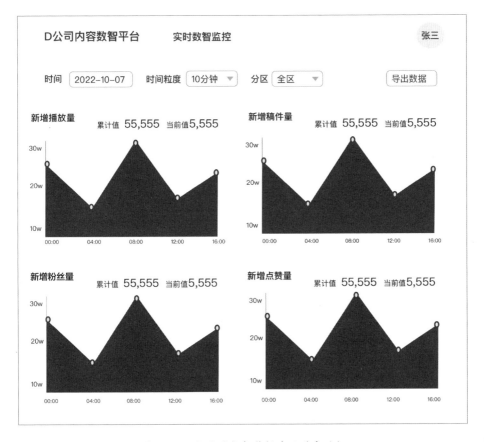

图 9-9　D 公司的数智监控产品（实时）

### 9.5.3　数智分析产品

在 D 公司的业务模式中，创作者起着举足轻重的作用。运营人员经常会从创作者的视角制定各种业务策略。基于这个基础，我们应该怎样打造创作者的数智分析产品呢？

我们按照应用形态将创作者的数智分析体系分为整体创作者分析体系、创作者榜单分析体系和创作者个性分析体系 3 种。

### 1. 整体创作者分析体系

整体创作者分析体系主要包括创作者大盘分析和创作者结构分析两个部分。

1）创作者大盘分析

创作者大盘分析的视角更加聚焦，展示的数据更加全面，如展示了内容的曝光量、内容的点击率等数据。

在创作者维度，我们可以增加人群筛选选项，如创作者的生命周期、创作者价值的层级等。视角可以交叉，这样有助于更加精准地定位。D 公司的创作者大盘产品如图 9-10 所示。

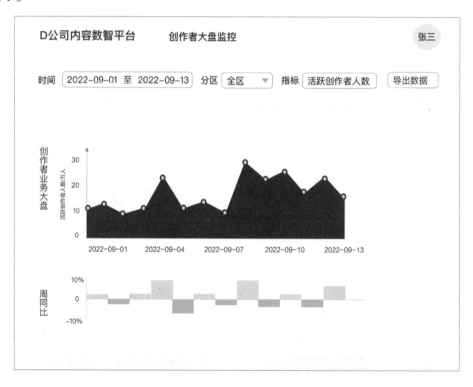

图 9-10　D 公司的创作者大盘产品

2）创作者结构分析

在分析完创作者大盘后，我们要进行创作者结构分析。例如，2022 年 7 月 12 日，播放量有 900 万次，业务人员想看看是哪些创作者贡献的，并根据每类人群的贡献度进行策略调整（如近一个月成长期创作者的创作积极性很高，可以重点向他们推一些活动，并分配一定的流量）。D 公司的创作者结构分析产品如图 9-11 所示。

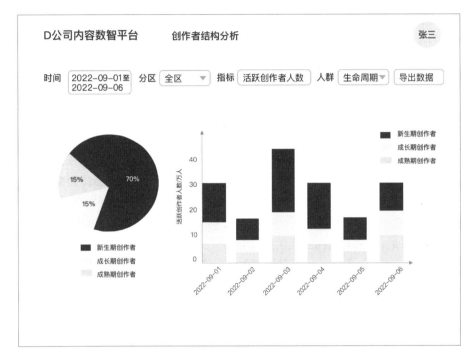

图 9-11　D 公司的创作者结构分析产品

## 2．创作者榜单分析体系

创作者榜单分析体系包括创作者榜单情况和创作者 360° 分析两个部分。

1）创作者榜单情况（圈定头部）

由于内容行业比较关注头部内容的情况，因此我们非常需要及时掌控头部内容的风向。按照用户群体，我们把管理者和一线业务人员的需求场景进行梳理。

管理者主要需要回答老板的以下问题。

- 今天涨粉量破峰的创作者有哪些？破峰最多的品类是什么？
- 播放量 Top 榜上的稿件有哪些？是否为活动稿件？是原发热点，还是与全站热点相关？

此时，我们需要一个产品能在第一时间快速地把这些信息传递给管理者。

一线业务人员的工作涉及日常品类盘点、高潜作者挖掘和辅助活动复盘 3 个方面。

- 日常品类盘点：品类周报中最核心的部分就是关于破峰的创作者及破峰的稿件的情况。及时监控上述数据指标及相关联的数据指标可以帮助一线业务人员更好地对业务进行调整和判断。
- 高潜创作者挖掘：作者破峰榜单、高播稿件榜单可以帮助一线业务人员快速挖掘优秀的创作者，从而辅助进行签约等操作。
- 辅助活动复盘：爆款稿件中活动稿件的占比为多少？涨粉量破峰的创作者的新增

粉丝量是否是由活动带来的？

综上，针对创作者的榜单有正向榜单和负向榜单两种。

正向榜单：涨粉榜、新晋榜、破峰榜、营收榜、创作榜。

负向榜单：掉粉榜、减收榜。

我们在落地这些榜单的过程中需要注意以下几点。

- 及时触达：在榜单更新后，要能够通过邮件、企业沟通软件等及时将榜单信息传递给有需要的一线业务人员。
- 稳定产出：由于头部作品是 D 公司重要的资产，因此我们需要保证产出时间，从而让一线业务人员高效地拿到结果。
- 多端触达：针对管理者需要进行特殊渠道支持，通过手机端进行及时通知，从而帮助管理者及时了解头部创作者的情况。

2）创作者 360° 分析

通过上述榜单，我们定位出需要分析的单个创作者，并针对单个创作者进行 360° 分析。我们主要从业务价值、数智价值、功能价值 3 个方面进行说明。

（1）业务价值：从数据一致性问题和全方位了解头部创作者两个方面进行说明。

- 数据一致性问题：解决运营人员和创作者信息割裂的问题。当每次创作者的数据有异动时，这些异动情况都会以截图的形式被发送给对应的运营人员。运营人员拿到的信息都是滞后的，不能主动发现问题。
- 全方位了解头部创作者：对创作者的基础信息，如创作情况、粉丝情况、负向标签等进行完整和全面的展示，快速帮助运营人员发现问题。

（2）数智价值：从创作者排名对比、内容表现和评估分数 3 个方面进行说明。

- 创作者排名对比：创作者在品类内部、站内整体的排名情况可以帮助运营人员更好地进行后续运营方案的调整。
- 内容表现：稿件的流量表现、互动表现、审核数据表现等可以帮助运营人员有针对性地分析对应问题。
- 评估分数：完整地评估分数可以帮助运营人员对创作者进行更好的判断，从而在某些方面切中要害。

（3）功能价值：从产品功能和与体验相关两个方面进行说明。

- 产品功能：可以为各类业务提供一个高效、快捷、信息全面的整合入口。
- 与体验相关：升级产品体验，使运营人员更方便地使用产品，最大限度地提高工作效率，打通各个模块。

综上，我们可以通过创作者的基本表现、粉丝情况、创作情况等分别进行分析，以便一站式地定位创作者的波动并进行有针对性的分析。

3. 创作者个性分析体系

创作者个性分析体系包括创作者个性圈定、创作者个性分析和创作者收入分析 3 个部分。

1）创作者个性圈定

一线业务人员在日常运营中会遇到很多运营场景，以下列举了几个常见的运营场景。

- 需要监控一些高潜创作者，时刻了解他们的变化，如是否跨级、是否有爆款作品。
- 需要根据创作者的特征进行定向创作者运营。
- 需要进行创作者分组运营，对不同人群分别实施不同的策略。
- 需要根据实时情况对所运营的创作者进行增删等操作，调整各类人群的分组和策略，如一些创作者发表了不当言论，情节较为严重，就需要把他们从重点运营人群中移除。

此时，一线业务人员手中的流量和预算一定是有限的，尤其是在整个行业降本增效的背景下。一线业务人员需要把有限的资源用到极致，毫无疑问，他们需要运用精细化运营的手段来解决这个问题。

我们提供一个创作者人群圈选的产品来定位创作者，具体步骤如下。

步骤一：创建创作者人群，设定人群的基本信息、人群更新的频率等信息。

步骤二：设置筛选条件，如创作者的基本信息、投稿情况、涨粉情况、活跃情况等；设置筛选算法，如取并集、取交集、取差集等，一线业务人员可自定义人群圈选规则。

步骤三：进行分组，等待计算结果。

2）创作者个性分析

（1）创作者趋势分析。

创作者趋势分析主要用来分析创作者的各类业务表现，如投稿方面的表现、涨粉方面的表现、互动方面的表现等。进行创作者趋势分析，一方面可以帮助我们更好地对这些创作者进行监控；另一方面可以帮助我们更好地进行同一类型不同组别创作者的对比，从而验证策略的有效性。

（2）创作者分布分析。

分布分析是指在同一个视角下去查看不同类型事件发生的次数。根据对不同类型事件的统计，我们可以更好地了解创作者的行为和目的等。通过创作者分布分析，我们可以很容易地发现值得关注的创作者的所在之处。

（3）画像分析。

针对创作者的画像，我们可以从以下两个方面进行分析。

基本特征：是新创作者，还是老创作者？平均创作频率是多少？创作的品类偏好是什么？创作者的性别集中于哪个？每日涨粉/掉粉量是多少？

行为特征：创作者在平台上的行为路径是什么？创作者对每个功能的使用频次是多少？创作者经常参加的活动有哪些？

3）创作者收入分析

上述针对创作者的分析针对的是全体创作者，我们把范围缩小到对 D 公司有贡献的创作者身上，分析他们的收入情况是否合理、我们是否需要进行合理调控。分析思路如下。

（1）有创收能力的创作者有哪些？

商家需要创作者帮助他们进行变现，因此他们非常想知道哪些创作者可以帮助他们进行推广、哪些创作者拥有强大的创收能力。

（2）商家为什么要来平台挑选创作者为他们创收？

这是因为创作者的赚钱能力强，还是因为用户愿意通过平台买单？D 公司也要提供自己独有的商业价值吸引更多的商家来合作，从而帮助 D 公司的业务达标。

（3）如何将商家和创作者快速进行匹配？

商家需要哪些创作者？这些创作者在平台上是如何表现的？其粉丝画像是怎样的？

商家希望创作者有一定的影响力、有与他们的产品匹配的粉丝群体。我们可以从创作者个人及粉丝情况两个方面进行判断。

- 创作者个人：整体实力、基础表现、影响力、创作能力、与粉丝互动的情况等。
- 粉丝情况：粉丝画像、粉丝购买力、粉丝黏性等。

将创作者的信息通过数智分析产品进行落地，可以帮助商家更好地找到所需的创作者。

（4）创作者获得的收入应该如何分析？

D 公司的创作者收入分析产品如图 9-12 所示。通过图 9-12，我们可以清楚地看到不同收入水平的高价值创作者的人数及人数占比。

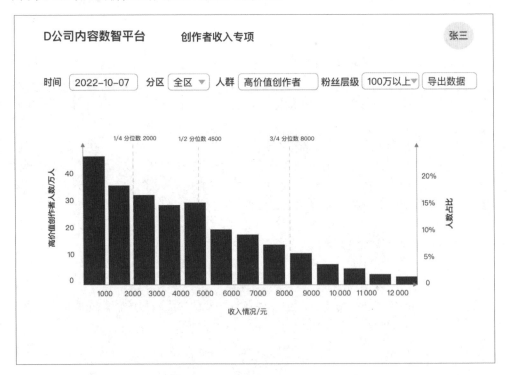

图 9-12　D 公司的创作者收入分析产品

为了可以更加高效地复用产品，我们可以增加分区、人群、粉丝层级等筛选项进行详细定位，也可以通过增加创作者导出功能快捷定位人群。

### 9.5.4　本节小结

因为目前很多公司都没有进行业务数智化改造，D 公司落地的业务数智化产品就显得非常具有代表性。在基建薄弱的情况下，D 公司要从数智监控和数智分析这两个层面进行业务数智化产品的落地。

### 9.5.5　本节思考题

在 D 公司在落地业务数智化产品的过程中，你认为有哪些经验是可以值得深入学习和借鉴的呢？

## 本章小结

在钱总的支持，以及 3M 业务数智化体系的引导下，大家充满干劲地完成了阶段一的改造，并且阶段一的目标超额实现。D 公司的全体业务人员都感到很开心，因为业务数智化改造帮助他们缩短了业务流程，使得彼此之间的信息可以互通。同时，D 公司通过业务数智化产品挖掘了很多潜力创作者和内容。

智智也觉得这次改造令人非常有成就感，因为是在有各种不利条件（员工初期抵触、基建薄弱、数字化改造不完善等）的情况下进行的，并且大获成功。业务数智化改造帮助 D 公司实现了很多以前完全不敢想的目标。

# 第 10 章　O2O 行业的数智化实践

本章导读

返璞归真可能是目前乃至未来 5 年 O2O 行业发展的一个方向。因此,在这个行业中,企业需要不断提升自己精细化运营和存量运营的能力,提质增效降成本,从而从众多竞争对手中脱颖而出。这就离不开强大的业务数智化运营能力。

现在我们一起来看 E 公司的业务数智化改造之路吧!

E 公司是一家典型的 O2O 公司,目前已经成立 12 年。由于 E 公司在成立之前有近 5 年的餐饮信息的积累,并且赶上了移动互联网的东风,行业基础积累和方向把控非常准确,因此其主营的线上外卖业务常年稳居行业榜首。

由于交易类数据的严谨性,一直以来,E 公司都是以数据驱动为手段进行业务决策的,因此其数字化基础非常好。E 公司在近些年也进行了一些业务数智化探索。E 公司所做的这些努力都极大地提升了业务运转的速度,至少降低了 50% 的运营成本。

由于外卖行业的体量已经基本饱和,加上近些年互联网环境趋于稳态,增长的边际效应很低,不太可能再发生大幅增长,因此赵总开始反思两个问题。

- 降低成本:业务不会大幅增长了,但是业务成本依旧很高,如何进一步降低业务成本? 例如,负责运营华北区用户的团队有 500 人,是否可以提效,将人员减少到 100 人?

- 扩大营收:对于现有业务,如何清晰地了解到业务关键指标波动的根因? 如何进行 "低水位提频" 和 "高水位保持"?

如何进一步进行业务数智化改造从而解决上述问题? 赵总一筹莫展。为什么如此之难?

- 没有相关参考:E 公司是行业中数字化程度较好的公司,想进一步进行业务数智化改造,没有可以参考的案例。

- 只凭自驱,担心失败:业务数智化改造是一件很专业的事,在没有参考和没有专业人员规划的情况下贸然进行,失败的风险比较大。

赵总得知他的高中同学智智已经成为数智化专家了,便与智智取得联系,在追忆往昔的同时说出了自己现在遇到的问题。智智一边仔细倾听，一边筹划着帮老同学排忧解难……

　　本章以 E 公司所在的外卖行业为切入点，介绍智智是如何通过 3M 业务数智化体系对 E 公司进行业务数智化改造的。

# 10.1　业务场景说明

　　按照惯例，我们先来了解 E 公司的整体情况和重要的业务场景。

## 10.1.1　E 公司的整体情况

E 公司的整体情况如图 10-1 所示。

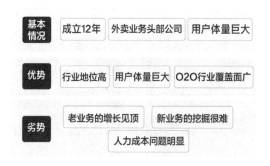

图 10-1　E公司的整体情况

（1）基本情况。

　　E 公司成立 12 年，在成立之前深耕于餐饮行业，从众多竞争对手中脱颖而出。E 公司从初期重点经营外卖业务，到现在发展到经营了商旅预定、休闲娱乐、团购买菜等 8 类 O2O 业务。其中外卖业务一直是 E 公司的核心业务，业务收入占总营收的 60% 以上。由于 E 公司起步早，入驻的商家非常多，用户体验也非常好，因此赢得了大量忠实的用户。

（2）优势。

- 行业地位高：E 公司在同一领域内长期占有 65% 以上的市场份额，在外卖行业中是名副其实的第一名。
- 用户体量巨大：E 公司的外卖业务基本上是以保质且低价为原则进行的，吸引了一大批用户，而且这些用户的黏性非常大。
- O2O 行业覆盖面广：由于外卖业务做得非常好，E 公司也横向扩展了商旅预定、休闲娱乐、团购买菜等 8 类 O2O 业务，并且获得良好的收益。

（3）劣势。

- 老业务的增长见顶：E 公司中外卖这样的根基业务的体量已经封顶，增长十分困难。
- 新业务的挖掘很难：目前，大部分公司已经过了高速增长期，利润增幅变小，这样的背景使得大部分公司都不敢贸然去做新的业务，导致新业务挖掘变难。如果无法快速见效，新业务的建设就会经常发生胎死腹中的情况。

- 人力成本问题明显：由于盈利和增长开始放缓，因此业务内部的人力成本问题显得非常明显。

赵总主要想解决现阶段由劣势造成的问题，如果这些问题可以被解决，E 公司的潜在危机就会被扼杀在摇篮里。赵总想分 3 个阶段去解决问题。

- 阶段一：成熟业务提效，针对增长见顶的成熟业务，使人效至少提升 75%。
- 阶段二：核心指标诊断，针对业务中的核心指标，通过科学合理的方式进行原因探索，并给出解决方法，使定位和解决业务问题的效率至少提升 90%，快速帮助管理者进行决策。
- 阶段三：科学探索新模式，快速验证新模式的可行性，给出科学的解决和评估方式。

由于篇幅的限制，我们主要解决阶段一和阶段二的问题。针对阶段一和阶段二，我们梳理出成熟业务提效和核心指标诊断两个业务场景，如图 10-2 所示。

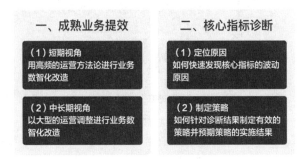

图 10-2　E 公司的两个业务场景

### 10.1.2　业务场景一：成熟业务提效

（1）短期视角：用高频的运营方法论进行业务数智化改造。

成熟业务的运营方法是非常规范的，而且是经过千锤百炼的，经得起时间的考验。对 E 公司而言，外卖业务是其最成熟的业务，因此我们可以从常规的短期外卖运营策略出发，把日常的运营方法论进行抽象和数智化呈现。例如，我们可以从以下几个方面进行抽象。

- 用户的流转：哪些用户近一周流失了？哪些用户的消费次数减少了？哪些用户的消费次数增加了？
- 用户的策略：针对不同变化程度的用户，常规的策略是什么？是否进行了精细化运营？
- 新用户的留存：如何第一时间发现新用户并且根据分析结果进行专项运营？

（2）中长期视角：以大型的运营调整进行业务数智化改造。

由于 E 公司所处的行业属于 O2O 行业，O2O 行业的商业模式属于佣金模式，因此佣金的设定对 E 公司非常重要。E 公司拿的佣金多了，商家获得的利润就少了；E 公司拿的佣金少了，商家获得的利润就多了。E 公司需要找到一个平衡点。佣金的调整是核心但是不经常要做的事情，一般以季度为周期进行调整。

### 10.1.3　业务场景二：核心指标诊断

（1）定位原因：如何快速发现核心指标的波动原因？

对于 E 公司的外卖业务，赵总会关注几个核心指标：GMV、完成订单量等。赵总每次发现核心指标 GMV 发生大的波动，就会对业务部门的负责人进行追问：为什么 GMV 连续 7 天都在跌？你们不是还在做补贴活动吗，一边发钱一边赔钱的原因是什么？

外卖业务是 E 公司最成熟的业务，涉及的部门非常多，每次定位问题都大费周章，且信息经过几层传递，容易失真；此外，部门间相互推诿还会导致无法找到真正的原因。

赵总想第一时间找到原因，以便帮助他进行决策，以及避免推诿的现象发生，用数据说话。

（2）制定策略：如何针对诊断结果制定出有效的策略并预期策略的实施结果？

找到原因只是第一步，更重要的是解决问题。要解决问题，一般需要制定一些有针对性的策略。赵总希望这些策略可以一站式地对接到业务数智化产品上，因为这样可以节省很多人力和资源。

技术出身的赵总还希望能有一些数据佐证策略的实施结果，自上而下地引导大家用数据说话，而非凡事都"拍脑袋"做决定。

### 10.1.4　本节小结

智智经过分析和思考，找到了 E 公司的两个业务场景：成熟业务提效和核心指标诊断，并针对每个业务场景都产出了科学的调研报告。调研报告中的内容戳到了赵总的内心深处，所以赵总迫不及待地与智智进行了深入交流：针对这些业务场景，如何进行对应的业务问题抽象？

### 10.1.5　本节思考题

回忆一下，智智是如何进行 E 公司的整体情况分析的？

## 10.2　抽象业务问题

我们沿用第 9 章抽象业务问题的方法，分别抽象以下 3 个方面的问题。

（1）我们要解决谁的问题？

经过对业务场景的抽象，我们可以推测出需要解决两类人的问题，他们分别是一线业务人员（辅）、管理者（主）。

由于 E 公司前期已经进行了一些业务数智化探索，加上全体业务人员对数据高度敏感，因此业务方面的改造只需要再上升一个层级就行；而对核心指标的诊断主要是为管理者服务的。

（2）我们要解决什么情况下谁的问题？

在 10.1.1 节中赵总总结了解决问题的 3 个阶段，在不同的阶段，需要关注的点不同，具体如下。

- 阶段一：逐提升——在已有业务数智化探索的基础上进行查缺补漏，把业务效率再提升一个层级。
- 阶段二：重诊断——除了一线业务人员，管理者也会关注核心指标，因为核心指标是企业的命脉，管理者需要及时发现指标波动的原因，以便进行方向调整。
- 阶段三：一站式——通过阶段二已经可以定位到核心指标的问题，此时要给出相关策略，一站式解决这些问题，并且给出策的实施结果。

（3）我们要解决什么情况下谁的什么问题？

我们在第二个问题的基础上对 3 个阶段的问题进行细化。

阶段一聚焦于业务效率的提升，面向的对象是一线业务人员，其细化问题如下。

- 问题 1：通过哪种方式可以精准定位各类人群，从而帮助一线业务人员更好地进行策略投放？
- 问题 2：如何定位流失人群，并且实施特定策略进行拉回？
- 问题 3：如何判断哪些商家需要调整佣金？佣金调整对业务指标有何影响？

阶段二侧重于管理者的视角，精准定位核心业务指标问题的根因，以便帮助管理者及时进行改进，其细化问题如下。

- 问题 1：针对 GMV、完成订单量这些核心指标的波动，如何可以快速给出波动的原因？
- 问题 2：如何通过一套完整的分析方法把所有的业务因素都串联在一起，帮助业务相关者判断原因，避免分歧？

阶段三侧重于给出具体的策略，其细化问题如下。

- 问题 1：哪些策略可以有效地解决问题？在不同的策略之间应如何进行选择？是否可以预估出每个策略帮我们拉回的 GMV？
- 问题 2：策略实施后的监控和及时复盘能否一站式地给出？

## 10.2.1　本节小结

如果要进行业务数智化改造，就要对目标进行清晰且有节奏的拆解。经过智智对 E 公司进行分阶段的有序拆解，赵总觉得很多可被解决的问题都被展示出来了。随着这些问题被具体化、分层化、清晰化地展示出来，整体的方向和规划变得明朗了。

## 10.2.2　本节思考题

逐提升、重诊断、一站式分别是 E 公司接下来的 3 个改造重点，如果重新对 E 公司进行问题抽象，你有什么不同的观点吗？为什么？

## 10.3　建设业务数智化思想——Mind

由于 E 公司的外卖业务团队中的大部分人都具备一定的数据思维，因此业务数智化思想建设的开展会比较顺畅，其难度远小于 D 公司。但是，此次针对外卖的业务数智化改造不单单是一些业务数智化产品的呈现，还涉及策略、方法、评估等环节，所以有必要进行新一轮的业务数智化思想建设。

我们先来归纳一下 E 公司外卖团队的特点。

- 人员能力：人员对数据的敏感度很高；80% 以上的运营人员拥有运营 + 分析的双重背景，且基本上都在 O2O、电商等领域从业多年。由于背景和经历较为接近，内部沟通效率较高。
- 目标明确：外卖业务具有交易属性，所以其目标明确（提升 GMV 和完成订单量），其运营策略和打法也相对成熟。
- 流程完整：内部的运营流程非常成熟，配套的平台建设也相对完善。

综上，E 公司的外卖业务的起点很高，非常适合进行高层级的业务数智化改造。虽然思想层面的建设难度不大，但是还是需要召开一些轻量的动员会，从而引起各方的重视。

### 10.3.1　方法一：全员培训

面向的人员：与改造相关的所有业务人员。

由于 E 公司业务人员的整体素质较高，因此我们在前期只需要召开最多 3 次动员会，鼓舞大家的士气。在动员会上，我们主要需要说明业务数智化是什么、为什么要进行业务数智化改造、怎么样才能做好业务数智化改造、业务数智化改造能给 E 公司和个人带来的收益是什么？

虽然 E 公司的业务人员的业务数智化素养比较高，但是他们对数智分析产品和数智诊断产品的落地还是一知半解的，因此我们需要在改造初期通过业务数智化思想建设来解决这个问题。

### 10.3.2　方法二：业务策略 & 分析专项会

面向的人员：核心业务人员、策略人员、分析师等。

针对 E 公司，我们要落地数智诊断产品，这就需要我们进行长期的实验和线下跑通，所以在落地数智诊断产品之前，我们需要和相关人员统一整体思路。我们需要和与业务相关的业务专家、策略人员、分析师等进行专项讨论。讨论的内容主要包括数智诊断产品落地的大致效果和目标、各自的问题和建议、如何稳步进行、相互的协作方式等。

只要进行数智诊断产品落地，就一定要重视上述事情。

### 10.3.3　本节小结

在深入分析 E 公司的整体人员情况之后，智智有针对性地召开了动员会和业务策略 &

分析专项会，这样可以保证大家在落地数智诊断产品前可以对其有所了解，并为后续的改造铺路。接下来我们就要开始推行业务数智化方法了。

### 10.3.4　本节思考题

为什么 E 公司在业务数智化基础已经很完备的情况下还需要进行业务数智化思想建设呢？

## 10.4　推行业务数智化方法——Method

虽然还是按照业务数智化落地的方法进行推行的，但是由于 E 公司已经具备了比较好的业务数智化基础，因此在实际推行时侧重点有所不同。接下来我们具体介绍 E 公司是如何推行业务数智化方法的。

### 10.4.1　找专家，整体盘

E 公司的外卖业务已经进行了一些业务数智化探索，现在需要进行拔高。为 E 公司的外卖部门配备的数智化专家需要满足以下条件。

- 资历方面：至少做过两次高层级的业务数智化改造（涉及数智诊断产品的落地）。
- 能力方面：具备产品落地能力、数据分析能力、策略调控能力、多方协调能力等。
- 成果方面：帮助业务至少降低 60% 的人力成本。

上述这些条件看似不多，但是能满足上述所有条件的数智化专家寥寥无几，因为大部分企业没有很好的数字化基础，所以高级数智化专家非常稀缺。

赵兴决定任命智智为 E 公司的总数智架构师，因为智智不仅满足上述所有条件，还拥有很多成功的跨行业业务数智化改造经验，基本上可以保证 E 公司的业务数智化改造万无一失。

### 10.4.2　树意识，引重视

E 公司的外卖业务人员具备着良好的业务数智化基础,所以"树意识"比较容易做到。但是,由于这次是进行高层级的业务数智化改造,因此大家存在很多知识盲区。在进行"树意识,引重视"这一步时,我们需要重点注意以下几个方面的工作。

- 成熟的分析。针对高层级的业务数智化改造，需要用非常成熟、稳定的分析方法，因此改造成本较高。我们需要和外卖业务人员多次探讨分析方法，并且进行反复验证，从而求得最好的效果。
- 科学的意识。要进行高层级的业务数智化改造，就需要有科学的意识，要把科学的方法普及给所有外卖业务人员。例如，科学合理地控制好变量，排除其他可能影响结果的因素。
- 长久的耐心。高层级的业务数智化改造会涉及科学的实验,如果要保证实验效果好,就需要进行大量的、各种情况下的对比实验。除此之外，我们还需要对策略模型等进行调优。这必然会是一件长期而艰辛的事，所以我们要让进行改造的相关人员做好打长期战的心理准备，保持长久的耐心。

### 10.4.3　拆目标，建团队

由于篇幅所限，我们重点解决阶段一的部分问题和阶段二的问题，换句话说，就是实现阶段一的部分目标和阶段二的目标。

阶段一的部分目标可以被拆解为以下两个目标。

- 核心运营场景提效：针对重要用户的留存及整体用户的流转情况进行高效的定位和策略干预。
- 长期策略科学建设：针对外卖业务流程中的佣金调整，进行合理的业务数智化改造，进而提升长期策略的效果。

阶段二的目标可以被拆解为以下两个目标。

- 重要业务指标诊断：对外卖业务的核心指标 GMV、完成订单量等进行科学的诊断和分析。
- 宏观视角纵览判断：较为全面地综合分析和判断核心指标的变化，将完整的分析方法落地到产品上。

目前，E 公司的外卖业务运营规模是 5 千人，大致涉及商家侧运营、用户侧运营、商务拓展（销售）运用这三方。根据拆解出的目标和全面调研的分析，智智粗估了一下所需的人员。

针对阶段一的人员配备如下。

- 数智架构师和数据产品人员：3 人。
- 研发人员：数据开发人员 4 人、前端开发人员 3 人、后端开发人员 3 人、测试人员 2 人。
- 产品运营培训人员：1 人。

针对阶段二的人员配备如下。

- 数智架构师和数据产品人员：3 人。
- 分析师和模型师：3 人。
- 研发人员：数据开发人员 4 人、前端开发人员 3 人、后端开发人员 4 人、测试人员 3 人。
- 产品运营培训人员：2 人。

从角色来看，最先进入项目的是数智架构师，然后是负责具体落地的数据产品人员，接着是负责研发的研发人员，最后是产品运营培训人员。

从阶段来看，在阶段一步入正轨后，阶段二的分析师和模型师可以先行进行摸底，做好准备工作。

合理且高效地进行人员的安排，非常考验数智架构师的能力。

### 10.4.4　建试点，纠偏错

在建试点时，关于 E 公司的高层级的业务数智化改造需要注意以下两点。

- 快速验证：在有限的时间里快速验证业务数智化改造的结果，目标不可以定得太高，以防看不到效果；但也不可以定得太低，导致业务数智化改造的结果不明显。

- 找准试点：试点的选取会直接影响结果，所以一定要有策略地选取试点。

由于整体改造的目标包括阶段一的部分目标和阶段二的目标，阶段二目标的实现需要依赖阶段一部分目标的实现，而相较于阶段二的目标，阶段一的部分目标更容易实现，因此选取阶段一的部分目标作为试点，可以起到事半功倍的效果。

这样来看，我们可以将阶段一中的核心运营场景提效目标作为试点，通过试点改造对 E 公司进行摸底。

### 1. 选取试点

外卖业务涉及很多运营部门，如商家侧运营部门、用户侧运营部门、商务拓展（销售）侧运营部门。我们先集中于用户侧运营部门的留存和提频，原因如下。

第一，用户侧是外卖业务模型中的需求侧，在目前商家较多的基础上，需求被有效撬动有利于 GMV、完成订单量等核心指标的快速完成。

第二，用户侧运营部门目前的业务运营效率比较低，而管理者非常关注该部门的业务效率，对其进行业务数智化改造可以看到较为明显的效果。

### 2. 制定目标

在制定目标的过程中，我们需要权衡现状和预期之间的差距。

- 整体目标：使业务运营效率提升 75%，使运营成本降低 65%。
- 现状摸底：在用户侧运营部门中，运营链路是什么样的？每个环节分别需要多少人力？最大的卡点是什么？

如果发现业务部门存在很多历史包袱，那么在试点改造阶段可以相应地降低目标，如将目标改为使业务运营效率提升 60%，这样是为了确保试点改造的成功，因为试点会作为标杆，为后续其他业务部门的业务数智化改造提供参考。切记，试点改造目标的制定需要以能实现为主要原则。

### 3. 确定落地节奏

在制定好试点改造的目标后，我们就要开始拆解目标了，并且为拆解的目标设定优先级。

- 必须完成的（P0）：厘清用户侧运营部门留存和提频的核心运营流程，找到问题点，并且保证在改造后可以使业务运营效率至少提升 60%。
- 可以完成的（P1）：在改善核心业务运营流程时，需要沉淀优秀的运营方法论。
- 锦上添花的（P2）：改善非核心的业务运营流程，如用户侧体验改造。

对 E 公司的外卖业务而言，进行试点改造是为了高效验证和加速磨合，所以赵总和智智经过商定，决定只用两个半月的时间进行试点改造。时间安排如下：调研摸底（2周）→试点规划（1周）→试点第一阶段落地（3周）→试点第二阶段落地（3周）→验收和修改（1周）。

### 4. 评估试点

这个阶段主要用于对试点改造的情况进行反馈信息收集和效果评估。收集反馈信息的方式有以下几种。

- 查看使用情况：查看页面的访问量、独立访客数、停留时长等数据。
- 个体访谈调研：针对各种类型的用户进行访谈，包括高频用户、中频用户、低频用户。
- 发放用户问卷：针对所有使用过产品的用户发放问卷，问卷内容以满意度打分和提建议为主。

智智和赵总、用户侧运营部门的所有相关者进行同步复盘，并且听取各方的观点和建议，为后续进行全面的业务数智化改造做准备。

## 10.4.5　设目标，全量推

在智智的认真复盘下，P0 优先级的相关目标超额实现，并且还实现了 P1 优先级的目标。原定目标和实际情况的对比如下。

- 原定目标：用户侧运营部门留存和提频方面的业务运营效率至少提升 60%。
- 实际情况：业务运营效率至少提升了 70%，并且沉淀了一个方法论。

这样的试点改造结果让大家倍感欣慰，E 公司的试点改造花费的时间比 D 公司少很多，结果却毫不逊色。这样的结果充分说明了，如果具有良好的业务数智化基础，推行高层级的业务数智化改造就会更加容易。

接下来，按照计划，我们可以把全量推进的目标分为以下两个部分。

- 全量目标 1：将试点改造的结果推广落地到商家侧运营部门、商务拓展（销售）侧运营部门。此时，我们需要进行诊断方法的验证及模型的调试。
- 全量目标 2：落地数智诊断产品，让管理者和所有业务人员都有宏观视角，能在第一时间进行方向调整。

## 10.4.6　本节小结

通过推行业务数智化方法，E 公司顺利完成了业务数智化改造，赵总及业务人员都感到非常高兴。

## 10.4.7　本节思考题

请发挥你的想象说明 E 公司的业务数智化改造还有哪些不足。

# 10.5　落地业务数智化产品——Manufacture

针对 E 公司的外卖业务进行第一阶段的业务数智化改造的过程非常顺利，第二阶段的业务数智化改造的难度大、周期长、涉及的团队非常多，因此遇到了很多困难，但是赵总和业务人员上下同心，发挥了最大的实力，最终经过一年的潜心打磨，成功落地了数智诊断产品。大家是不是非常好奇 E 公司的业务数智化改造结果是什么样的呢？

E 公司外卖业务的数智化改造主要涉及数智分析产品（次要）和数智诊断产品（主要）的落地，下面重点进行结果展示。

### 10.5.1　数智分析产品

#### 1. 用户流转分析专项

经过对用户侧业务人员的详细调研发现，业务人员除了在一些特定节假日等举办大型活动，平时主要以周和月为周期进行专项用户的提频、激活等运营动作。

通常，业务人员会通过格子瞬移法对用户人群进行分析，即把一个时间节点的用户人群分成不同的种类，在下一个时间节点查看这些用户人群的变化情况，根据不同用户人群的变化对他们进行精细化运营，如图 10-3 所示。例如，根据完成订单量这个指标将用户人群进行分类，对变化不及预期的用户人群给予发券等刺激。

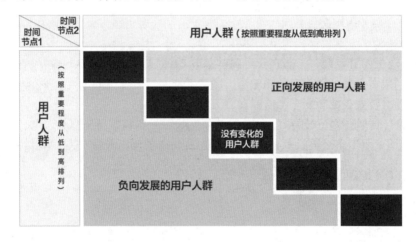

图 10-3　用户流转分析思路

根据完成订单量，我们把用户分为以下几类。
- 失活用户——每月完成 0 单的用户。
- 低频用户——每月完成 1 ~ 5 单的用户。
- 中频用户——每月完成 6 ~ 10 单的用户。
- 高频用户——每月完成 11 ~ 15 单的用户。
- 核心用户——每月完成 16 单及以上的用户。

纵向代表上个时间节点 1 用户人群的分布情况，横向表示同一批用户人群在时间节点 2 的分布情况。用户人群的变化情况主要分为以下 3 种。
- 没有变化的用户人群：两个时间节点相比，状态没有发生变化，如高频用户→高频用户、低频用户→低频用户。

- 正向发展的用户人群：两个时间节点相比，状态发生对业务有利的变化，如低频用户→中频用户、中频用户→高频用户。
- 负向发展的用户人群：两个时间节点相比，状态发生对业务不利的变化，如核心用户→中频用户、中频用户→低频用户。

对上述分析思路进行详细分析和调研，就会发现它是一个相对通用的分析思路，并且运用它可以获得比较好的业务收益，所以我们决定将其进行数智化落地。

用户流转分析的落地形态如图 10-4 所示。

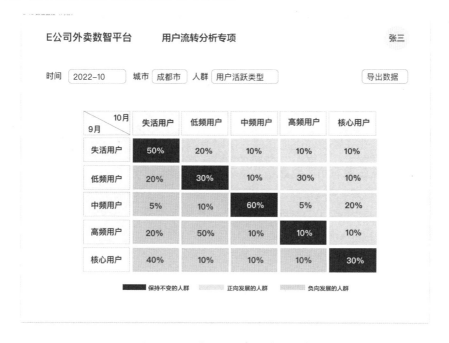

图 10-4　用户流转分析的落地形态

（1）筛选项说明。

- 时间：筛选所需观察的时间。
- 城市：限定用户所在的城市。
- 人群：可以将每个格子对应的特定人群的特点导出并查看。

（2）特殊表格说明。

- 第一列：9 月的各类用户人群。
- 第一行：9 月的这一批用户流转到 10 月后呈现的状态。
- 第二行：数值之和为 100%，表示 9 月的失活用户在 10 月的状态为 50% 的失活用户、20% 的低频用户、10% 的中频用户、10% 的高频用户及 10% 的核心用户。其余行的含义同理可得。

（3）导出类功能说明。

- 导出数据：导出表格中的数据内容。

- 导出人群：每个含有百分比数据的格子中都包含了对应的人群信息，选取所需的格子，可以导出对应的人群信息。

运营人员小红准备进行 10 月的日常策略实施工作。由于上线了用户流转分析专项数智分析产品，因此她想试试看能否解决问题。首先，她分别将筛选项设置为 2022 年 10 月、成都市、用户活跃类型。然后，她开始根据可视化结果进行分析，发现如下情况。

- 9 月的失活用户：有 50% 的用户在 10 月的活跃度显著提升，呈现正向发展。
- 9 月的低频用户：只有 20% 用户人略微降频，50% 的用户发生了不同程度的提频。

针对上述显著正向发展的用户，小红进行了详细的分析和总结，发现他们发生这种变化的原因是运营人员在 10 月的时候针对 9 月活跃度非常低的用户推出了专项活动，再加上国庆节的活动，大部分用户都提频了。小红把上述经验进行了总结，产出了一份报告，并且发给同事进行学习。

- 9 月的中频用户：在 10 月，有 60% 的用户还保持中频用户的状态；有 5% 的用户变为高频用户；有 20% 的用户变为核心用户；其余 15% 的用户发生不同程度的降频。
- 9 月的高频用户：在 10 月，只有 10% 的用户还保持原来的状态；10% 的用户变为核心用户；但是，70% 的高频用户分别变为 20% 的失活用户和 50% 的低频用户。
- 9 月的核心用户：在 10 月，只有 30% 的用户还保持核心用户的状态；有 70% 的用户都在负向发展，其中 40% 的用户从核心用户变为失活用户，其余 30% 的用户发生不同程度的降频。

对于上述高价值用户负向发展的情况，小红决定进行原因定位。

- 外部情况：竞品是否推出了更加吸引人的活动？
- 内部情况：可以从产品功能、会员发券、用户反馈等方面进行分析。
  - 产品功能：上述负向发展的用户是否有功能使用方面的问题（如功能故障等问题）？
  - 会员发券：核心用户和高频用户有 70% 以上是会员，平台每周会给予一定的优惠券，这些优惠券是否按时按量发放？
  - 用户反馈：这些高价值用户是否大规模给予反馈，说明令自己的不满意的地方？

经过排查，小红定位到这些高价值用户负向发展的原因是存在产品功能方面的问题，用户在进行外卖美食搜索时，常常什么都搜不到。经过和开发人员沟通，小红发现，近期在上线新功能的时候，由于没有检查好代码，因此影响了部分线上用户的搜索显示功能。

### 2. 用户留存分析专项

用户留存分析主要是为了监控和定位用户在平台上的连续行为情况。通过用户留存分析可以得到用户活跃程度的情况，查看进行初始行为后的用户中会有多少人进行后续行为。一方面，我们要关注新用户，因为拉新成本非常高；另一方面，我们要关注活跃用户，观察他们的留存情况，从中总结规律，并且有针对性地进行进一步分析和策略干预，使用户更好地留在平台上。

用户留存分析的落地形态如图 10-5 所示。

（1）筛选项说明。

- 时间：限定所需观察的时间。
- 城市：限定用户所在的城市。
- 人群：限定人群的类型，通常会观察新用户、活跃用户、高价值用户等这几类人群，也可以观察自己所需的人群。

（2）留存表格说明：以指定时间为起点，连续观察其后几天的留存率情况。

（3）导出人群说明：人群的导出可以分为两种——直接导出和间接导出。

- 直接导出：将格子中存在的人群直接导出，这是所见即所得的导出方式。例如，想导出从 10 月 1 日开始，往后算第 4 日的人群，直接点击该行中的"10%"格子进行导出即可。
- 间接导出：通过运算进行导出。例如，想了解 10 月 4 日留存的人群和后 1 天（10月 5 日）留存人群之间的差异人群是哪些人，点击该行中的"100%"格子和"75%"格子，即可找到所要定位的 25% 的人群。

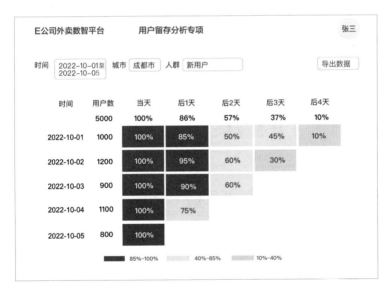

图 10-5　用户留存分析的落地形态

通过用户留存分析可以定位出目标人群的大致流失节点，若需要进行更加详细的根因分析，则需要使用用户行为流转及流失根因分析这两类业务数智化产品进行配合分析。

### 3. 用户转化分析专项

我们从用户留存分析中通过间接导出功能导出了 275 个流失新用户的数据，想对这些用户进行转化分析，从而定位出他们流失的节点和原因（是因为没有在平台上搜到所需的产品、查看产品后觉得不感兴趣，还是下单后无法顺利支付）。

我们可以利用 8.2 节中的专项主题分析方法进行转化分析。在 E 公司的外卖业务中，用户下单的关键路径可以抽象成：搜索外卖产品→查看外卖产品→下单→支付，一共包括 4 个节点。我们来看这 275 个流失新用户的整体转化路径是怎样的。

这 275 个流失用户在 10 月 4 日的转化路径如图 10-6 所示。

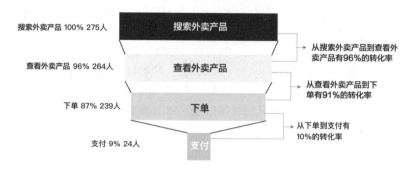

图 10-6　275 个流失新用户在 10 月 4 日的转化路径

可以发现，这 275 个流失新用户在下单环节中遇到一些问题，导致这个过程的转化率非常低。

接着，我们来看 10 月 4 日全量新用户（1100 个）的转化情况，从而判断上述 275 个流失用户从下单到支付仅有 10% 的转化率是否正常。

1100 个全量新用户在 10 月 4 日的转化路径如图 10-7 所示。

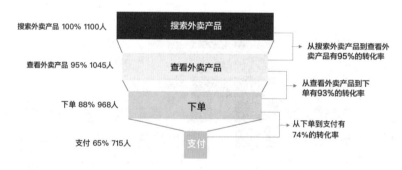

图 10-7　1100 个全量新用户在 10 月 4 日的转化路径

我们将 275 个流失新用户和 1100 全量新用户进行行为转化对比。

- 从搜索外卖产品到查看外卖产品的转化：257 个流失新用户的转化率为 96%，1100 个全量新用户的转化率为 95%，相差 1%。
- 从查看外卖产品到下单的转化：257 个流失新用户的转化率为 91%，1100 个全量新用户的转化率为 93%，相差 2%。
- 从下单到支付的转化：257 个流失新用户的转化率为 10%，1100 个全量新用户的转化率为 74%，相差 64%。

由此可以断定，这 275 个流失新用户是因为在下单环节出现问题而大量流失的。经过进一步排查，我们发现下单过程中出现点击失效的功能故障，所以导致以上新用户无法正常下单。业务人员第一时间联系到对应功能的产品人员和研发人员进行故障修复，并通过定向发券的手段召回了 220 个用户。

### 4. 佣金调整专项

外卖行业的佣金调整很关键，对内而言，平台拿的佣金多了，每单成交价会上涨，用户不买账，商家卖不出产品；平台拿的佣金少了，每单成交价会下降，用户买账，商家也能卖出产品，但是平台不赚钱。佣金策略需要保障平台、商家、用户三方的利益处于一个平衡范围内。对外而言，平台需要综合考虑市场竞争情况，是否需要采用赔本赚吆喝的方式，降低佣金，从而快速占领大量市场。所以，佣金的调整对 E 公司而言是至关重要的，对内需要平衡三方势力，对外需要根据市场竞争的情况快速做出响应。

佣金调整分 3 步走：调前勘察、调整下发、调后分析。

（1）调前勘察。这一步主要回答以下问题：到底需不需要调整？调整后的范围和力度有多大？由于外卖行业的特殊性，平台需要综合考虑每个城市的政策、竞争情况等因素来决定是否需要调整佣金、调整的范围和力度有多大。在这一步，我们需要各种数据信息作为佐证，从而给出调整的结论。

（2）调整下发。这一步解决调整如何下发的问题，即对于调整后的佣金策略，是对每个城市逐一下发，还是自动批量下发。

平台的佣金和业务形态有密切的关系，如果要提供更好、更快的服务，势必需要消耗平台更多的资源，平台就需要收取更多的佣金。以配送服务为例，若商家不通过平台的骑手进行配送，则每单的平台佣金相对较少（如佣金为每笔订单金额的 3%）；若商家通过平台的骑手进行配送，则会消耗平台的骑手资源，平台的佣金就会增加（如佣金为每笔订单金额的 5%）；若商家通过平台进行超快闪送，则平台需要对骑手进行优先调度并使其进行超快配送，所以会收取更多的佣金（如佣金为每笔订单金额的 8%）。

（3）调后分析。在调整完毕后，平台要及时进行监控，查看调整后的效果如何、是否达到调整的目的，如是否增加了平台的利润。

### 10.5.2　数智诊断产品

对 E 公司的外卖业务而言，数智诊断产品的落地步骤如下：定义目标→抽象方法→给出结论→验证方法→呈现产品。

#### 1. 定义目标

对外卖业务而言，其目标主要是提升 GMV 和完成订单量。以 GMV 为例，它可以反映外卖业务的规模和进展。GMV 的波动时刻影响着业务的战略和方向。

#### 2. 抽象方法

在针对 GMV 进行分析和诊断之前，我们先来抽象 E 公司的外卖业务模型。如图 10-8

所示，E 公司的外卖业务模型主要涉及平台、商家、用户、骑手、订单这几部分。

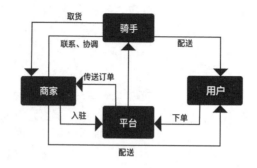

图 10-8　E公司的外卖业务模型

- 平台：交易地，为用户和商家提供交易的场所。
- 商家：供给方，在平台上提供服务的一方。
- 用户：需求方，从平台进行下单操作的一方。
- 骑手：传递方，将商家提供的产品传递给用户的一方。
- 订单：把商家、用户、平台进行连接的一方。

接着，我们按照上述业务模型进行分析视角的梳理。我们可以从内部表现情况和外部表现情况这两个视角分析 GMV，如图 10-9 所示。

图 10-9　从内部表现情况和外部表现情况这两个视角分析 GMV

（1）内部表现情况。我们从 3 个角度进行分析：供给端、需求端和转化端。

- 供给端：提供服务或产品的一方。根据上述业务模型可以发现，商家是供给端，所以这部分主要分析商家对 GMV 的贡献。
  - ⊙ 总 GMV= 商家的客单价 × 商家的总单量。
  - ⊙ 商家的客单价：包括头部商家的客单价、中腰部商家的客单价、尾部商家的客单价。
  - ⊙ 商家的总单量 = 新生期商家的单量 + 成长期商家的单量 + 成熟期商家的单量 + 衰退期商家的单量 + 沉默期商家的单量。
- 需求端：被提供服务或产品的一方。根据上述业务模型可以发现，用户是需求端，所以这部分主要分析用户对 GMV 的贡献。我们可以按照如下思路进行分析。

⊙ 总 GMV = 用户的客单价 × 用户的总完单量。

⊙ 用户的客单价：各类用户的客单价。

⊙ 用户的总完单量 = 学生用户的完单量 + 白领用户的完单量 + 机关用户的完单量 + 企事业单位用户的完单量 + 小区用户的完单量 + 其他用户的完单量。

- 转化端：主要检测用户和商家的关键节点的转化情况。用户端和商家端分别都有一个转化漏斗，我们以最终完单人数最大化为目的，分别进行漏斗中各节点对应的人数的推演。

⊙ 用户侧漏斗：进入 App 的人数、进入店铺的人数、加购的人数、下单的人数、完成订单的人数、选择售后的人数。

⊙ 商家侧漏斗：进入 App 的人数、接单的人数。

（2）外部表现情况。我们需要综合考虑当地的天气、节假日等特殊情况，因为这些外部因素会对业务造成极大的影响。

- 天气：如多云、小雨、中雨、大风、晴天等，可以通过采买第三方天气数据进行信息收集。
- 节假日：如劳动节、国庆节、儿童节、春节等。

### 3. 给出结论

针对上述方法给出 GMV 发生的变化。如果想要给出更具说服力的结论，就需要进行不同方式的对比。

- 时间方面的对比：如和昨天比、和上周同期比、和上个月同期比等。
- 大盘方面的对比：如区域和城市对比、区域和省份对比、区域和大区对比等。

通过这样的对比，我们可以给出有效的结论。例如，与上周同期相比，GMV 上涨 20%，其中各方面的表现如下。

- 商家端：商家的客单价同比上涨 10%；完成订单量同比增加 8%；贡献最大的是新生期商家和成长期商家。
- 用户端：用户客单价同比上涨 7%；完成订单量同比增加 15%；贡献最大的是白领用户和企事业单位用户。
- 转化端：用户端下单人数同比增加 25%；商家端接单人数同比增加 15%。

### 4. 验证方法

在整理完上述方法后，我们需要对其进行反复的验证和推敲：它是不是最好的分析方法？是否能够准确地判断出 GMV 异动的原因？是否符合业务的分析思路？

在验证的过程中，我们可以用历史数据进行验证。如果这种方法可以经得起大量历史数据的推敲，就可以证明它是好方法。

一般我们选取过去一年的数据进行验证，在验证过程中同时选取各种时间节点，如工作日、普通周末、重大节假日等。如果经验证该方法没问题，就可以直接应用；如果存在问题，就需要进行修正，并且再次进行验证。

5. 呈现产品

落地后的数智诊断产品应包括以下几个部分。

（1）筛选部分。

- 时间粒度：可以按需要分为日、周、月。时间粒度会影响目标时间和对比时间。
- 目标时间：所需定位的目标时间，需结合时间粒度进行限定。例如，时间粒度选择了日，那么目标时间只能选择单天的时间，2022 年 9 月 8 日。
- 对比时间：参照时间，时间范围同样会被时间粒度限制。例如，我们可以选择 2022 年 9 月 1 日作为周同比，与目标时间 2022 年 9 月 8 日进行对比。
- 城市筛选：限定所需筛选的城市。

（2）诊断呈现部分。

- 诊断结论：包括整体说明、分析说明、拆解说明、外部情况 4 个部分。
  ⊙ 整体情况：主要对 GMV 的波动情况和数量进行说明。例如，与 2022 年 9 月 1 日相比，GMV 总量为 100 万元，上涨了 50%。
  ⊙ 分析说明：针对 GMV 进行一级拆解后表示出数值和波动，GMV= 完成订单量 × 单均成交额。例如，完成订单量为 10 万单，增加了 15%；单均成交额为 10 元，上涨了 35%。
  ⊙ 拆解说明：详地细说明完成订单量的主要贡献来自哪里。例如，成熟期用户的完成订单量占比最大，为 50%。
  ⊙ 外部情况：主要说明节假日、舆情等情况。例如，本周末包含节假日，无重大舆情。
- 分析部分：通过树状图进行拆解。

E 公司的数智诊断产品如图 10-10 所示。

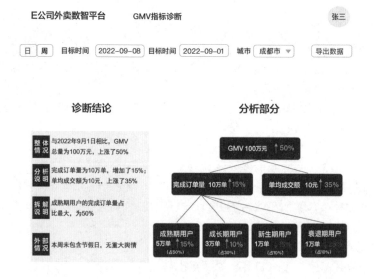

图 10-10　E 公司的数智诊断产品

### 10.5.3　本节小结

按照 E 公司目前的业务情况，我们从多个视角和多个维度落地了数智分析和数智诊断产品。从一线业务人员的角度来看，这些产品可以大大提升业务效率；从管理者的角度来看，这些产品可以提高定位问题原因的效率，减少损失。

### 10.5.4　本节思考题

E 公司的数智诊断产品是如何落地的？一共分为几个步骤？在每个步骤中分别需要注意哪些问题？

## 本章小结

在赵总的大力支持下，以及智智的专业引导下，针对 E 公司外卖业务的高层级业务数智化改造顺利落地了，我们来复盘一下目标实现的情况。

阶段一的目标：成熟业务提效，针对增长见顶的成熟业务，使人效至少提升 75%。

落地情况：以下模块均上线，经过 1 个月的密集跟踪，使人效至少提升 85%。

- 用户端：用户流转分析专项产品、用户留存分析专项产品、用户转化分析专项产品等。
- 商家端：商家流转分析专项产品、商家留存分析专项产品、商家收入分析产品等（文中没有介绍这部分内容，读者可以根据文中的讲解进行推演）。
- 综合端：佣金调整专项产品。

阶段二的目标：核心指标诊断，针对业务中的核心指标，通过科学合理的方式进行原因探索，并给出解决的方式，使定位和解决业务问题的效率至少提升 90%，快速帮助管理者进行决策。

落地情况：GMV 诊断模块和完成订单量诊断模块均上线，使定位和解决业务问题的效率至少提升了 90%。

业务数智化改造对管理者和一线业务人员分别有如下重大影响。

（1）管理者。

当公司发展到一定阶段时，是否要进行业务数智化改造就是赵总这样的管理者不得不面对的问题。对管理者来说，业务数智化改造不仅是对业务方面的提质增效，还是对员工心智方面和公司组织架构方面的一次科学化的升级改造。赵总在整个改造过程中借助了专家的力量，发挥了自身的优势，提升了一线业务人员的信心。尤其是数智诊断产品让赵总深刻认识到数智化给业务带来的改变——以前定位一个业务问题的原因至少需要花费一天的时间，现在只需要 3 分钟。

（2）一线业务人员。

一线业务人员全程参与业务数智化改造，具备了业务数智化思想，并将业务数智化思想进行灵活运用，解决了很多问题。同时，他们积累了业务数智化改造的经验，进行了自我提升，确保自己能够在竞争激烈的社会中具有独特的优势。

在高层级的业务数智化产品上线一段时间后，从公司内部来看，E 公司的业务效率得到极大的提升；从行业来看，E 公司作为外卖行业的标杆，利用业务数智化改造打造了一个坚实的竞争壁垒。

赵总和他的团队又开始把精力投入到对公司其他业务的业务数智化改造中，争取对所有业务都进行成功的业务数智化改造，使业务数智化赋能商家和用户，助力业务升级。E 公司在流量扶持、经营补贴、技术支持、用户服务 4 个方面给予商家和用户最好的服务，帮助商家降本增效、扩大业务规模，助力行业提质扩容；为用户提供上乘的服务、个性化的产品。

# 第 11 章　生产制造业的数智化实践

本章导读

我国是制造大国，为了抢占未来发展的制高点，打造参与国际合作和竞争的新优势，必须加快制造业的数智化转型。

F 公司是一家纺织行业的传统公司，主要生产和销售包芯纱等纺织品原料。F 公司已经成立 18 年了，其生产的包芯纱质量好、价格低，被广东等地的多家知名公司定为专用纱。

F 公司的李总一方面想扩大生产领域，生产一些其他类型的纺织品原料；另一方面想提升生产效率，包括生产线的生产效率和生产工人的效率。李总用他沿用多年的方法来扩大生产领域、提升生产效率，但效果并不好，他意识到需要引入新的科学方法来对 F 公司进行改造。

新的科学方法是什么呢？那就是业务数智化。

经过多方打听，李总终于联系到了智智。智智认为李总虽然是传统行业的企业家，但是他追求改造的锲而不舍的精神非常值得钦佩，于是和李总开始了促膝长谈……

接下来，我们来看智智是如何为 F 公司进行业务数智化改造的。

## 11.1　业务场景说明

按照惯例，在分析 F 公司的业务问题前，我们先了解 F 公司的整体情况（包含基本情况、优势、劣势）和具体的业务场景。

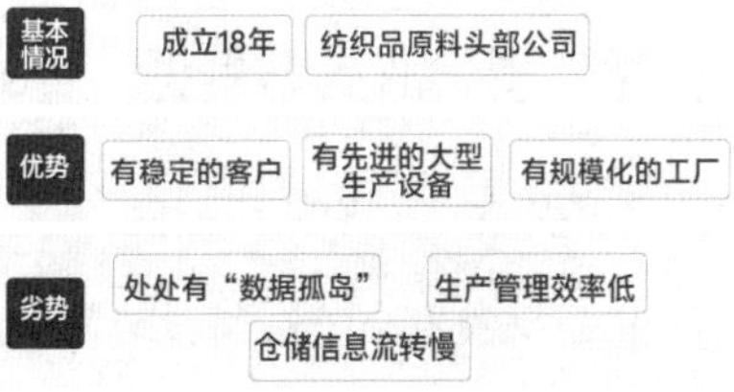

图 11-1　F 公司的整体情况

### 11.1.1　F 公司的整体情况

F 公司的整体情况如图 11-1 所示。

（1）基本情况：成立 18 年，是纺织品原料头部公司，主营产品是包芯纱等纺织品原料，面向全国市场。

（2）优势。

- 有稳定的客户：由于在垂直领域深耕的时间比较久，并且可以保质保量地交付，因此 F 公司的客户非常稳定。其客户有多家国内知名的服装公司。
- 有先进的大型生产设备：F 公司拥有先进的大型生产设备，这些先进的大型生产设备可以帮助 F 公司生产质量更好的产品。
- 有规模化的工厂：F 公司拥有规模化的工厂，可以实现同价者品质更优、同质者价格和服务更优。

（3）劣势。

- 处处有"数据孤岛"。F 公司在行业长期深耕，通常采取自下而上的数字技术应用，导致 F 公司内部形成"数据孤岛"，制约了 F 公司数字化的发展。各业务都存在"数据孤岛"，导致业务人员很多时候无法正常定位到问题的原因，并且彼此之间的口径也没有对齐。
- 生产管理效率低。车间的制造和信息传递等方式都比较传统，效率非常低。F 公司没有自动排程系统，排单需要人工来完成，生产过程的信息还需要人工传达。然而，管理几乎是老板"一言堂"的状态，很多需要各级主管分担的工作因长期无人问津而被渐渐忽略，导致 F 公司的日常运维管理粗放、生产组织架构极简。主管的工作无计划，多以临时任务为中心，大部分工作时间都在接电话处理异常。
- 仓储信息流转慢。车间库存管理采用的是传统的人工管理，车间库存状态仍采用纸质记录。仓库以清单为依据，对物料清点后手动进行出入库管理。仓库及车间线边的库存情况需要靠每月、周的定期盘点来掌握，数据更新比较滞后。各库位没有设定比较严格的安全库存，补料时机需要管理人员根据经验来判断。

李总想要在保证 F 公司优势的情况下，全力补齐短板，并且分为 3 个阶段去解决问题。

- 阶段一：集中数据信息，打通各种数据，并且进行集中管理。
- 阶段二：关注排产、品控，提升排产效率和品控质量，确保能够充分利用资源。
- 阶段三：跟踪仓储的异动，通过数智化手段全面跟进仓储的异动，让仓储的各种变化尽被掌握。

由于我们的重点是解决业务数智化的问题，因此我们主要解决阶段二和阶段三的问题。这两个阶段分别对应的业务场景如下。

## 11.1.2　业务场景一：针对生产的场景

### 1. 关于生产方式的问题

F 公司的生产仍然通过较为原始的方式进行，其生产过程如下。

- 步骤 1：老板或销售人员接单后将信息直接传递给生产车间。
- 步骤 2：由生产管理人员进行人工排产。
- 步骤 3：订单内容被转化为生产任务下达到生产线上。

在这个过程中，现场主管有时需要到生产管理办公室抄录相关信息，没有安排长远的详细计划和任务。生产调度由各级主管根据现场生产的实际状况进行安排，缺乏实时获取生产进度、随时掌握运行状态的有效方法或系统。因此，生产管理者需要时刻紧盯现场动态，以便实现快速反应。在生产过程中，人员和设备的实际使用、物料消耗等相关数据由人工收集后录入电脑，后续再由专人统一整理。上述情况经常会造成的问题如下。

- 无法适应临时变化的生产情况：由于没有灵活、智能的排产系统，造成紧急订单的丢单率非常高，从而减少了 F 公司的收益。
- 多重约束制约导致的生产问题：由于没有合理的排产规划，因此经常无法解决库存成本和订单需求之间的问题、人工成本和订单需求之间的问题、交货周期和生产成本之间的问题。

上述问题的频发会导致的后果是，F 公司的利润在悄无声息地流失，成本却在不断地升高。

### 2. 关于设备管理的问题

设备是重要的资产，但是 F 公司对设备的重视程度不高，基本上本着"能用就行，有大问题再修"的原则。这样造成的问题是设备缺乏日常维护保养，只在需要使用时做简单的维护保养；设备故障采用保修的方式，设备维修人员无法实时接收到设备故障的信息；在设备维修完成后，现场人员没有通过软通系统对设备的运转状态进行跟踪，仅以"能继续开起来"作为验收标准；现场没有建立设备履历，没有对设备的历史问题进行归档分析，导致无法有效根除设备异常。

### 3. 关于品控方面的问题

每条生产线都只根据次品记录对员工实施考核，没有收集较完整的质量数据和质量履历，缺少对产品合格率的统计，缺失对以往的质量问题的统计和分析。这样会导致无法实现对数据的监控和预警，从而无法及时进行质量的纠偏。

对产品的检验方式是由现场的检验人员进行目视检查，只能发现一些比较大的质量问题，并且检验结果受检验人员个人因素的影响较大，检查结果无法得到保障。由于缺乏严格、精密的标准和智能的检测手段，再加上生产现场没有安排自检和巡检，退货率居高不下，直接影响 F 公司的收益。

全过程没有较为流畅和真实的信息记录，完全凭借人工的主观判断，无法对品控进行有效的闭环管理和严格的归档分析，问题产生后也不知道产生的具体原因。

如何保障良好的产品品质、如何提升良品率是 F 公司需要解决的两个重要问题。

## 11.1.3 业务场景二：针对仓储管理的场景

首先，F 公司的仓储物流全程由人工进行管理，人工记录和统计车间的库存。仓库的物料入库情况、在库统计、出库情况等都依赖人工每双周进行盘点，这种盘点方式很容易出错，也没有设定一些库存的安全规范，如什么时候需要提前进行物料的补给。

其次，生产物流缺乏规范的管理，由于仓库和线边都没有划分库位，对生产和物料状态的掌握不够实时，因此物流的起止点、补料时机、搬运路线等都不固定，也无法预先规划，造成一定程度的混乱。物料的运载主要通过叉车或手推车进行，没有根据车间的实际需求引入专用的容器和载具，物流效率偏低。

最后，管理水平比较低，规范程度低导致资源利用率低，多采用人工，少有信息化，导致整体运作效率低。F 公司的管理分散，没有进行系统化的整合，仓储的布局也不合理。

综上，仓储管理的问题很多，如果妥善解决这些问题，就可以使业务效率大大提升。

### 11.1.4　本节小结

在前期的调研中，智智对 F 公司进行了深入、细致的分析，确定了两个非常重要的急需改造的业务场景：生产和仓储管理。智智认为，如果能顺利进行改造，就可以明显改善 F 公司的现状，从而解决李总的心病。

### 11.1.5　本节思考题

F 公司的劣势和问题是什么？（支持多选）（　　　　）
A. 处处有"数据孤岛"　　　　B. 生产管理效率低
C. 仓储信息流转慢　　　　　D. 没有稳定的客户

## 11.2　抽象业务问题

按照惯例，我们在抽象业务问题时，需要抽象以下 3 个方面的问题。

（1）我们要解决谁的问题？

我们需要解决两类人的问题，他们分别是一线业务人员和管理者。

一线业务人员关注的是如何解决实际业务中的问题，管理者更加关注团队整体的运行效率及其他宏观业务方面的表现。

（2）我们要解决什么情况下谁的问题？

F 公司在阶段二和阶段三要实现的目标如下。

- 阶段二：关注排产、品控，提升排产效率和品控质量，确保能够充分利用资源，使相关效率至少可以提升 60%。
- 阶段三：跟踪仓储的异动，通过数智化手段全面跟进仓储的异动，让仓储的各种变化尽被掌握，使仓库的运转效率至少可以提升 55%。

要实现以上两个阶段的目标，就要解决排产和品控问题，以及仓储管理场景下的各种业务问题。其中，有的问题是一线业务人员，如仓储人员、生产人员等产生的；有的问题是管理者关注的，如生产管理部部长、仓储管理部部长、副总经理、总经理等。

（3）我们要解决什么情况下谁的什么问题？

我们在第二个问题的基础上对问题进行细化。

阶段二的细化问题如下。

- 问题 1：如何进行合理的排产，帮助 F 公司在人力、设备、原料等资源都有限的情况下拿到最优排产结果，并且可以针对一些突发状况进行合理的排产？
- 问题 2：如何可以更好地进行品控？如何提升良品率？如何更加高效、快捷进行调整？
- 问题 3：如何将排产情况、品控情况及时发给管理者，让管理者在第一时间了解业务的情况？如何根据不同的时间粒度，按天、周、月等把排产和品控的数据进行及时汇总并发给管理者。

阶段三的细化问题如下。

- 问题 1：如何及时对仓储的各方面进行监控，帮助一线业务人员第一时间发现问题？
- 问题 2：如何进行生产物流的合理规划，使得成品有序入库，合理利用仓储空间？
- 问题 3：如何对仓储进行合理、高效的管理，使得仓储业务可以更加高效、有序地进行？

### 11.2.1　本节小结

智智通过 3 个连续的问题对业务场景中的问题快速进行了定位，李总觉得这种方法既清晰又准确。

### 11.2.2　本节思考题

在抽象业务问题的过程中，智智用了哪 3 个连续的问题？

## 11.3　建设业务数智化思想——Mind

对 F 公司而言，业务数智化思想的建设是非常关键且艰难的第一步。因为传统企业的生产模式较为固定，所关注的领域较为垂直，并且大量业务人员的背景较为单薄。因此，在对 F 公司进行业务数智化思想建设时，我们采用 3 层金字塔业务数智化思想建设法（见图 11-2），逐层递进，逐步影响。

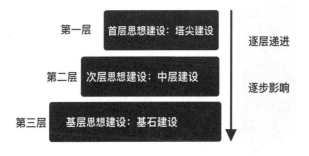

图 11-2　3 层金字塔业务数智化思想建设法

### 11.3.1　首层思想建设

首层思想建设是塔尖建设，是最高管理层的业务数智化思想建设，针对的是李总这样的高层管理者。我们首先需要把业务数智化思想植入李总的思想中，这样才可以更好地利用李总的影响力去影响业务部门的管理者。在针对这类关键人物进行思想建设时，需要注意的是要时刻把业务数智化思想能给企业带来的好处，以及与企业目标关联的情况进行详细说明；最好在单独的会议室对其进行思想建设，这样可以更好地倾听其心声。

### 11.3.2　次层思想建设

次层思想建设是中层建设，是针对业务部门的管理者进行的业务数智化思想建设，如生产管理部部长、仓储管理部部长等。为了引起大家的重视，前期最好让李总这样的高层管理者一起参与。形式可以是圆桌会议。在讲述业务数智化思想时，我们也要充分接受各业务部门管理者的建议，并回答他们的问题。

上述两层思想建设对 F 公司而言是必须做的，因为一线业务人员的思想建设比较困难，在对他们进行思想建设之前一定先让 KOL（Key Opinion Leader，关键意见领袖）进行知悉和充分认可。如果没有他们的支持，直接进行业务数智化思想建设，那么大概率会失败。

### 11.3.3　基层思想建设

基层思想建设是基石建设，是针对所有业务人员进行的业务数智化思想建设。

首层思想建设和次层思想建设可以确保业务人员不排斥业务数智化思想建设，但是我们还需要让他们消化和吸收，即进行基层思想建设。如何更好地进行基层思想建设呢？

#### 1. 定期培训

定期培训的目的是通过多次触达，帮助大部分业务人员更好、更清晰地理解业务数智化思想。定期培训的注意事项如下。

- 提前调研。如果想得到更好的培训效果，就要对所需培训的业务人员有深入的了解，知道他们的需求是什么、他们的问题和"痛点"到底在哪，在知道"病症"后，我们才可以有针对性地"开处方"。在调研的过程中，我们既要注意大家反映问题的整体性（这些问题可以通过调研问卷来收集），又要注意典型个例的详尽性（这样的问题可以通过非正式访谈来收集）。
- 场景具象。在调研的过程中，我们一定要切中关键高频场景，这些场景中的问题可能是每天都出现的高频问题，也可能是业务链路中的关键问题。我们要紧扣这些问题，并且通过以前积累的优秀经验进行佐证。
- 个人发展。在进行业务数智化思想建设的环节中，我们一定要事先了解目前各类员工个人发展的问题和瓶颈，并结合他们的现状，说明业务数智化改造能够如何帮助他们解决问题、快速突破个人职业发展的瓶颈。这点非常重要。

## 2. 张贴标语

为了更加深入地进行业务数智化思想建设，我们可以把与业务数智化相关的标语打印出来，张贴在工位、楼道、卫生间等地方，对业务人员形成潜移默化的影响。

### 11.3.4　本节小结

李总开始不理解为何智智要花时间进行业务数智化思想建设，但是在智智的详细说明下，李总觉得这个部分非常重要且十分有必要进行。试想，如果业务人员没有从心底去认识并且愿意接受业务数智化改造，改造结果怎么可能好呢？

### 11.3.5　本节思考题

3 层金字塔业务数智化思想建设法涉及哪些层级的思想建设？（支持多选）（　　　）
A. 首层思想建设　　　　　　　　　　B. 次层思想建设
C. 基层思想建设　　　　　　　　　　D. 底层思想建设

## 11.4　推行业务数智化方法——Method

对 F 公司而言，在完成业务数智化思想建设后，就要在业务数智化改造过程中推行对应的业务数智化方法了。

### 11.4.1　找专家，整体盘

像 F 公司这样的传统行业的公司大部分都处于业务数智化探索阶段，如果不是需要进行长期且深入的业务数智化改造，那么所需寻找的专家只要合格即可。F 公司可以按照如下标准来找专家。

- 行业方面：针对同行业至少有一次成功的业务数智化改造经验。
- 方法方面：基本掌握业务数智化方法，可以针对传统行业的公司进行业务数智化改造。
- 落地方面：能够落地初级的数智化应用，并且可以通过业务数智化改造帮助公司实现既定的业务目标。

能达到以上 3 个方面标准的数智化专家就可以对传统行业的公司进行初级的业务数智化改造。数智化专家需要对 F 公司进行整体盘点。

- 公司的基本情况：如公司的盈利模式、公司的整体规模、公司在行业中的位置、现阶段的盈利情况等。
- 业务的整体目标：未来 3 年内的业务目标。
- 目前的问题所在：重点是降低成本还是增加利润？需要重点改造的业务部门有哪些？其最大的问题是什么？

### 11.4.2 树意识，引重视

这一步可以说是对业务数智化思想的加深，对传统行业的公司而言是十分有必要的。可以这样说，对大部分传统行业的公司而言，业务数智化思想建设比业务数智化落地更加重要。

业务数智化落地从本质上来说是利用科学的方法对业务进行深度化规范、科学化评估、数据化呈现。尤其对传统行业的公司而言，这是一种深层的业务分析方式的变革。这种变革是一种较为重大的变革，亦是传统行业的公司不得不面对的问题。虽然这对传统行业的公司而言是一件非常困难的事，但是如果不进行相关改革，传统行业的公司可能就无法顺应时代的发展，最终会被淘汰。

我们通过自上而下地推动、相互理解和共情、营造良好的氛围这 3 个策略来推行"树意识，引重视"这一步。

#### 1. 自上而下地推动

我们还是要从管理者入手，因为自上而下地推动比自下而上地推动要顺利很多。很多传统行业的公司存在"一言堂"的情况，管理者对业务、公司的发展几乎拥有 100% 的决定权，如果这些核心人物没有充分认识和认可业务数智化改造，那么要进行业务数智化改造基本上是不可能的。自上而下地推动方式有很多，最常见的就是总经理先带领业务部门的管理者充分参与业务数智化改造的整体规划启动会、方案制定等过程，观察并且找到他们的疑问和建议，然后让他们向自己传达业务数智化改造的目标和规划。

#### 2. 相互理解和共情

在上层工作做好后，数智化专家需要深入到业务中，仔细探究各业务方的问题。汇总各业务方的问题便于通过资源整合和调整，更好地帮助有问题的业务。各业务方相互体谅有利于推动后续业务数智化改造的落地。

#### 3. 营造良好的氛围

在业务数智化改造开始之初，我们需要营造一个良好的氛围，让各业务方都参与进来，一起进行各种问题的探讨，集思广益。与此同时，我们也可以更好地了解核心用户。

这一步看起来没有进行实际的落地，却是传统行业的公司进行业务数智化改造非常重要的一步，做好了可以避免后续的很多问题。

### 11.4.3 拆目标，建团队

在完成"树意识，引重视"这一步之后，我们可以认为所有业务数智化改造的相关者在思想层面达成了基本的共识。接下来，我们要开始进行目标拆解，并根据目标拆解的情况组建业务数智化改造团队。

11.2 节中介绍了阶段二和阶段三要实现的目标，由于阶段二的目标和业务息息相关，因此我们以阶段二的目标为例进行拆解。阶段二的目标是关注排产、品控，提升排产效率和品控质量，确保能够充分利用资源，使相关效率至少可以提升 60%。针对这个目标，我们把精力集中在与生产相关的排产和品控方面，进行目标拆解。

### 1. 子目标一：提升排产效率

- 优化与排产相关的流程：利用数智化手段对排产流程进行优化，使现有资源能被充分利用，排产效率至少提升 60%。
- 及时汇总排产的数据：让管理者在第一时间掌握与排产相关的情况，及时发现问题并进行相应调整。

### 2. 子目标二：优化品控

- 产出品控报告：通过数智化手段及时获取品控方面的问题，帮助业务人员第一时间发现问题。
- 汇总丰富、可靠的数据：按照各种时间粒度进行品质方面数据的汇总，帮助管理者及时进行品控。

根据上述子目标，我们进行业务数智化改造团队的组建。粗估业务数智化改造团队需要 15 人左右，具体如下。

- 数智架构师和数据产品人员：3 人。
- 研发人员：数据开发人员 3 人、前端开发人员 3 人、后端开发人员 3 人、测试人员 2 人。
- 产品运营培训人员：1 人。

需要注意的是，由于 F 公司是以传统业务为主的公司，因此前期调研过程中的摸底是非常重要的，只有调研的结果真实可靠，我们才可以在后期进行更加全面和准确的规划。这就要求数智架构师具备很强的学习能力，快速熟悉与纺织相关的内容。

## 11.4.4　建试点，纠偏错

经过前面几步，我们已经深知对传统行业的公司进行业务数智化改造并非一件易事，所以在对其进行全面的业务数智化改造前，需要通过试点改造进一步消除大家的疑虑。同时，试点改造可以证明业务数智化改造的意义。

试点改造的步骤如下。

### 1. 选取试点

我们从阶段二的目标中选取试点。由于排产的问题比较多，并且会直接影响 F 公司的效益，因此我们选取排产作为试点。

改造前的排产存在如下问题。

- F 公司的产品种类很多，接到的订单种类也很多，导致生产设备需要在短时间内进行切换和清理，经常导致生产设备没有被及时利用。
- 没有有效的手段可以及时查询与设备相关的生产信息，所以排产计划有很大的滞后性，在一定程度上影响了生产效率；并且排产都是手工进行的，工作量巨大，效率低下。

## 2. 制定目标

根据定位到的试点的问题，我们制定试点改造的目标。在制定试点改造目标的过程中，我们需要慎重。因为大家对于业务数智化改造的第一步一定是异常关注的，所以试点改造几乎可以说是"只许成功，不许失败"的。试点改造成功了，可以大大提高相关人员的士气；试点改造失败了，后续全面的业务数智化改造可能会面临更多问题。

试点改造的目标如下。

- 使排产效率至少提升 40%。
- 使产能利用率至少提升 25%。
- 使良品率至少提升 5%。

此时，有的读者可能会问：为什么试点改造的目标要低于阶段二的目标？因为在试点改造阶段，我们最需要做的是尽快实现目标并拿到结果，所以可以适当降低预期目标，尽快让大家看到业务数智化改造的价值。

## 3. 确定落地节奏

在落地之前，为了集中时间出成果，我们需要把试点改造的目标进行区分，分出优先级。

- 必须完成的（P0）：使排产效率至少提升 40%。
- 可以完成的（P1）：使产能利用率至少提升 25%。
- 锦上挑花的（P2）：使良品率至少提升 5%。

确定目标的优先级，在落地过程中就会更加有重点。接着我们就可以进行合理的时间安排了。

（1）子阶段一：集中调研。

这个阶段的时间尽量控制在两周内。

集中调研主要对目前排产的流程、产能利用、良品情况 3 个方面进行深入调研。调研问题可以参考如下问题。

- 目前的生产模式：是接单生产还是预测生产？
- 目前的生产计划方式：由哪个部门负责？是按日计划、周计划、月计划还是季度计划进行生产？计划的依据是什么？
- 排产的具体流程：生产过程涉及的具体环节有哪些？每个环节需要哪个角色的人负责？每个环节分别需要多少人负责？每个环节需要消耗多少时间？
- 排产过程中的"痛点"：哪个环节消耗的人力、物力、时间最多？原因是什么？
- 各方的期望：在完成业务数智化改造后，业务需要达到什么程度？对业务数智化改造的期望是什么？最需要业务数智化改造解决哪些问题？

根据上述问题，我们可以掌握现阶段的一些情况；根据集中调研的结果，我们可以开始酝酿试点的业务数智化改造规划。

（2）子阶段二：业务数智化改造规划。

这个阶段的时间也尽量控制在两周内。

这个阶段是改造较为核心的一个部分，相当于整个改造的地图，后续的改造都会按照地图逐步进行。

我们要提升生产效率，就需要做以下事情。

- 业务数智自动化：避免通过车间人员进行数据、指令的上传和下达，及时通过实时的生产数据监控来对生产计划进行掌控；通过生产管理部门直接进行生产计划的下达和管理，如果有急单加入，就可以根据各生产线的利用情况、订单的交付时间、投产比等因素进行急单的安排，从而保证可以最大化生产线的效率，更快地交付订单。

上述改造可以增强生产管理部门的统筹能力，避免在多人多次多方式传达后造成的信息遗漏、不准、延时及无法及时干预等问题。

- 产出业务数智化改造规划书。业务数智化改造规划书产出后会由相关人员进行评审，如果评审通过，我们就可以进入下一个阶段了。

（3）子阶段三：试点落地 Part 1。

这个阶段计划用时 4 周。

在这个阶段，我们除了需要按照业务数智化改造规划有序进行落地，还要做一件很重要的事——防范风险。可能的风险有以下几种。

- 项目沟通不顺畅：在整个业务数智化改造过程中，我们需要与业务人员紧密协作，如果沟通不顺畅，就会给业务数智化改造带来很大的困扰。
- 重要数据获取困难：部分传感器因为年代久远而无法获取到历史数据，这样会极大地增加业务数智化改造的难度。

这个阶段主要是将与生产计划相关的部分进行落地，交付内容也是与生产计划相关的业务数智化应用。

（4）子阶段四：试点落地 Part 2。

这个阶段计划用时 6 周。

这个阶段主要实现 P1 级的目标，改造过程与子阶段三类似，这里不再赘述。交付的结果也是以与提升排产效率相关的业务数智化应用为主的。

### 4．评估试点

这一步主要用来进行验收和复盘。

（1）验收：是否实现目标、是否令业务方满意。

- 是否实现目标：把改造前后的情况进行对比，看是否实现目标。
- 是否令业务方满意：邀请业务方进行验收，听取他们的意见，看业务数智化改造是否真正解决了他们的问题。

（2）复盘：整合在改造过程中遇到的问题，总结经验。

- 总结做得好的点：总结在整个改造过程中值得学习的经验。

- 总结需要关注的点：在改造期间遇到哪些问题？如何解决？如何避雷？

这一步虽然是试点改造的最后一步，但是非常关键的一步，只有进行细致、专业的复盘，才能让后续全面的业务数智化改造做得更快、更好。

### 11.4.5　设目标，全量推

经过试点改造，我们拿到了非常好的结果，F 公司的人都对这个结果非常满意。这为后续进行全面的业务数智化改造奠定了良好的基础。此时，李总宣布，F 公司正式进入全面的数智化改造阶段。由于李总已经制定好了 3 个阶段的目标，因此我们还是围绕这些目标进行业务数智化改造。

全面的业务数智化改造的时间比试点改造要长很多，所以我们需要进行定点的验收和定期的信息互通，确保每个时间节点都有产出，同时确保整体产出没有偏离我们预定的方向。这时，关于各类机制的落实就显得异常重要。

- 每日晨会：频次很高，但是每次时间非常短，主要用于互通各方的进展、问题等；主要参与者为与当前项目相关的人员。
- 周会/双周会：频次适中，每次时间也适中，主要用于和各方管理层、相关业务人员沟通项目进展，尤其可以把无法达成共识的问题抛出，让管理层进行决策。

我们需要借助各种机制和手段顺利推进项目。

### 11.4.6　本节小结

本节重点介绍了 F 公司如何通过业务数智化落地的五步法推行业务数智化方法。

### 11.4.7　本节思考题

试点改造中的评估试点这一步涉及哪两个部分？（支持多选）（　　　　）

A. 沟通　　　　B. 验收　　　　C. 复盘　　　　D. 开会

## 11.5　落地业务数智化产品——Manufacture

经过上述业务数智化改造，F 公司实现了阶段二和阶段三的目标。此时，大家一定非常想知道 F 公司落地的业务数智化产品到底是什么样的，本节就来为大家进行介绍。

由于 F 公司的业务较为传统，因此本次落地的业务数智化产品集中在数智监控和数智分析两个层级。

### 11.5.1　改造前的自检

在进行改造之前，我们需要对与改造相关的业务进行一些相关检验，从而确保后续的业务数智化改造可以顺利开展。

（1）确认与改造相关的业务是否完成数字化改造，从数据的准确性、唯一性、可靠性、时效性等方面来说是否足够支撑业务进行数智化改造。数字化改造是数智化改造的一个必要基础。

（2）确保数据的时效性，即是否可以每天/每周/每月稳定产出数据。只有数据可以稳定产出，才能很好地保障后续改造的有效性。

### 11.5.2　数智监控产品

关于 F 公司的数智监控产品，我们还是集中于与生产相关的业务场景。由于生产的特殊性，我们需要从以下两个角度落地数智监控产品。

- 实时监控：服务于相关一线业务人员，使其可以及时进行监控查询，发现生产异动情况。
- 离线监控：服务于一线业务人员和管理者，使其可以通过灵活聚合各时间维度（如日维度、周维度、月维度等）的数据掌握生产情况，从而更好地进行宏观的判断。

#### 1. 业务流程梳理

由于 F 公司的业务较为复杂，涉及生产、品控、仓储 3 个方面，因此我们在落地相关业务数智化产品之前，一定要搞清楚相关业务的流程。

首先，我们来分析纺织品生产的流程，如图 11-3 所示。纺织生产的流程涉及以下几个方面。

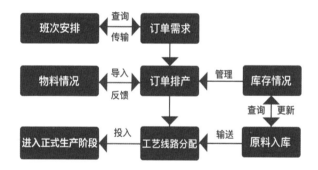

图 11-3　纺织品生产的流程

- 订单的产生。销售团队拿到订单需求，经过经理、生产部部长、财务部部长等相关人员审批后，再次确认订单需求。
- 生产的准备。根据上述明确具体的订单需求，生产人员进行班次安排和订单排产。在进行订单排产之前，生产人员需要先进行物料情况和库存情况的查询，确保物料足以保障生产正常进行。
- 正式生产。在确认上述生产准备都没问题后，进入正式生产阶段。先进行工艺线路分配及原料输送，然后便可以进行正式生产了。

其次，我们来分析品控的流程。如图 11-4 所示，品控的流程涉及查单、检验、返工、二检等相关节点。

- 查单。查单即进行生产订单审查，审查后的订单会被送检。

- 检验。检验分为两种方式，一种是人工抽检，这种方式相对比较粗糙；另一种是条干实验，即利用条干仪检测纺织品的均匀度。
- 结果。检验合格的产品可以直接入库；检验不合格的产品需要进行返工，并进行二检，二检合格才可以入库。

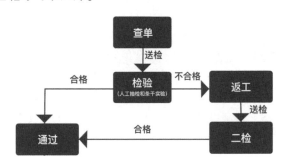

图 11-4 品控的流程

最后，我们来分析仓储的流程。如图 11-5 所示，仓储的流程涉及货物入库、在库管理、货物出库三大环节。

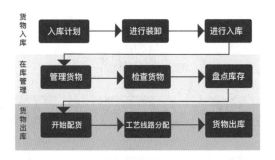

图 11-5 仓储的流程

- 货物入库。在货物入库前，仓库负责人一定会检查一遍近期的入库计划，便于安排入库事宜；然后对所需入库的货物进行装卸；最后进行入库。
- 在库管理。在库管理即对入库的货物进行管理。仓库管理员需要定时定期检查货物和盘点库存。
- 货物出库。仓库管理员根据盘点的现有库存情况进行出库订单核实，根据清单配货并进行工艺线路分配，完成货物出库操作。

## 2. 数智监控产品（实时）

生产环节需要实时监控的内容有很多，我们按照总分结构把实时监控部分为两部分。

（1）整体监控：综合每个专项的关键数据情况进行呈现，可以让相关业务人员对工厂的生产情况一目了然。

（2）专项监控：包括车间表现情况、运行基本信息、机台利用情况等。

- 车间表现情况：如图 11-6 所示，我们可以对每个车间机台进行监控，维度包括时间和车间；监控内容包括开台数量、机台状态、锭速和转速、故障数和故障率等。

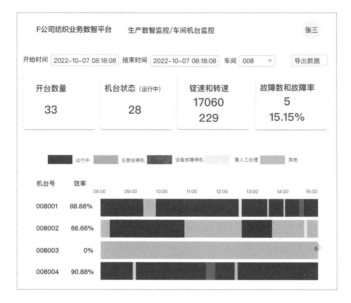

图 11-6　车间机台监控（实时）

- 运行基本信息：包括工艺单号、门幅、头纹、规格名称等。
- 机台利用情况：如图 11-7 所示，我们可以实时查看每个车间中机台的编号、状态、转速等数据。当发现有故障的机台时，我们还可以一键下发任务给设备维修人员，使设备可以及时得到维修，让机台快速投入生产中。

图 11-7　车间机台概览（实时）

对上述内容的实时监控可以帮助与生产相关的业务人员及时发现异常问题，快速采取措施，最小化业务损失。

### 3. 数智监控产品（离线）

根据业务方向进行划分，需要进行离线监控的内容包括以下几个方面。

- 生产管理方面：生产计划单量、完成单量、完成率、每台设备运行次数、设备使用效率、设备运行次数、设备运行时长、设备故障率等。
- 品控质量方面：纺织品平均重量、纺织品平均米数、纺织品良品率、纺织品重量不均匀率等。
- 仓储管理方面：预入库计划、装卸时间、入库数量、库存检查次数、出库时间、出库数量等。

针对上述每个方面的数据，我们都可以按照日、周、月等不同的周期进行聚合，从而让管理者和一线业务人员清晰地了解目前业务运转的情况。

图 11-8 呈现了生产管理和品控质量方面的数据，并且按照不同的周期进行聚合展示。

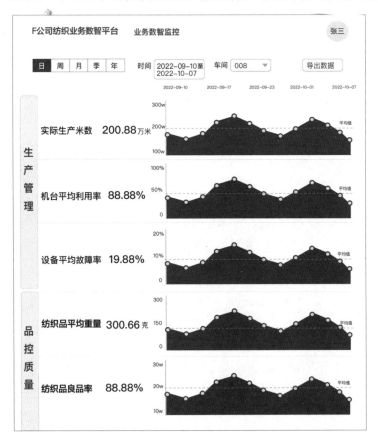

图 11-8　F 公司的整体监控（离线）

把业务各方面的指标进行分门别类的汇总展示可以分别帮助管理者和一线业务人员。

- 针对管理者：对业务各方面的情况通过数据进行感知和判定，如实际生产米数上涨 30%，是否是一个长期稳定的上涨情况？如果是，那么是否可以证明目前的产能非常好，可以推动销售团队接更多的订单？
- 针对一线业务人员：对某个业务侧面进行监控，并且可以通过自己的业务动作对数据波动进行解释，找到正向业务动作和正向数据波动的关系，从而最大化业务收益。例如，近 3 周的设备平均故障率下降 6%，这是由于 3 周前开始每周对设备进行两次保养。

同时，数智监控产品也便于管理者和一线业务人员对业务的各方面进行复盘，使业务的推进更加高效、科学。

## 11.5.3　数智分析产品

在通过数智监控产品对 F 公司的纺织业务进行全方位的把控后，我们还需要针对每个业务方面进行专项分析，以便帮助一线业务人员进一步定位问题。

### 1. 生产机台分析

机台在 F 公司的生产过程中发挥着重要作用。机台是否能够正常运转？机台是否可以最大限度地提供产能？如何可以快速定位哪个车间的哪类设备有问题？生产机台分析可以帮助我们回答以上问题。我们通过两个模块来进行分析，分别是生产机台大盘分析和生产机台结构分析。

生产机台大盘分析：如图 11-9 的上半部分所示，整合关于机台的详细指标（如机台故障次数、机台平均生产时长、机台停机时间、设备维修次数、设备维护次数、可运行机台数量、机台平均生产米数等），配合周同比数据，快速发现指标的波动幅度，从而快速发现问题。

生产机台结构分析：如图 11-9 的下半部分所示，主要目的是通过重要的分析维度对指标进行拆解，更快地定位到发生波动的部分。例如，2022 年 9 月 1 日车间 008 的机台故障次数高达 30 次，想知道到底是哪类设备引起的变化，我们可以利用生产机台结构分析快速找出哪类设备的故障次数最多，这样便可以有重点地解决问题。

### 2. 生产效率分析

关于生产效率，我们重点分析人员的效率、产能情况、能耗情况等。想要提升生产效率，首先需要使生产流程标准化，规定每个阶段需要做什么事情，以及按照什么样的标准做事；然后利用收集的生产线情况、设备运行状况、排班人员情况等数据进行深度分析。

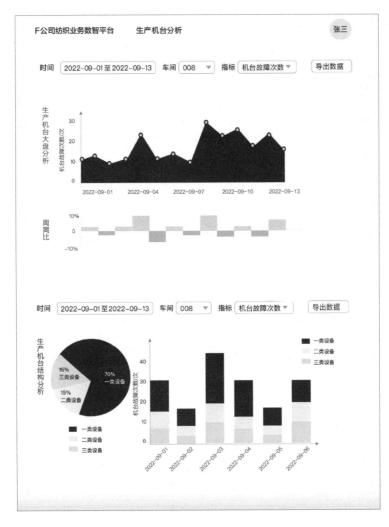

图 11-9  F公司的生产机台分析

### 3. 纺织品质量分析

由于纱线的条干均匀程度是纺织品品质的最重要要素之一，纱线不均匀会使纺织品上出现瑕疵，还会使断头率变高，因此关于纺织品质量分析，我们重点介绍一种专门针对纱条的质量检测方法——纱条条干质量检测。

纱条条干质量检测涉及一个重要的指标——变异系数（Coefficient of Variation，CV），它可以用来表示纱条密度不均匀的程度。CV 的值越大，弱节越多，纱条的强力就越弱[1]。

---

① [1] 相关案例的详细情况请见论文《条干仪在纱线质量检测中应用研究》。

### 11.5.4　本节小结

F 公司在进行业务数智化产品落地时，重点落地了数智监控产品和数智分析产品，这个实践结果对传统行业的公司来说具有很大的借鉴意义。

### 11.5.5　本节思考题

在已完成改造前自检的情况下，是否可以直接落地业务数智化产品？（　　　）

A. 可以，直接落地数智监控产品（实时）

B. 可以，直接落地数智监控产品（离线）

C. 不可以，还需要进行业务流程梳理

D. 不可以，还需要进行数字化改造检查

## 本章小结

F 公司顺利实现了业务数智化改造的目标。虽然 F 公司在改造过程中遇到很多问题，但是都一一解决了，大家对于改造结果都非常满意。除了拿到良好的改造结果，F 公司最大的变化就是让 70% 以上的业务人员都具备了业务数智化思想，这对于业务的改进和业务目标的完成有巨大的帮助。

由于传统行业的业务数智化改造比较垂直，并且和互联网行业所具备的背景相差较大，因此传统行业的业务数智化改造更需要注重业务数智化思想建设及业务数智化方法的推行。只有做好这两个部分，传统行业的业务数智化改造才能拿到好的结果。

本章思考题答案

11.1 节思考题答案

A、B、C

11.2 节思考题答案略。

11.3 节思考题答案

A、B、C

11.4 节思考题答案

B、C

11.5 节思考题答案

C

# 升华篇

# 第 12 章　踩坑血泪史

本章导读

本章是升华篇的第一章——针对业务数智化改造进行踩坑复盘。虽然我们讲解了 3M 业务数智化体系的"前世"和"今生"（"前世"—— 如何进行业务数智化思想建设、如何推行业务数智化方法、如何落地业务数智化产品，"今生"——业务数智化体系的应用），但是，在具体的实践过程中还是会遇到很多问题。本章重点说明在业务数智化落地过程中发生的较为高频但是不好解决的问题。

- 如何认识跨部门合作？
- 如何设定落地的优先级？
- 如何解决项目被阻塞的问题？
- 如何合理地调整组织架构？

## 12.1　如何认识跨部门合作

在大多数情况下，业务数智化改造一定会涉及跨部门合作，因此我们需要认识跨部门合作。跨部门合作的难度比较大，因为部门具有独立性、没有时间进行协作，而且存在领导支持问题。

（1）部门具有独立性。

通常，每个部门都有一定的独立性，团队之间也可能因为一些自己的文化和规则而存在很多差异。

（2）没有时间进行协作。

每个部门的节奏和安排都不一样，所以如果要花时间并且高优支持业务数智化改造，那么每个部门内部都要进行调整。但实际上，不同部门很难做到有序配合，因为每个部门都有自己需要高优处理的事情。

（3）领导支持问题。

在进行业务数智化改造时，我们常常需要把不同部门的成员组织起来进行协作。如果没有具备决策权和指挥权的领导站出来进行拍板，就会遇到很多问题。

接下来，我们重点讲解跨部门合作的类型、跨部门合作的难点、跨部门合作的沟通流程和沟通技巧、跨部门合作的方法论。

### 12.1.1　跨部门合作的类型

按照项目存在的周期，我们将跨部门合作分为两种：临时的跨部门合作、长期的跨部门合作，如图 12-1 所示。

图 12-1　两种跨部门合作的形式

#### 1. 临时的跨部门合作

项目的时间较短，一般在 6 个月以内。此时，整体合作是通过管理者层面达成共识来推进的。常见的问题是部门层面的优先级和企业层面的优先级不同，需要各自的管理者进行沟通和拉齐，进行自上而下的推动，确保合作基本顺畅。

#### 2. 长期的跨部门合作

项目的时间较长，至少为一年。在项目初期，各方一定要多次沟通，确定彼此的目标、合作形式、关注点等，一定要在制定 KPI 之前确定关键节点要完成的目标，确保大方向一致，细节可以暂时忽略。

### 12.1.2　跨部门合作的难点

跨部门合作存在很多难点，如图 12-2 所示。

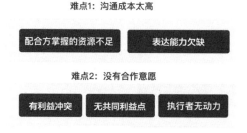

图 12-2　跨部门合作的难点

#### 1. 沟通成本太高

E 公司要针对运营部门进行业务数智化改造，这需要地方商务拓展人员配合。前期大家对于业务数智化改造的目标都进行了多次商定，也确定了配合的流程和所需的支持，但是在落实的过程中，和地方商务拓展人员的配合不太顺利，总是因为一个策略下发的小问题就争论半天，而且地方商务拓展人员总是无法快速领会到总部改造人员所说的内容，地方商务拓展人员也没有对应的资源去下发策略。

为什么合作不太顺利？总结起来有以下两个原因。

（1）配合方掌握的资源不足。针对这个原因，我们一定要事先准备好所需的资源（如流量资源、资金资源等）。如果资源申请有问题，那么一定要及时和老板进行沟通，避免因资源不足而导致沟通问题出现。

（2）表达能力欠缺。由于双方的专业背景有所差异，地方商务拓展人员无法理解改造过程中需要调控的参数等问题，而总部改造人员不具备地方商务拓展人员"接地气"的沟通方式，因此双方产生了很多沟通问题。为了避免这些问题的出现，双方需要先和对方进行深入了解，并且在策略正式下发之前进行预演。

### 2. 没有合作意愿

D公司要针对运营部门进行业务数智化改造，需要财务部门的配合。财务部门的负责人简单答应了合作，但是财务部门的落地接口人总以内部有需要高优处理的事情为由，多次进行推诿，导致业务数智化改造屡次遇到卡点。

财务部门为什么不愿意合作？无非有以下几个原因：部门间有冲突、无共同利益点、执行者无动力。

（1）有利益冲突。业务数智化改造不会伤害财务部门的利益，不存在利益冲突。这种情况需要更高层的领导出面解决，如由D公司的钱总这样的领导来决策和平衡利弊。

（2）无共同利益点。配合运营部门进行业务数智化改造不能给财务部门带来直接的好处，并且财务部门有自己的目标，二者无共同利益点。这种情况需要高层管理者及双方的领导进行深度对话，达成一些共识，并说明业务数智化改造后将为对方带来哪些好处。

（3）执行者无动力。在财务部门的落地接口人总以各种理由推诿的情况下，财务部门的负责人需要强制推进，如把协助作为部门目标并且分配到对应下属的身上，将该目标和个人目标相结合，从而引起大家的重视，使合作可以顺利进行。

### 12.1.3 跨部门合作的沟通流程和沟通技巧

跨部门合作的顺利进行一定离不开正确的沟通，所以我们要了解跨部门合作的沟通流程和沟通技巧。

### 1. 跨部门合作的沟通流程

跨部门合作的沟通流程如图12-3所示。

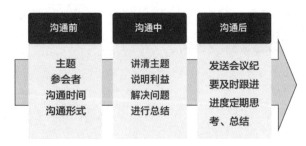

图12-3 跨部门合作的沟通流程

（1）沟通前：需要确定主题、参会者、沟通时间、沟通形式等要素。
- 主题：沟通的核心。主题这部分还隐藏了一些潜在的要素——目的，即通过安排这个主题的沟通需要达到什么样的目的。

- 参会者：沟通内容所涉及的人员。
- 沟通时间：沟通的起始时间。
- 沟通形式：按照沟通的地点可以分为线上沟通和线下沟通。线上沟通以线上语音会议、视频会议为主，线下沟通可以选取会议室作为沟通地点。

（2）沟通中：在正式进行沟通时，需要注意以下 4 个事项。

- 讲清主题：说清楚本次会议的主题、在这个主题下需要参与者一起解决哪些问题，以及有哪些方案需要大家评审。
- 说明利益：明确解决问题可以为各方带来的利益，可以是长期的利益，也可以是短期的利益。
- 解决问题：各方会针对会议主题产生很多问题，对于容易解决的问题，要在会议上解决；对于不容易解决的问题，要将其作为会后待办事项（说明对应的人和预计解决时间）。
- 进行总结：在会议快结束的时候，主持人需要对会议进行总结，总结的内容主要有达成的共识点、会后待办事项、下个时间节点等。

（3）沟通后：沟通后要做的工作包括发送会议纪要（明确写出需要确认的内容并要求答复），及时跟进进度，定期思考、总结。

- 发送会议纪要：会议纪要需要包括会议的主题、解决问题可以为各方带来的利益、问题及解决结果、会后待办事项（说明对应的人和预计解决时间）。
- 及时跟进进度：针对会议纪要中提出的会后待办事项，及时进行跟进，从而更快地发现问题。
- 定期思考、总结：根据目前问题解决的情况和进度，按照一定的周期（如每周、每双周等）进行定期总结，这样可以帮助我们达到及时复盘的效果，后续也可以更好地避免这些问题再次出现。

### 2. 跨部门合作的沟通技巧

跨部门合作的沟通技巧有 3 个：做好项目管理、频繁地进行信息透传、以目标为导向，如图 12-4 所示。

图 12-4 跨部门合作的沟通技巧

（1）做好项目管理：跨部门沟通会涉及多方的合作，在合作过程中，首先要确保任务一定分到人；然后，要明确时间节点，时间节点可以精确到某一天的某个时间段（不建议用明天、下周三、大约 3 天后等这样不清晰的时间形容词）；最后，形成书面文件，发给各方，避免后续扯皮。每一步都要严格执行。

（2）频繁地进行信息透传：分为对内透传和对外透传。

- 对内透传（业务数智化改造内部）：定期向上级汇报进度与问题，及时上报需要上级介入处理的问题，尤其是一些风险比较高的事情，一定要让上级提前知悉。

- 对外透传（跨部门项目组）：同步项目进展、问题解决的情况、下一个时间节点。
  - 由于跨部门沟通最难的一点是及时让各方了解进展，因此及时高频同步信息很重要。

（3）以目标为导向：一切以完成事项为目的，不要怕得罪别人。想要让业务数智化改造更好地落地，就要时刻谨记我们的目标。尤其是在产生分歧的时候，我们要回头看看目标是什么样的，以目标为导向做出决策。

### 12.1.4　跨部门合作的方法论

图 12-5　跨部门合作方法论

在进行跨部门合作之前，我们需要明确实现双赢的关键点，即承诺给对方好处，并且这个好处是对方所需要的。只有在让彼此双赢的情况下进行跨部门合作，找到双方的一致目标和一致利益，才能让合作变得有价值、合作的推进更加顺利。

跨部门合作的方法论如图 12-5 所示。

（1）利益各半：在让对方配合自己的同时，需要给对方好处，使其获得利益。这里涉及合作的交换原则，如果需要对方和我们合作，就要向对方承诺明确的好处，并且这个好处是对方所需的。经过协商和沟通，我们要确保业务数智化改造涉及的各方都有利可图。

（2）目标一致：在利益各半的基础上，消除对方的担忧，争取目标一致。一致的目标可以帮助我们在遇到问题和产生分歧的时候，集中力量解决问题，而不是各自盘算各自的得失。目标是否一致非常重要，我们一定要在前期多次确认，以便避免后续的很多麻烦。

（3）明确职责：让各自所负责的事情更加清晰，切勿设定模棱两可的职责。明确每个人的角色、职责、权限便于推进业务数智化改造的有序落地，也能让每个人清晰地知道自己对业务数智化改造的贡献。当每个人都了解自己的角色时，他们会更好地合作，同时少了位置之争、少了误解，有了贡献的意愿和更大的整体创造力。

（4）链路清晰：设定好合作的链路、每个节点需要做什么，以及定期需要验收哪些关键产出等。业务数智化改造需要一个完整的规划图：首先，需要明确每个阶段需要达到的目的和产出的结果；然后，针对每个阶段需要进行节点的拆分，将每个节点都落实到人并明确节点的产出。

（5）设定决策者：设定决策者是为了在出现问题的时候帮助各方解决问题，决策者是一个可以拍板的人。每当有让大家争论不休的问题出现，由于大家的视角不同或者大家的职级齐平而无法做出决策时，大家就需要一个有一定话语权的人进行决策，从而避免无意义的争论，这个人就是决策者。

### 12.1.5　本节小结

本节介绍了如何认识跨部门合作，并且从跨部门合作的类型、难点、沟通流程和沟通技巧、方法论等方面逐一进行了详细的说明，可以帮助大家更好地进行业务数智化改造。

### 12.1.6　本节思考题

（1）跨部门合作的难点有哪些？（支持多选）（　　　）

A. 沟通成本太高　　　　　　B. 无法进行决策

C. 没有合作意愿　　　　　　D. 频繁地进行信息透传

（2）跨部门合作的方法论是什么？（支持多选）（　　　）

A. 利益各半　　　　　　B. 目标一致　　　　　　C. 明确职责

D. 链路清晰　　　　　　E. 设定决策者

## 12.2　如何设定落地的优先级

业务数智化改造涉及的改造面很广，如何把有限的资源投放在各改造面中是一件很重要的事。也就是说，我们需要设定好优先级。尤其是在试点改造阶段，我们需要快速产出成果，只有这一步成功，才能有后续的整体落地（大家可以复习一下第 9 ～ 11 章，查看每家公司在试点改造阶段是如何设定优先级的）。

如果可以有条不紊地进行业务数智化改造，业务数智化问题其实就已经解决了 1/3，所以业务数智化改造过程中子任务的拆解非常重要。

任何子任务的完成都离不开以下 3 个因素：目标、资源、时间。

- 目标：每个子任务和目标的关系是什么？它是直接影响目标，还是目标中不可或缺的一部分？
- 资源：支持完成子任务的资源（如人力、物力、财力）有多少？
- 时间：子任务所需花费的时间是多少？我们所拥有的时间是多少？二者是否匹配？

每个子任务都需要在明确的目标、充足的资源和合理的时间的支撑下，顺利完成并产生预期的效果。如果任何一个因素无法满足子任务所需的量，子任务的效果就可能达不到预期。可以说每个因素很重要，但在实际情况中，每个因素都会有一定的限制条件，通常我们更加关注聚焦的目标、有限的资源、明确的时间这 3 个条件。

- 聚焦的目标：在所有目标中，一定会有一个最优先的目标，如与利润相关的目标，聚焦于这个核心目标，对各类任务进行排列会得到更好的结果。
- 有限的资源：通常，人力、物力、财力都是有限的，这就决定了子任务不可能全都很重要。
- 明确的时间：时间的范围经常是有上限的，一个子任务的完成时间不可能没有限制，时间过长的子任务也不利于整体项目的推进。

根据以上限制条件，我们不难发现，子任务必须区分优先级。

- 高优的任务：和总目标的相关度最大，资源可大量倾斜，有严格的时间要求。
- 次优的任务：和总目标的相关度较大，资源可相对倾斜，有一定的时间要求。
- 非优的任务：和总目标的相关度较低，资源不会倾斜太多，时间相对宽裕。

例如，我们要针对 D 公司的运营部门进行业务数智化改造，提升其业务运营效率，针对改造的品类和改造的方向都需要进行优先级的设定。

改造的品类的优先级如下。

- 高优的品类：时尚、美食、运动 3 个品类，因为这 3 个品类的总流量占了所有品类流量总和的 50%。
- 次优的品类：知识、科技、娱乐 3 个品类，因为这 3 个品类的总流量占了所有品类流量总和的 30%。
- 非优的品类：健康、音乐等 10 个品类，因为这 10 个品类的总流量只占了所有品类流量总和的 20%。

改造的方向的优先级如下。

- 高优的方向：留存。因为 D 公司的目标用户占有率已高达 95%，所以留存已有的用户为高优的方向。
- 次优的方向：促活和召回。由于现在的策略是稳住基本盘，因此在稳住基本盘的基础上，可以进行促活和召回等操作。
- 非优的方向：拉新。由于目标用户占有率已经见顶，因此拉新成为非优的方向。

为了更好地对不同优先级的子任务进行追踪，我们需要利用子任务规划表（见图 12-6）进行规划和调整。子任务规划表的制作步骤如下。

第一步：在第一列中按照人力、物力、财力 3 个分类列出所需的资源。

第二步：在第一行中罗列出所有的子任务，并在括号内注明每个子任务的完成时间。例如，我们按照不同的子业务线拆分出 4 个子任务，即国内外卖业务（2023 年 2 月）、国内酒店业务（2023 年 5 月）、国内团购业务（2023 年 6 月）、国外外卖业务（2023 年 12 月）。

第三步：分别标注出所需的人力、物力、财力。例如，国内外卖业务需要数智化专家 3 人、开发人员 12 人、运营人员 1 人，服务器 2 台，经费 20 万元。

| | 国内外卖业务<br>（2023年2月） | 国内酒店业务<br>（2023年5月） | 国内团购业务<br>（2023年6月） | 国外外卖业务<br>（2023年12月） |
|---|---|---|---|---|
| 人力 | 数智化专家3人<br>开发人员12人<br>运营人员1人 | 数智化专家3人<br>开发人员12人<br>运营人员1人 | 数智化专家3人<br>开发人员12人<br>运营人员1人 | 数智化专家3人<br>开发人员12人<br>运营人员1人 |
| 物力 | 服务器2台 | 服务器1台 | 服务器2台 | 服务器2台 |
| 财力 | 经费20万元 | 经费10万元 | 经费40万元 | 经费30万元 |

图 12-6　子任务规划表

### 12.2.1　本节小结

在进行业务数智化改造之前，我们需要把相关子任务的优先级进行区分，这样才能得到更好的结果。我们分别根据目标、资源、时间这 3 个因素的限制条件对子任务的优先级进行区分，将子任务分为高优的任务、次优的任务和非优的任务，从而避免各种扯皮，保证业务数智化改造有序进行。

### 12.2.2　本节思考题

（1）任何子任务的完成都离不开哪些因素？（支持多选）（　　　）

A. 目标　　　　　　B. 资源　　　　　　C. 时间　　　　　　D. 财力

（2）子任务分为哪几种类型？（支持多选）（　　　）

A. 高优的任务　　B. 次优的任务　　C. 非优的任务　　D. 最优的任务

## 12.3　如何解决项目被阻塞的问题

从第 9 ~ 11 章各行业进行业务数智化改造的过程中我们会发现项目经常会被阻塞，项目被阻塞的原因大致分为 5 类，如图 12-7 所示。

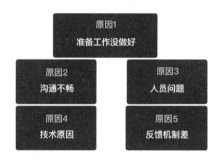

图 12-7　项目被阻塞的原因

### 12.3.1　准备工作没做好导致的阻塞

准备工作没做好很可能会导致业务数智化改造无法正常推进。例如，在对某企业进行业务数智化改造时，前期没有进行充分调研，在开始改造后才发现该企业连数字化改造都没做好，因此业务数智化改造无法顺利进行。

因此，在进行业务数智化改造之前，我们需要捋清楚每个环节的关系，对于存在依赖关系的环节，需要把准备工作考虑在内，尤其是关键的环节，否则很容造成上述例子中的结果——信心满满地开工却发现无法进行。

为了避免这样的问题发生，我们需要注意以下几点：找对人、勤调研、多确认。

- 找对人：在进行业务数智化改造时，我们一定要找经验丰富的专家，专家可以帮助我们避免走很多弯路。

- 勤调研：在调研的初期，我们需要事无巨细地把握好每个环节的情况，最好可以找出历史文档，以便了解业务的发展情况。
- 多确认：想要避免准备工作被遗漏，就要多找人确认不确定的地方。

### 12.3.2　沟通不畅导致的阻塞

由于业务数智化改造会涉及跨部门的沟通，涉及的人员比较多，而这些人的经历和专业背景不同，就可能导致信息无法被正确无误地传递，从而造成错误的结果。例如，服务员面前摆好了 5 碗面条，拉面厨师让服务员把其中的二细面送给 88 号桌的客人，此时，不认识二细面的服务员可能会随便选一碗面送给 88 号桌的客人。

业务数智化改造的过程也是这样的，业务人员、改造人员和开发人员等不同人员之间的语言很可能"不互通"，因此业务数智化改造会遇到很多沟通方面的问题。例如，因为第一阶段的计算资源有限，开发人员无法细到用户粒度，但业务人员认为这是他们必要的改造内容，双方无法达成共识，导致业务数智化改造无法进行。

为了避免上述问题，我们需要注意找"翻译"和多理解。

- 找"翻译"：找一个同时可以理解业务人员和开发人员的人，对双方的语言进行"翻译"，数智化专家可以扮演这样的角色。
- 多理解：提供多种沟通机制，帮助各方进行相互了解，如召开每日站会、定期例会、分享会等。

### 12.3.3　人员问题导致的阻塞

人员问题导致的阻塞主要是指人员没有按照计划各司其职，发生一些临时的变化而导致的阻塞。常见的人员问题及解法如图 12-8 所示。

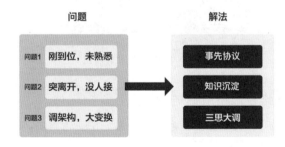

图 12-8　常见的人员问题及解法

- 问题 1：刚到位，未熟悉。刚刚接手项目的人往往对项目没有充分的理解，他们需要与对项目熟悉的人经常沟通。
- 问题 2：突离开，没人接。这个问题相对问题 1 来说比较严重，因为事发突然，大家并没有做好准备。尤其是身处要职的人，如数智架构师，如果他在项目比较关键的时期突然离开，短时间内没有人可以接手他的工作，就可能导致项目的严重阻塞。
- 问题 3：调架构，大变换。这是最严重的问题。大型的组织架构调整会导致人员重构，这就会导致原本井然有序的工作突然被打乱。很多不合理的调整会严重影响业务数智化改造的进度。

针对上述人员问题，我们需要做的事是事先协议、知识沉淀、三思大调。

- 事先协议：在项目启动之前，除了不可抗力，核心成员要在确保项目能稳定进行且有对应的后备人员顶替后才可以离开。
- 知识沉淀：将所有与项目相关的内容都及时地进行记录，以便使新人可以通过上述知识沉淀文档快速上手。
- 三思大调：事先与企业高层管理者达成共识，在业务数智化改造期间尽可能不做妨碍业务数智化改造的不合理的大型架构调整；若必须进行架构调整，则要接受相应的后果。

### 12.3.4 技术问题导致的阻塞

技术问题导致的阻塞主要是指在落地过程中因技术实现困难等原因导致的阻塞。技术问题有以下几类：突发事件、未考虑全、没按约定。

- 问题 1：突发事件。有时项目进行到一半会发生一些突然的变化，这些变化可能会导致技术方案跟着变更。例如，原本没有计划做留存数智分析，临时增加了这个新的需求，但现有技术方案不适合新增这样的需求，必须进行技术方案重构。
- 问题 2：未考虑全。由于没有在前期进行合理的需求预估，导致在产品开发开始后或者产品上线后才发现该技术方案无法满足需求。例如，在前期评审的时候，各方都没有考虑到业务团队人员规模扩大而导致的高并发运行情况，导致产品上线后出现问题。
- 问题 3：没按约定。例如，在前期约定好给予业务数智化改造项目分配的计算和存储资源，由于一些无法预期的情况而没有被及时分配给业务数智化改造项目，导致技术方案无法按照原计划落地。

针对上述问题，我们需要进行详细的原因分析。

- 产生问题 1 的原因是业务突然发生变化，而由此而造成的时间延期责任需要由业务方来承担。例如，产品原本可以 6 月 1 日上线，现在只能 7 月 7 日上线。我们需要及时地抛出问题，并及时进行项目时间的修正。
- 产生问题 2 的原因是研发人员没有进行全面而详细的调研。研发人员需要在技术方案产出阶段尽可能考虑到各种各样的变化情况，如是否会发生高并发运行情况等。
- 产生问题 3 的原因是相关方没有及时给予资源。

经过原因分析，我们发现可以在很大程度上预防问题的发生，而不是等问题发生后才去解决。

### 12.3.5 反馈机制差导致的阻塞

对业务数智化改造这样的大型项目而言，顺畅、清晰的反馈机制是非常重要的。如果反馈链路过长、反馈不顺畅，就可能造成很多麻烦。

例如，运营人员小红有些历史问题需要进行补充说明，从而帮助数智化专家更好地进行改造。此时，小红需要先把信息反馈给小组长小兰，小兰再反馈给主管小玲，小玲再反馈给运营收口人小英。一周后，小英才把各方收到的反馈信息汇总给智智。此时，从时间上看，已经过去一周了；从传递上看，信息被 3 个人进行了传递。在这个过程中，信息是否会失真？智智接收的消息是否与小红想传递的信息一致？这样的反馈机制可能存在以下危害。

- 信息失真：经过层层传递，原本要传递的信息的部分内容可能会被掩盖，导致数智化专家接收到的信息已经不是原本的信息，此时根据这个信息进行业务数智化改造，可能会出问题。
- 潜在隐患：如果会影响业务数智化改造的关键节点的信息失真了，就会造成很高的风险。

如何避免由于反馈机制差而导致的阻塞呢？

- 提高反馈频次：给业务部门提供多种反馈方式，如每日站会等，从而提高反馈频次。
- 缩短反馈链路：为了可以及时发现问题，我们需要一种快速的反馈方式，从而缩短反馈链路。例如，增加业务反馈值班号，使数智化专家和业务人员可以直接接触。
- 合理地调整组织架构：很多时候，组织架构是改造的壁垒。关于这一点，我们可以查看 12.4 节的内容。

### 12.3.6　本节小结

项目被阻塞的原因有多种，我们只有认识到这些原因，才能更好地对症下药。

### 12.3.7　本节思考题

（1）项目被阻塞的原因有哪些？（支持多选）（　　　）

A. 准备工作没做好　　　　　　　B. 程序不对
C. 沟通不畅　　　　　　　　　　D. 人员问题

（2）常见的人员问题有哪些？（支持多选）（　　　）

A. 没有对接人员　　　　　　　　B. 刚到位，未熟悉
C. 突离开，没人接　　　　　　　D. 调架构，大变换

## 12.4　如何合理地调整组织架构

业务数智化改造虽然是以业务为主的改造，但是它是一种科学、新颖的改造方式，为了配合这样的改造，组织架构需要进行调整。除了应对业务数智化改造，调整组织架构还可以更好地调整工作结构和应对商业环境。

- 更好地调整工作结构：在社会发展的过程中，工作结构会发生变化。例如，受客观因素的影响，大部分企业都需要具备线上办公的能力，这样才能得以生存。如果想让线上办公的效率更高，就需要进行企业组织架构的调整。

- 更好地应对商业环境：寻找更加高效的组织架构并推行相应的调整，可以更好地适应外部变化和竞争，让自己从竞争中脱颖而出。

### 12.4.1　组织架构的类型

组织架构包括传统企业的组织结构和新型企业的组织架构。

传统企业的组织架构的主要优势是少数人掌握决策权，可以为员工提供了一个明确的信息，即员工在履行职责时应该服务于谁。这种组织架构可以视作自上而下的架构。这种组织架构的主要缺点是不允许基层员工参与重大决策，基层员工只能执行任务，这样会使基层员工的想法被忽视。

新型企业的组织架构的主要优势是员工可以比较自由地提出自己的想法，甚至实现该想法，而不受比他级别高的管理者的干预。这种组织架构可以提高生产力、工作质量及员工满意度，还可以更好地挖掘员工的潜能。这样一来，员工和员工之间、员工和企业之间形成了更紧密的联系。这种组织架构的主要缺点是如果员工的自由度过大，就会导致组织混乱和效率低下；由于该组织架构不再是自上而下或自下而上的，因此员工晋升或向上流动的机会受到限制。

### 12.4.2　组织架构调整的涉及方

组织架构调整通常会涉及以下群体。
- 管理者：通常负责组织架构的调整，同时要确保组织的生存和运作，如总裁。
- 员工：负责实现管理者所制定的目标，如一线业务人员。
- 利益相关者：不会直接管理企业，但会参与企业重大决策的制定，如股东。拥有强大投资者的大型企业在做出可能对运营产生重大影响的决策时，通常会考虑他们的意见。

### 12.4.3　组织架构调整的实践讨论

企业的组织架构向来不是很容易进行调整的，除非该企业是新型的科技企业，可以灵活地进行组织架构调整而不影响业务进程。很多企业由于历史问题多、部门壁垒厚，无法轻易进行组织架构调整，更准确地说是无法控制好调整后的新型架构。但是，越不变越难变，越不迎接调整越无法迎接挑战，这也是很多企业被逐渐甩在后面的原因之一。

要顺应时代，做好迎接未来的准备，组织架构调整就要先行。说到这里，到底什么样的组织架构适合进行业务数智化改造呢？在回答这个问题之前，我们需要回答另一个问题：什么样的组织架构对于目前的业务发展是最好的？这是所有存在业务问题的企业都需要深入思考的。企业拥有的人力、物力、财力都是有限的，目标的实现也是有时间限制的，要想在有限的时间中用好物力、财力，就需要高效地组织人力。要高效地组织人力，就要进行组织架构调整，这是重中之重。我们通过几个例子来进行说明。
- 企业甲：组织架构非常扁平，业务流程相对顺畅，业务人员每次发现问题都可以及时采取对应的解决措施，信息在传递过程中失真的可能性也很小，非常利于发挥业务人员的主动性和创新精神。在这种组织架构下进行业务数智化改造，可谓事半功倍。

- 企业乙：组织架构的层级很多，业务流程相对较长，经常会因为业务流程过长而使问题得不到解决，不了了之；同时，因为层级过多，员工的权利有限，很多事都要由老板决定。而老板由于长期脱离一线业务，无法做出正确的判断，导致恶性循环。在这样的组织架构下进行业务数智化改造，改造过程非常艰辛。

毫不夸张地说，业务数智化改造可以说是"成也组织架构，败也组织架构"。

### 12.4.4　本节小结

如果想要更好地进行业务数智化改造，那么调整组织架构必不可少。本节主要介绍了组织架构的类型、涉及方、实践讨论。

### 12.4.5　本节思考题

（1）组织架构的类型有哪些？（　　　）

A. 传统企业的组织架构　　　　　B. 新型企业的组织架构

C. 矩阵型组织架构　　　　　　　D. 事业部型组织架构

（2）组织架构调整的涉及方有哪些？（　　　）

A. 管理者　　　　B. 员工　　　　C. 人力资源管理人员　　D. 利益相关者

## 本章小结

本章重点说明了业务数智化改造过程中遇到的 4 类问题：如何认识跨部门合作、如何设定落地的优先级、如何解决项目被阻塞的问题、如何合理地调整组织架构。这 4 类问题是笔者基于自己多年的实践总结出来的，是在业务数智化改造过程中出现较为高频的问题，了解解决这些问题的方法，可以避坑。

---

本章思考题答案

12.1 节思考题答案

（1）A、C　　　　　　　（2）A、B、C、D、E

12.2 节思考题答案

（1）A、B、C　　　　　（2）A、B、C

12.3 节思考题答案

（1）A、C、D　　　　　（2）B、C、D

12.4 节思考题答案

（1）A、B　　　　　　　（2）A、B、D

# 第 13 章　3M 业务数智化体系方法迁移

本章导读

写到这里，本书就进入尾声了。此时，笔者非常感谢素未谋面的读者耐心读到这里，作为回馈，笔者想和读者分享一下 3M 业务数智化体系的核心——方法迁移。

由于 3M 业务数智化体系是一种新的方法，对于新的方法，大家可能会有一个疑问：该方法是不是只针对某个行业或者领域才可以取得好的落地结果？笔者可以很肯定地说：不是。因为笔者有充分的理由来证明 3M 业务数智化体系的普适性非常强，理由如下。

- 实践很多。3M 业务数智化体系是基于历次业务数智化改造实践产出的，也是笔者多年来从业经验的总结。
- 内容很全。3M 业务数智化体系是首个思想 + 方法 + 工具 "三位一体" 的全方位的业务数智化方法论，涉及业务数智化改造的方方面面，不但具备目标明确的指导思想，而且具备切实可行的方法，更具备有的放矢的工具。
- 范围很广。3M 业务数智化体系是笔者对多年多行业的实践成果进行总结得到的，不仅适用于互联网范畴下的 O2O 行业、内容行业、电商行业等，还适用于传统范畴下的制造等行业。

接下来，本章会对业务数智化适用范围的补充、如何将 3M 业务数智化体系顺利应用到新型企业中、如何将 3M 业务数智化体系顺利应用到传统企业中这 3 个方面进行说明。

## 13.1　业务数智化适用范围的补充

第 4 章已经讲过，在一定的业务生命周期和业务组织形态下才可以进行业务数智化改造，并非在所有的业务生命周期和业务组织形态下都适合进行业务数智化改造。

好奇的读者可能要问：现在很多企业都在进行业务数智化改造，为了不被淘汰，我想把先进的业务数智化带到企业的业务中，这样不行吗？肯定是行的，但是此时你要问自己，这样做的目的是什么？因为企业的时间和资源是宝贵的，企业一定不想无功而返，所以带着明确的目的进行业务数智化改造可以得到更好的结果。

接下来，我们再思考另一个问题：业务数智化改造是否只考虑业务的生命周期和业务的组织形态这两个层面就可以了呢？是否所有类型的企业都适合进行业务数智化改造呢？

此时，我们思考一个更重要的问题，企业分为哪几种类型？

按照业务类型的不同，我们可以把企业分为 3 类：制造企业、零售企业和服务企业。

制造企业：通常会制造一种或多种产品，并将其出售给负责销售的地方。例如，生产饼干的工厂在生产出饼干后，把饼干运输到对应的商店、超市等地方进行销售。

零售企业：直接向消费者提供产品或服务的企业，设有营业场所、柜台，但不生产产品，如百货商场、超市等。

服务企业：服务企业的工作重心是以产品为载体，为消费者提供完整的服务，如旅游企业、广告企业、代理企业等。

简单来说，制造企业主要负责制造，零售企业和服务企业主要负责销售和提供服务。

制造企业主要追求的是生产效率、生产质量等。例如，偏光片制造企业需要进行更加精准的切割来获得符合标准的膜片，需要尽量减少原料的损耗。零售企业和服务企业主要关注的是销量，如何最大化销量和利润是其关注的核心。例如，作为服务企业的线上外卖平台需要促成更多的订单来从中进行抽成，即让用户买到所需的产品，让商家卖出自己的产品。几乎所有与互联网相关的业务都是服务类的业务。

对制造企业而言，业务数智化改造是针对生产制造进行的数智化改造。

对零售企业和服务企业而言，业务数智化改造是针对销售和提供服务这一系列的活动而进行的数智化改造。

业务数智化适用于制造企业、零售企业和服务企业，只是对制造企业而言，进行业务数智化改造更难一些，因为大型机器中的数据比较复杂，涉及一定程序的解析和导出，工序比较复杂。从本质上来说，进行业务数智化改造需要提升生产效率和生产质量。对零售企业和服务而言，进行业务数智化改造需要提升销量、提升销售和服务各环节的效率。

综上所述，业务数智化同时适用于制造企业、零售企业和服务企业。

### 13.1.1　本节小结

按照业务类型的不同，我们可以把企业分为制造企业、零售企业和服务企业。在了解企业的类型后，业务数智化改造的重点就显而易见了。

### 13.1.2　本节思考题

按照业务类型的不同，我们可以把企业分为哪 3 类？

## 13.2　如何将 3M 业务数智化体系顺利应用到新型企业中

虽然本书中讲了很多 3M 业务数智化体系的应用，但这能否保证所有企业用该方法都万无一失呢？其实任何业务数智化改造都并非易事，推进过程中总有很多意想不到的问题出现。接下来，我们将以提供服务为主的互联网新型企业作为研究对象，深入说明如何将 3M 业务数智化体系顺利应用到这类新型企业中。

### 13.2.1　新型企业的业务说明

虽然新型企业所处的领域不同，但它们有一个共同的底座——以互联网为媒介进行的业务。互联网的原生优势如图 13-1 所示。

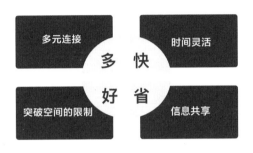

图 13-1　互联网的原生优势

- 多元连接：互联网提供了多种形式的连接，如用户和用户的连接、商家和商家的连接、商家和用户的连接、用户和产品的连接等。
- 时间灵活：互联网可以 7 天 ×24 小时的方式进行工作。
- 突破空间的限制：互联网突破了空间的限制，让世界各地的人可以随时进行交互。例如，身在北京的小明可以通过互联网与身在其他城市的朋友联系。
- 信息共享：互联网可以让人们快速地获取大量信息。例如，现在通过一部手机就可以做到"秀才不出门，便知天下事"。

由于互联网的原生优势，对应的新型企业的业务具有多、快、好、省的特点。

- 多：更多的连接，更多的选择。新型企业的业务可以给用户提供更多的选择。例如，用户以前只能在商店里选择 3 个款式的短袖衣服，现在可以在网上选择上千个款式的短袖衣服，并且可以选择不同的颜色、材质。
- 快：更快地触达，更快地迭代。新型企业的业务可以快速获取用户的需求进行产品和服务的迭代，更容易令用户满意。例如，在获取用户的需求后，仅用了两周，某视频 App 就增加了青少年用户模式，帮助家长更好地进行青少年的时间管理。
- 好：更好的质量，更好的服务。新型企业的业务会通过提供更贴心、周到的服务来满足用户的需求。例如，用户在线上购物基本上都可以享受 7 天无理由退换货的服务。
- 省：更省金钱，更省时间。新型企业的业务以互联网为媒介，可以更好、更快地匹配供需双方，使中间渠道的加价变得更少，让整个交易更加透明。

那么，新型企业的业务不存在问题吗？并非如此，接下来，我们来看看新型企业的业务问题。

### 13.2.2　新型企业的业务问题

由于处于不同阶段的业务的问题不尽相同，因此我们在分析新型企业的业务问题时，需要从业务所处的不同阶段进行分析。由于业务数智化改造对于有一定业务基础且较为活跃的业务收益的提升效果更为明显，因此我们重点介绍成长期的业务问题、成熟期的业务问题、衰退期的业务问题。

#### 1. 成长期的业务问题：发现增长点

对成长期的业务而言，最重要的事莫过于发现增长点，所以此时此刻，大家铆足劲儿共同在做的一件事就是扩体量。

新用户对成长期的业务而言是至关重要的：一方面，通过扩体量帮助业务高速增长；另一方面，通过一次次策略调整定位到企业的潜力目标市场。此时，企业一般会通过焦点小组、访谈等方式进行调研，以便更多地了解潜在受众。

当然，企业此时也不能把辛苦获取的用户搁置不管，提升复购率和增大用户黏性是让成长期的业务获得成功的一个重要条件。根据长期监控，维护老用户的成本远远低于获取新客户的成本低。

#### 2. 成熟期的业务问题：降低人力成本

成熟期的业务的规模已经可以维持在一个稳定的水平上，此时业务的活力相比之前降低了，业务的利润增加空间已经很小了，企业若想增加利润，则只能降低成本，尤其是降低人力成本。

由于成熟期的业务的流程、方法、策略等相对而言都比较稳定和成熟，因此我们将其进行数智化。需要注意的一点是，我们只是需要把一些标准业务流程和方法论进行数智化，而不是把所有业务都进行数智化。例如，外卖业务的商家商务拓展人员是需要频繁和商家进行沟通交流从而达到拉新目的的，这种定制化的业务是无法进行数智化的。

我们需要通过合理的手段去降低成本，降低那些不合理的、高耗能的成本，并非盲目地降低成本。总结起来，要降低成熟期的业务的人力成本，就需要重点考虑合理提效和智能决策两个方面的问题，如图 13-2 所示。

（1）合理提效。

合理提效需要从业务场景出发，抓住几条核心的业务链路，这些业务链路重要且耗费人力。我们以此为切入点，将成熟期的业务的人力成本降到最低，将人力释放出来发展新业务、挖掘新的增长点。合理提效方面的问题有以下 3 个。

- 人员繁杂。对于成熟业务，尤其是核心成熟业务，企业必然会投入大量的人力，这就会造成人员繁杂的问题。如果仅对成熟业务做日常维护而非创新，就不需要如此多的人力了。
- 流程冗余。如果企业不重视流程优化，一味地在业务流程上增加环节，就会导致整个业务流程非常臃肿，此时就需要很多人来维护流程，但本质问题不是人力问题，而是流程的问题。如果把流程进行优化，就可以砍掉大量人力。

- 恶性竞争。对于最赚钱的业务，人人都想参与，但是这样往往会导致一个问题：
  三个和尚没水吃。大家都想抢占核心业务，此时"抢"比"做"更突出，以前 1
  个人可以完成的业务，现在 10 个人反而无法完成了。这个问题是需要管理者意识
  到并且下决心解决的，否则再好的改造也无法解决恶性竞争的问题。

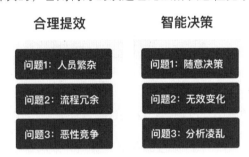

图 13-2　降低成熟期的业务的人力成本需要考虑的问题

（2）智能决策。

管理者需要从全局视角把控业务的进展，从而更好地进行战略方向的调整。业务数
智化改造可以帮助管理者高效、客观地分析业务现状，从而更好地进行判断。智能决策
方面的问题有以下 3 个。

- 随意决策。很多管理者习惯"拍脑袋"做决策，这种全凭直觉的决策方式不能说
  完全不对，只能说是不可持续发展的决策方式。尤其是随着企业规模的扩大，不
  能永远依仗管理者"拍脑袋"做决策，即使他做的决策全都正确，他每天的时间
  也是有限的，此时，找出高效而科学的决策方式势在必行。
- 无效变化。智能决策的第一步就是用合理的方式把业务的有效变化进行呈现。由
  于业务的变化数据非常多，因此我们需要把核心的重要数据进行呈现。
- 分析凌乱。决策过程是一个有逻辑、有条理地进行分析并做出决策的过程，采用
  无章法的分析方法得到的结果一定不及采用条理清晰、章法明确的分析方法得到
  的结果科学。

3. 衰退期的业务的问题：挖掘新的增长点

衰退期的业务面临着这样的情况：无法像成长期的业务那样保持高速增长，也无法
像成熟期的业务那样保持在一个水平线上，其核心指标在急速下滑。业务衰退的原因如
图 13-3 所示。

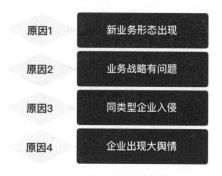

图 13-3 业务衰退的原因

- 原因 1：新业务形态出现。例如，以前我们习惯于线下购物，总觉得要"看得见、摸得着"才会安心；现在线上购物已经形成规模，大部分网民都进行过线上购物。如果企业坚持只开设线下店铺，那么其能获得的利润要比同时开设线上店铺少很多。
- 原因 2：业务战略有问题。如果企业在没有摸清自身业务和海外市场的情况下盲目出海，就可能血本无归。想用新的业务战略这个想法没错，错的是不了解业务和市场的情况，以及新的业务战略。
- 原因 3：同类型企业入侵。这种情况也很多见，如网络媒体抢走了传统媒体的市场份额等。市场容量是有限的，企业要想立于不败之地，就要紧随新的动向。
- 原因 4：企业出现大舆情。这种情况是指企业出现重大负面事件，如泄露用户数据等。

针对上述 4 个原因，我们分别给出对应的解决方法。

- 针对原因 1：通过科学的手段来挖掘新的商业模式，让企业的业务立于不败之地。3M 业务数智化体系中的方法就是一种科学的业务改造方法。
- 针对原因 2：为管理者提供一套科学的方法，让他们及时知晓业务的变化。数智诊断产品就可以解决这个问题。
- 针对原因 3：通过有效的手段获取同行业的外部信息，及时跟上行业的发展。企业在埋头前进做自身业务的时候，也需要关注外部的动向。
- 针对原因 4：管理者需要谨慎地进行内部决策，对于一些触及红线的决策，要坚决按照合理的政策规定来制定。

### 13.2.3 新型企业的业务问题抽象

1. 成长期的业务问题抽象

成长期的业务问题重点在于看清业务现状，提升业务目标，刻画目标用户。

问题 1：如何精准、深入地了解目标用户？

精准定位目标用户这个问题非常重要。企业在提供产品或服务的时候，一定要想清楚自己的产品或服务是给谁提供的。不同年龄阶段的、不同职业的、不同地域的用户的差别非常大。例如，一款手机的目标用户是寻求时尚感、个性化的年轻人还是需要和儿女联系的老年人，对于手机的功能、外观等都有很大影响。

问题 2：如何防范业务潜在的风险？

防范业务潜在的风险非常重要，因为业务不会一直一帆风顺地进行下去，风险对企业的打击可能是致命的。尤其是成长期的业务基本上是无法承受大型风险的打击的，业务很容易因此而胎死腹中。例如，某企业生产的奶粉，婴儿喝后总是呕吐。媒体报道后，新闻上了热门搜索，导致该企业的股价、评价、产品销量都大大受损。

问题 3：如何准确地实施策略？

如果无差别地实施策略，就可能导致投入与产出不成正比。如果根据是否早高峰、是否节假日、是否核心商圈等因素有差别地实施策略，就能帮助企业获得更好的策略实施结果。

### 2. 成熟期的业务问题抽象

成熟期的业务问题重点在于提升效率，沉淀经验，降低成本，使业务稳定、安全。

问题 1：如何提升各类业务流程的效率？

成熟期的业务的营收相对稳定，缺乏增长活力。此时，业务人员冗余的问题就会显现出来：企业一直在投入，但大多数都是无效的投入，企业的效益没有得到明显的提升，人员开始出现恶性竞争，如大家都在争抢核心业务，容易出现"内卷"的情况。如果要避免上述问题的出现，就要提升业务流程的效率。

问题 2：如何把业务的成熟方法论进行沉淀？

随着业务的稳定和长期的沉淀，每个业务场景都会产出较为成熟的业务打法。这些打法可以说是业务的核心资产。如果不好好沉淀下来，就会给企业造成严重的损失。这些无形的资产如果没有得到妥善的管理，就会随着人员的流动而悄无声息地流走，这样一来不利于沉淀重要的业务资产，二来不利于新员工接手业务。

问题 3：如何把业务方方面面的问题用简单的形态进行呈现？

成熟期的业务涉及日常的策略、内部的业务流程、用户的体验、各分层的表现、供需情况等多个方面，比较复杂，如果可以通过一个较为固定的落地形态把上述内容都呈现在一起，就会使业务的变化和对应原因一目了然。这样一来，管理者就无须动用大量人力去定位问题，一线业务人员也无须花费大量精力去定位问题的原因。

问题 4：如何更好地评估策略？

想要科学合理地评估策略的实施结果，就要看回报是否大于成本，我们一般会通过ROI 来进行评估。ROI 越大，说明策略的实施结果越好。

### 3. 衰退期业务

衰退期的业务重点在于衰退前的预防和衰退后的治疗。

问题 1：如何在业务衰退前就发现业务衰退的迹象？

任何事情发生之前都是有迹可循的，业务衰退也不例外。为了避免损失过多的业务收益，企业需要通过一些行之有效的手段发现业务衰退的迹象。与其在后期花费大量的资源拯救业务，不如在前期花少量的成本来挽回因真正衰退而造成的巨大损失。因此，对于衰退的预先洞察和挖掘是重中之重。

问题 2：如何在业务衰退后解决现有问题？

如果业务已经衰退了，那么企业需要关注的就是如何解决这个问题。如果不解决这个问题，业务就无法翻身。解决的方法一般分为两种：一种是通过现有商业模式进行修复，另一种是挖掘新的商业模式。

### 13.2.4　新型企业的业务问题的解法和迁移

#### 1. 成长期的业务问题的解法和迁移

针对成长期的业务问题，我们可以通过落地数智监控产品来解决。数智监控产品可以帮助我们及时观测、快速定位问题。

对成长期的业务来说，如何快速实现目标非常重要。要发现业务的变化情况，我们可以借助于数智监控产品。我们分别从管理者和一线业务人员两个角度出发去看数智监控产品的作用。

（1）管理者。

● 及时帮助发现异动点。管理者可以根据这些异动情况进行业务方向的调整，从而做到快速纠偏。

● 查看目标实现的情况。通过数智监控产品，管理者可以及时查看目标实现的情况。

（2）一线业务人员。

● 随时掌握所负责业务的变化。一线业务人员可以通过数智监控产品随时掌握自己所负责业务的变化情况，并根据这些变化情况实施对应的策略。

● 快速查看策略实施结果。一线业务人员可以通过数智监控产品快速查看策略实施结果，从而判断策略是否合理。

#### 2. 成熟期业务问题的解法和迁移

针对成熟期的业务问题，我们可以落地数智分析产品来解决。数智分析产品可以分为以下 3 种。

● 短/中期视角分析产品：解决提升短/中期业务效率和沉淀经验的问题，通过定向大盘分析、分层结构分析、专项主题分析等方式解决问题，从而达到提质增效、降低成本的目的。

● 长期视角分析产品：解决提升长期业务效率的问题，完善业务流程，大幅降低业务运营的成本。

● 特殊视角分析产品：解决使业务稳定、安全的问题。当业务形成一定的规模，在市场上有一定的影响力时，企业就要重视风险的防范，从而防止企业产生重大的损失。

3. 衰退期业务问题的解法和迁移

针对衰退期的业务，我们主要解决防和治的问题，此时需要通过落地数智诊断产品去解决问题。

解决防的问题：数智诊断产品可以把业务的衰退迹象呈现出来，帮助我们做好预防工作。数智诊断产品不仅能够给出业务衰退的结论，还提供了一套完整的分析方法对结论进行佐证。

解决治的问题：治可以分为两种类型，即针对预防衰退这样的问题进行治理（预防治理）和针对已经衰退这样的问题进行治理（已存治理）。

- 预防治理。预防治理的关键是对症下药，而找到衰退的原因对于问题的解决非常重要。好的数智诊断产品可以给出配套的解决方案，如针对该问题应该使用哪些策略、如何有效调配资源等。
- 已存治理。和预防治理的区别在于，已存治理的力度更大、解决的问题也更多。例如，预防治理所需解决的可能只有一个问题，而已存治理需要解决的问题可能有五六个，这时解决问题的优先级就显得尤为重要。这时，数智诊断产品可以给出一套完整的问题解决方案。

## 13.2.5　本节小结

本节以新型企业为出发点，对其成长期的业务问题、成熟期的业务问题、衰退期的业务问题进行了抽象。

## 13.2.6　本节思考题

（1）互联网的原生优势有哪些？（支持多选）（　　　）

A. 多元连接　　　　　　　　　　B. 时间灵活

C. 突破空间的限制　　　　　　　D. 信息共享

（2）新型企业的业务问题有哪些？（支持多选）（　　　）

A. 成长期的业务问题：发现增长点

B. 成熟期的业务问题：降低人力成本

C. 衰退期的业务问题：挖掘新的增长点

D. 以上都不是

# 13.3　如何将 3M 业务数智化体系顺利应用到传统企业中

由于不同传统企业的业务模式、业务链路和业务瓶颈等都有所不同，因此在将 3M 业务数智化体系应用到传统企业中时，侧重点应有所不同。本节就来介绍如何将 3M 业务数智化体系应用到传统企业中。

### 13.3.1 传统企业的业务说明

传统企业的业务类型如图 13-4 所示。

图 13-4  传统企业的业务类型

#### 1. 设备

设备可以有效地帮助企业生产出所需要的产品，是生产过程中的核心部分。由于日常对设备的管理都是基于人工的主观判断的，加之人员的流动性很大，因此设备的管理较为随机。只有设备发生大的故障时，才会引起企业的关注。对于设备，大家基本本着"能用就行"的原则，长期来看，这不利于企业的可持续发展。

#### 2. 与产品相关

传统企业通过销售生产线上产出的产品来获得收入，所以产品是传统企业赖以生存的基础。产品的质量问题是产品方面的核心问题。

另外，传统企业的产品生产都是基于用户的需求进行的，以量取胜，产品单价较低，其研发是被动式的。

#### 3. 生产运营

很多传统企业的生产计划是由生产部门根据 Excel 表格中的销售订单信息制定的，生产安排的自动化程度较低，生产计划的制订相对比较缓慢。

#### 4. 信息化建设

传统企业的网络主要覆盖办公区域。一些传统企业会用一些本地化软件进行管理，将服务器部署在本地端，但是还有采购、销售等重要的业务环节仍利用 Excel 表格或者纸质记录来进行信息流转。如果只有单个部门应用了信息化工具，其他部门都在线下进行信息传递，就会造成信息无法进行系统性关联，在成本核算等方面存在很大困难。

#### 5. 其他

例如，质量管理、业务能源管理、售后管理、环保监控等。

### 13.3.2　传统企业的业务问题

传统企业的业务问题如图 13-5 所示。

图 13-5　传统企业的业务问题

#### 1. 缺乏业务数智化思想

传统企业习惯性用传统的方法对业务进行管理，这种管理方法已经深入每个人的心里，所以大部分传统企业缺乏业务数智化思想。身体跟着大脑走，如果没有这样的意识，那么企业的业务变革基本上是不可能实现的。有些传统企业对业务数智化是不在乎甚至抗拒的，它们认为没有进行业务数智化改造也存活了这么多年了，不需要把时间和精力耗费在这些事情上。

#### 2. 信息零散、不准

我们经常会看到这样的现象，生产线 A 采用的是老设备，只能通过人工进行数据的记录和解析；生产线 B 采用的是新设备，可以通过传感器等收集数据并集中于系统中。生产所需的数据被零散地储存在多个地方，如果需要制订准确的生产计划，就需要收集和整理销售部门、财务部门等的数据，这不仅会消耗很多人力，还容易使数据在流转过程中失真。

#### 3. 业务沉淀问题

设备管理、产品生产、生产运营、信息化建设等都依赖人力。人力是企业不可缺少的，但是很多事情利用先进的工具去做，效果会比人力好。例如，一些生产化工产品的工厂经常需要对生产工艺中的技术、原料、流程等进行优化，如果整个流程都需要通过人力进行信息收集和监控，由于人的注意力不能长期保持集中，就会导致出错率比较高，也会使很多优化过的流程无法得到沉淀。

#### 4. 业务渠道单一

传统企业的业务形态单一，导致业务渠道单一，没有进行其他渠道的拓展，如深层挖掘上下游的产业链，或者利用新的渠道进行宣传。我们举一个标杆企业的例子，传统企业大白兔奶糖公司进行了跨界合作，推出大白兔冰激凌、大白兔酸奶等产品，又通过新型宣传渠道（如小红书、抖音、快手等媒体平台）进行宣传，提升了销量、扩大了品牌的影响力。大白兔奶糖公司所做的业务动作是以业务数智化为基础的。

### 13.3.3  传统企业的业务问题抽象

针对上述业务问题，我们进行传统企业的业务问题抽象：建设业务数智化思维、打通数智信息、掌握业务数智化方法、塑造智能业务，如图 13-6 所示。

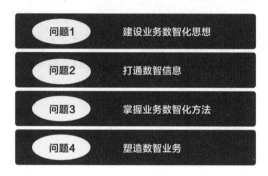

图 13-6  传统企业的业务问题抽象

#### 1. 建设业务数智化思想

前文已经讲过，业务数智化思想十分重要，尤其对传统企业的业务而言。传统企业需要用先进的业务数智化思想引导自身的变革，对生产、品控、销售等进行业务数智化改造，以便真实反映自身内部的情况，沉淀自身的数智资产，突破自身的发展瓶颈。无论从短期的突破内部业务瓶颈，还是从长期的可持续发展来看，建设业务数智化思想对传统企业都是非常有利的。

#### 2. 打通数据信息

由于数据分散在各处（如有被记录在纸上的、有被记录在 Excel 表格中的、有被记录在 ERP 系统中的等），因此业务管理、监控和分析是非常困难的。在这种情况下，传统企业需要进行业务数智化改造，目的是把分散在各处的数据整合到一起，以便打通数据的传输渠道，提升数据流转的速度，让管理者可以全面、及时、有效地掌握企业的数据。

#### 3. 掌握业务数智化方法

对传统企业进行业务数智化改造，需要用一套完整、科学的业务数智化方法。这套方法可以让传统企业循序渐进地看到业务数智化改造带来的变化，沉淀业务的优秀做法，挖掘新的商业模式，从而实现业务的持续增长。

### 4. 塑造智能业务

业务永远处于动态变化的过程中。随着业务的发展和变化，业务人员的管理方法也需要同步更新。当业务向着利好方向发展时，业务人员需要用更加先进的方法去管理和运营业务，减轻业务的负担，避免产生损失，大力提升效率；当业务向着不利的方向衰退时，业务人员需要通过合理的方法优化运营手段，从而帮助企业降本增效。这样可以从整体上重新塑造业务流程，从而实现业务智能化。

## 13.3.4　传统企业的业务问题的解法和迁移

### 1. 关于建设业务数智化思想

关于业务数智化思想，第 6 章做过较为完整的说明，读者可以再次翻阅。对于不同类型的企业，3M 业务数智化体系中的 M 有不同的侧重点。对传统企业而言，转"心"比转型更重要，但这个"心"（业务数智化思想）非常容易被忽略。其核心原因在于不理解。不理解在于 3M 业务数智化体系是一套较为前沿的业务改造方法，如果无法深入地理解，是不可能做好这件事的。例如，我以前为传统企业进行业务数智化改造时，常常听到类似这样的反馈："赶紧落地业务数智化就行，不需要你介绍业务数智化思想。"业务数智化改造对传统企业而言是一个全新的改造，如果在改造之前连改造的核心思想都不了解，那么这种改造的风险极高。在进行业务数智化改造之前，企业的管理者和所有业务人员都必须了解四大问题：目前企业的业务有什么问题？如果不解决这些问题，那么从短期、中期、长期来看会不会有风险？业务数智化改造能解决哪些问题？业务数智化改造和个人有什么关系？而这些问题的答案全部都存在于业务数智化思想中，有了业务数智化思想建设作为基础，后续的改造工作才能较为顺利地开展。

不要忽视这无形的巨大力量——业务数智化思想。

### 2. 关于业务数智化落地的方法

我们在第 7 章中详细说明了业务数智化落地的方法。这套方法通过"5 个好的"原则帮助传统企业更好地进行落地。这"5 个好的"分别是找好的专家、定好的想法、测好的试点、归好的经验、推好的改造。

- 找好的专家。经过对比会发现，好的改造总会伴随着好的专家。例如，甲企业在进行业务数智化改造时采取了"堆人战术"，招了 10 个初级的数智化专家，由于经验有限，整体改造结果不尽如人意；而乙企业在进行业务数智化改造时采取了"精英战术"，只招了两个数智化专家负责业务数智化改造工作，由于这两个数智化专家经验丰富且能力超群，整个改造过程都在有条不紊地进行，最终超额完成了任务。这就是要找好的专家的原因。
- 定好的想法。在进行业务数智化式改造前，没进行业务数智化思想建设的企业的改造结果远不如进行了业务数智化思想建设的企业。大部分传统企业的业务人员不具备业务数智化思想，如果在这样的情况下贸然进行业务数智化改造，就会使得改造过程的问题成倍增加，由此而导致的时间浪费会是企业一笔隐形的损失。因此，企业需要通过业务数智化思想来影响和启发业务人员，通过一系列的学习减少后续的麻烦。

- 测好的试点。优秀的改造在开始前都会选择好的试点进行测试。丙企业贸然开启全面的业务数智化改造，由于事先不清楚坑在哪，导致问题多、进展慢；而丁企业在进行全面的业务数智化改造前进行了试点改造，不但在短时间内快速拿到结果，而且摸清了改造的大致问题，帮全面的业务数智化改造扫了雷。
- 归好的经验。丁企业和戊企业都进行了试点改造，但是只有丁企业获得了成功，这是为什么呢？原因在于丁企业在试点改造过程中认真观察、记录，在完成改造后耐心总结，把试点改造的整个过程都进行了复盘（分析并记录了做得好的地方、做得差的地方、有待提升的地方、需注意的内容等），这些宝贵的经验为后续全面的业务数智化改造打下了坚实的基础。而戊企业在完成试点改造后就草草收场，直接进行全面的业务数智化改造，没有从试点改造中学习经验，这样相当于试点改造前功尽弃。
- 推好的改造。成功的改造离不开好的方法，企业在进行全面的业务数智化改造的过程中一定要注意整体的规划、节点的安排及风险的应对。这是因为全面的业务数智化改造的时间长、任务重、问题多，企业需要采取一定的策略和方法才能使其顺利进行。

针对上述问题，业务数智化方法应运而生，如图 13-7 所示。

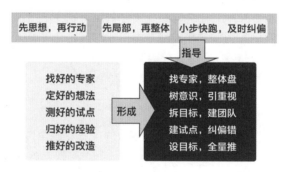

图 13-7　业务数智化方法产生的原因

业务数智化方法之所以行之有效，不单单是因为它是实践的产物，还因为它是一种符合 3 个原则的科学方法：先思想，再行动；先局部，再整体；小步快跑，及时纠偏。

- 先思想，再行动。所谓"谋定而后动，知止而有得"，企业在进行业务数智化改造之前，需要先精确谋划，再行动，不要盲目地行动。企业要先吸收和理解业务数智化思想，再开展行动。带着明确的思想和目标进行落地，落地结果才有意义。
- 先局部，再整体。企业在进行业务数智化改造时，千万不要一开始就全量铺开，为了确保全面的业务数智化改造的成功，一定要先在局部进行试点改造，从试点改造中总结经验，以便更好地指导全面的业务数智化改造。

- 小步快跑，及时纠偏。业务数智化方法的核心在于稳中求快，而非一定要交一个满分答卷。企业在精准定位好业务需求后，可以通过业务数智化改造快速进行交付，逐步完善业务，做到"小步快跑，及时纠偏"。

### 13.3.5　本节小结

本节详细说明了传统企业的业务，并对传统企业的业务问题进行了抽象，还说明了 3M 业务数智化体系是如何解决这些问题的。

### 13.3.6　本节思考题

（1）传统企业的业务有哪几类？（支持多选）（　　　）

A. 设备　　　　　　B. 与产品相关　　　C. 生产运营　　　　　D. 信息化建设

（2）传统企业的业务问题有哪些？（支持多选）（　　　）

A. 缺乏业务数智化思想　　　　　　B. 信息零散、不准

C. 业务沉淀问题　　　　　　　　　D. 业务渠道单一

## 本章小结

本章主要对 3M 业务数智化体系进行了升华，并分别介绍了如何将 3M 业务数智化体系应用到新型企业和传统企业中，帮助读者从本质上理解 3M 业务数智化体系。如果能在完整理解 3M 业务数智化体系的基础上具备 3M 业务数智化体系方法迁移的能力，那么你一定可以运用 3M 业务数智化体系，最大化发挥业务数智化的价值。

---

本章思考题答案

13.1 节思考题答案略。

13.2 节思考题答案

（1）A、B、C、D　　　（2）A、B、C

13.3 节思考题答案

（1）A、B、C、D　　　（2）A、B、C、D

# 结束语

《吕氏春秋》有句名言："君子谋时而动，顺势而为。"有远见的人会随时做好准备，在合适的时候迅速行动，顺着当时的形势做出判断，从而有所作为。

有远见的企业也是一样的，它总能抓住机会，锁定对企业发展有利的技术、方法、思想。还记得我们在第1章中提到的各种技术吗？有利于企业发展的数字化改造也是随着存储、网络、计算器等各种新型技术的发明而产生的。没有这些技术，企业的数字化改造就无从谈起。

随着数字化改造的普及和加强，企业会逐步迈入数智化的阶段。第2章和第3章详细介绍了数智化的含义和意义，数智化很好地解决了企业的问题。区块链等新技术的发展势必为数智化改造助力。

可以说，作为数智化最为重要的组成部分，业务数智化承载和聚集了很多企业的业务目标和发展前景，但是它也有一定的适用范围，详见第4章。

一套新的体系从发现、发展、成熟、衰退都有一定的生命周期，为了让其得到更好的发展，我们需要从宏观视角进行深入的理解，因为只有理解到位了，才可以做到物尽其用。3M业务数智化体系之所以从业务数智化思想开始说起，主要原因是你必须先了解业务数智化才能落地业务数智化。业务数智化是什么？业务数智化是否适合企业现在的阶段？业务数智化如何帮助个人提高核心竞争力？详见第5、第6章。一个综合的、新兴的、有益的体系，一定会以思想作为基石。

光有思想是远远不够的，没有好的方法去落实思想是不科学的，并且这些方法必须是经过打磨、修正的。第7章中提到的业务数智化落地的五步法正是经过这样的过程才诞生的。

在正确的思想和得当的方法的指导下，才能产出好的落地结果，第8章详细说明了各种类型的业务数智化产品，不同类型的业务数智化产品都可以解决不同企业的业务问题。每种类型的业务数智化产品都在多个行业中进行了实践，如第9～11章分别介绍的在内容行业、O2O行业、生产制造业的实践。

在完成实践后，我们需要进行总结和升华，要及时知道哪里做对了、哪里做错了，以及如何避免踩坑，所以第12章和第13章进行了总结和升华，帮助大家进行提升。

用科学的方法进行业务数智化改造，真正做到了杜绝空想，脚踏实地地用实践来证明。正如陆游所说："纸上得来终觉浅，绝知此事要躬行。"

再次感谢读者读到这里，希望本书在业务数智化方面可以对你所有帮助！